Why Beauty Is Truth

もっとも美しい対称性

The Story of Symmetry

イアン・スチュアート

Ian Stewart

水谷 淳・訳

日経BP社

Why Beauty Is Truth: The Story of Symmetry
by Ian Stewart

First published in the United States by Basic Books,
a member of Perseus Books Group

Japanese translation rights arranged with
Perseus Books, Inc., Cambridge, Massachusetts
through Tuttle-Mori Agency, Inc., Tokyo.

年老いて今の世代が衰えるとも
汝は変わらず、我々のものとは違う悲しみの中
人の友でありつづけ、語りかける
「美は真なり、真は美なり」——汝が地上で知るのは
そして知るべきは、これのみである

ジョン・キーツ『ギリシャの古壺のオード』

〔　〕でくくった部分は、訳者による補足です。

著者が挙げた文献に邦訳がある場合はその旨を補記しましたが、本書で用いた訳文は、すべて訳者による私訳です。

目次

はしがき　8

はしがき

一八三二年五月一三日。朝もや立ちこめる中、二人の若きフランス人男性が向かい合い、拳銃を抜いた。一人の若い女性を巡る決闘だ。一発の銃弾が飛び、一人が致命傷を負って地面に倒れた。二週間後、二一歳のその若者は腹膜炎で息を引き取り、共同埋葬溝に埋められた。墓碑などはなかった。数学と科学の歴史上最も重要なアイデアの一つが、彼の命とともに永遠に失われようとしていた。

決闘に勝ったのが誰なのかは定かでないが、命を落としたのはエヴァリスト・ガロア、政治革命と数学に取り憑かれた男で、その著作集はわずか六〇ページでしかない。それでもガロアは、数学に革命をもたらすことになる一つの遺産を残していった。数学的構造における対称性を記述して、そこからいくつもの帰結を導くための、一つの言語を作り出したのである。

〝群論〟と呼ばれるその言語は、今日では純粋数学と応用数学のあらゆる分野で使われているとともに、自然界におけるパターンの形成も支配している。対称性は、微小な量子の世界や極大の相対論的世界といった、物理学の最前線においても中心的な役割を担っている。さらに、人々が長年にわたって探してきた〝万物理論〟、すなわち現代物理学におけるこれら二つの重要な分野を数学的に統合した理論へと至る道筋も、提供してくれるかもしれない。実はこれらはすべて、いくつかの数学的手がかりから〝未知数〟を見つけようという、方程式の解に関する代数学の単純な問題に端を発している。

対称性（対称変換）は数でも形でもなく、特別な種類の変換、すなわち物体を動かすやり方のことである。変換した後でも物体が同じに見えれば、その変換は対称変換だ。正方形は九〇度回転させても同じに見える、といったようなことだ。

この考え方は大きく拡張されて装飾され、今日では宇宙とその起源を科学的に理解するための基礎となっている。アルバート・アインシュタインの相対性理論は、どの場所でもどんなときでも物理法則は同じであるはずだという原理を中心に成り立っている。つまり、物理法則は空間運動や時間経過に関して対称的でなければならないということだ。一方、量子物理学によれば、宇宙のあらゆるものは微小な〝素粒子〟の集合体からできている。素粒子の振る舞いは方程式、すなわち〝自然法則〟に支配されているが、その法則もまた対称性を有している。素粒子を数学的に変換するとまったく別の素粒子に変えることができるが、そんな変換をおこなっても物理法則は同じままなのだ。

こうした考え方、そして現代物理学の最前線に位置するもっと最近に生まれた概念は、対称性が数学的に深く理解されていなければ決して見つかっていなかったかもしれない。対称性の理解は純粋数学からもたらされたのであって、物理学における対称性の役割は後から付いてきたものだ。とてつもなく役に立つ考え方が完全に抽象的な考察から生まれてくることもあるもので、物理学者のユージーン・ウィグナーはそれを〝自然科学における数学の不条理なまでの有効性〟と称した。数学が絡んでくると、ときにつぎ込んだものより多くのものが返ってくるようだ。


本書は、古代バビロンの書記から二一世紀の物理学者まで、数学者たちがどのようにして対称性という概念を発見したのか、そして、実はありえないものだった数式を探すという一見無用な試みが、どのようにして宇宙への扉を開き、科学と数学に革命をもたらしたのかを語っていく。もっと大げさに言えば、偉大な考え方が文化にもたらす影響や、その歴史的な連続性に、時折起こる政治的や科学的な大変革がどのようにアクセントを付けていくのかを、対称性の物語は語ってくれるのである。

本書の前半は、一見したところ対称性とは何の関係もなく、自然界との繋がりもほとんどないように思えるかもしれない。というのも、対称性という概念が重要性を帯びてきたのは、ご想像と違い幾何学を通じてのことではなかったからだ。実は、今日の数学者や物理学者が使っている、底知れぬ美しさと絶対的な重要性を持つ対称性の概念は、代数学の世界を通じてもたらされた。そのため本書の大半は、代数方程式の解を探すという試みについて述べている。専門的な話だと思われるかもしれないが、実は人の心を捕らえて離さない冒険で、その重要人物の多くは人並み外れたドラマチックな人生を送った。数学者はしょっちゅう抽象的な考えにふけるものの、所詮は人間だ。中には自らの人生を論理でがんじがらめにした者もいるかもしれないが、このあと繰り返し述べるように、我々のヒーローたちは実はあまりに人間的だった。彼らがどんな人生を送ってどのように世を去ったのか、その情事や決闘、醜い優先権争い、セックス・スキャンダル、アルコール中毒、あるいは病気について触れていきながら、彼らの数学的アイデアがどのように展開していってこの世界を変えたのかを、これから見ていくことにしよう。

紀元前一〇世紀に始まり一九世紀前半のガロアで山場を迎えるこの物語は、方程式が一歩一歩征服されていった道筋をたどっていく。この道筋は、未知数の5乗を含むいわゆる〝5次方程式〟を数学者たちが征服しようとしたとき、結局は行き止まりとなった。はたして、5次方程式が根本的に異質な面を持っていたからこそ、その手法は破綻したのだろうか？　それとも、似てはいるがもっと強力な手法があって、それを使えば解の公式が手に入ったのだろうか？　数学者たちが行き詰まったのは、真の障害にぶつかったからなのか、それとも単に愚かだったからなのか？

理解しておくべきこととして、5次方程式にも解が存在することは知られていた。問題は、それを常に代数式で表現できるかどうかだった。一八二一年にノルウェー人の若者ニールス・ヘンリック・アーベルが、5次方程式は代数的手法では解けないことを証明した。だが彼の証明は、かなり不可解で遠回しなものだった。一般解が手に入らないということは証明していたが、それはなぜかというのは説明してくれなかったのである。

5次方程式が解けないのはその対称性のせいであることを発見したのが、他ならぬガロアだった。方程式の対称性がガロアのテストをパスすれば、つまり、ここではまだ説明できないがある特別な形で一体をなせば、その方程式は代数式によって解くことができる。もしガロアのテストをパスできなければ、そうした代数式は存在しないことになる。

一般的な5次方程式を代数式によって解くことができないのは、それが好ましくない形の対称性を持っているからなのだ。

この桁外れな発見が、本書の第二のテーマ、すなわち数学的な〝対称性の計算法〟とも言える〝群〟を生み出した。ガロアは、古代から伝統的に受け継がれてきた代数学を採り上げ、それを、対称性を研究するための道具へと作りかえたのである。

この段階ではまだ、〝群〟といった専門用語については説明しない。そうした単語の意味が話の中で重要になったときに説明することにしよう。だがときには、鞄の中に何が入っているか忘れないために、適当な用語が必要となるものだ。専門用語のようなものに出くわしても、そこですぐには説明が与えられていなかったら、それは便利な呼び名としての役割を持っているだけで、実際の意味はあまり重要ではない。読み進めていけばその意味が浮かび上がってくるはずだ。〝群〟という言葉がまさにそうだが、その意味は本書の中盤にならないと分かってこないだろう。

本書ではまた、数学においていくつか特別な数が持つ、興味深い意味合いについても触れている。物理学における基本定数のことではなく、π《パイ》のような数学定数のことだ。例えば光の速さは、原理的には重要かもしれないが、この宇宙ではたまたま秒速三〇万キロメートルという値を取っている。それに対してπは3.14159よりわずかに大きく、何者であってもその値を変えることはできない。

5次方程式を解くのが不可能であるという事実は、5という数がπのように特別なものであることを教えてくれる。5は、それに伴う対称群がガロアのテストをパスできない最小の数なのだ。もう一つ興味深い例が、1、2、4、8という数列に関するものである。数学者たちは、見慣れた〝実数〟という概念を、複素数、さらには4元数や8元数といったものへ次々に拡張していく方法を発見した。これらの数はそれぞれ、二つの実数、四つの実数、八つの実数から作られる。では、次に来るのは何か？　普通に予想すれば16だが、実は意味のある形でこれ以上に拡張された数体系は存在しない。これは驚くべき深遠な事実だ。このことは、8という数が、表面的な意味でなく数学そのものの基本構造に関する、何か特別なものを持っていることを物語っている。

本書では5と8に加えていくつかの数が登場するが、中でも重要なのが14、52、78、133、248だ。これら曰くありげな数は五つの〝例外型リー群〟の次元数であり、その影響力は数学全体に加え数理物理学の大部分にまで及んでいる。これらは数学ドラマの鍵を握る登場人物で、それ以外の数も一見したところほとんど違いはないように見えるが、実は単なる脇役なのである。

一九世紀後半、数学者たちはこれらの数が特別であることを発見し、そのとき現代の抽象代数学が誕生した。重要なのは数そのものではなく、それが代数学の基礎において果たす役割だ。これらの数一つ一つに対して、リー群と呼ばれる、それぞれ独特で注目すべき性質を持った数学的対象が伴っている。これらの群は現代物理学において基本的な役割を果たしていて、空間、時間、物質の深遠な構造にも関係しているらしい。


それが本書の最後のテーマ、基礎物理学へと繋がっていく。物理学者たちは長年のあいだ、なぜ空間は3次元で時間は1次元なのか、なぜ我々は4次元の時空に棲んでいるのかをあれこれ思いめぐらせてきた。しかし、物理学全体を首尾一貫した一群の法則へ統合する試みの中でも一番新しい超ひも理論の登場によって、物理学者たちは、時空には余分な〝隠れた〟次元があるかもしれないと考えるようになった。ばかげた考え方のように聞こえるかもしれないが、歴史的にも良い前例がある。余分な次元が存在するというのは、超ひも理論の特徴の中でも最も異論の少ないものかもしれない。

超ひも理論の特徴としてもっとずっと物議を醸しているのが、空間と時間に関する新たな理論を組み立てられるかどうかは、現代物理学を支える二つの柱である相対論と量子論の数学にかかっているという信念である。つまり、互いに相容れないこの二つの理論を統合するのは、画期的な実験を必要としない数学的な営みであると考えられている。物理的真理には数学的美しさが欠かせないとされているのだ。これは危険な決めつけかもしれない。物理世界から目を逸らしてはならず、現在進められている深い考察から最終的にどんな理論が現れたところで、その数学的な裏付けがどんなに強固であっても実験や観測との比較を怠ってはならないことが大切である。

だがとりあえずは、数学的なアプローチを取るのが理に適っている。一つの理由として、本当に満足のいく統合理論が確立されるまで、どんな実験をすればいいのか誰にも分からない。もう一つの理由として、数学的対称性は相対論においても量子論においても欠かせない役割を果たしているが、それら共通の基盤がいまだ欠けているため、その一部でも見つかればそれを大事にしなければならない。空間、時間、物質が取りうる構造はその対称性によって決まるが、その中でも最も重要なもののいくつかは、代数学における特別な構造と関係しているらしい。時空がこのような性質を持つようになったのは、数学が特別な形を少数しか認めないからかもしれない。そうだとすれば、数学に目を向けるのは意味があることになる。

なぜこの宇宙は、これほど数学的に見えるのだろうか？　さまざまな答えが提案されているが、私に言わせればいずれも説得力に乏しい。数学的考えと物理世界との調和した関係は、我々の美的感覚と極めて重要な数学的形態との調和のように、深遠でおそらくは解決できない謎である。美が真であって真が美であるのはなぜか、それは誰にも分からない。両者の関係が果てしなく複雑であることに思いを巡らすのがせいぜいなのだ。

第1章
バビロンの書記

今日ではイラクと呼ばれている地域を世界で最も有名な二本の川が走っており、そこに興った驚くべき文明はその二本の川に身を委ねていた。トルコ東部の山脈に源を発するこれらの川は、数々の肥沃な平原を何百キロメートルも横切ったのち、一本に合流してペルシャ湾へ注いでいる。南西にはアラビア平原の乾燥した砂漠地帯が、北東にはアンティトーラス山脈とザグロス山脈の荒涼とした山並みがそれぞれ迫っている。川の名前はチグリスとユーフラテス、四〇〇〇年前も今とほぼ同じルートを流れていたが、当時その流域は、古くからアッシリア、アッカド、シュメールの領地だった。

チグリス川とユーフラテス川に挟まれた地域を、考古学者たちはメソポタミアと呼んでいる。ギリシャ語で〝川のあいだ〟という意味だ。この地域は文明の揺りかごと称されることが多い。二本の川が平原に水をもたらし、その水が平原を肥沃にした。繁茂した植物が羊や鹿の群れを呼び、それがさらに、人間の狩猟者を含め捕食動物を呼び寄せた。メソポタミア平原は、狩猟採集生活をする人間にとってのエデンの園として、数々の遊牧民族を惹きつけたのである。

むしろあまりに肥沃で、狩猟と採集という生活様式はやがて廃れ、食物を確保するためのもっと効果的な戦略に道を譲る。紀元前九〇〇〇年頃、肥沃な三日月地帯の北の外れにある丘陵地で、ある革命的な技術が誕生した。農業である。それに続いて、人間社会に二つの根本的な変化が起こった。作物の世話をするため一カ所に定住する必要が出てきたことと、大きな集団を養えるようになったことだ。これらが組み合わさって都市というものが生まれ、メソポタミアには今でも、ニネベ、ニムルド、ニップール、ウルク、ラガシュ、エリドゥ、ウルといった史上初の大型都市国家の遺跡が見られる。中でも特筆すべきが、空中庭園とバベルの塔を擁したバビロンである。四〇〇〇年前にこの地で、農業革命から必然的に組織的な社会が形成され、それに伴って政府、官僚機構、軍事力といった制度が生まれたのだ。紀元前二〇〇〇年から五〇〇年まで、ひとくくりに〝バビロニア〟と呼ばれている文明が、ユーフラテス川の両岸に花開いた。これは首都にちなんだ呼び名だが、広い意味ではシュメール人やアッカド人の文化も含まれる。バビロンに関する最古の記述は紀元前二二五〇年頃にアッカド王サルゴンが粘土板に刻んだものだが、バビロニア人の起源はおそらくさらに二〇〇〇年から三〇〇〇年は遡ると思われる。

〝文明〟——人々が組織的に集まって安定した社会を築くこと——の起源に関しては、ほとんど明らかになっていない。とはいえ、現代の世界が持つ多くの側面は、古代バビロニア人に拠っているところが大きいと思われる。中でも彼らは天文学に秀でていて、黄道一二星座や、円周を三六〇度とする規則は、六〇秒を一分、六〇分を一時間とする慣習と併せて、彼らにまで遡ることができる。バビロニア人たちは天文学を実践する上でそうした測定単位を必要としていて、そのため、天文学の由緒正しい従者、すなわち数学にも通じていった。

彼らも我々と同じく、数学を学校で学んだ。

「今日の授業は何だい?」ナブは、詰めてもらったランチを椅子の脇に置きながら訊いた。母親はいつもパンと肉——たいていはヤギ肉——をたっぷり持たせてくれた。ときには、変わったものをということでチーズも一切れ入れてくれた。

「数学さ」と友人のガメシュはむっつりしながら答えた。「法学なら良かったのに。法学だったらできるんだ」。

数学が得意なナブは、なぜクラスメートがみんな数学を苦手に思っているのか納得がいかなかった。「ガメシュ、法学は退屈だと思わないのかい？　山のような条文をひたすら書き写して、そらで言えるようにするだけだよ？」
　根気強さと記憶力の良さが自慢のガメシュは、それを聞いて笑った。「そんなことはない。簡単じゃないか。考えなくていいんだぞ！」

　するとナブは言った。「それが退屈だと思うんだ。それに比べて数学は――」

「――お手上げだ」。粘土板の館からいつもどおり遅れてやって来たフンババが、口を挟んできた。「ナブ、こんなのどうしたらいいんだい？」と、彼は自分の粘土板に刻まれた宿題を指さした。「ある数をそれ自身と掛け合わせて、それにその数を二回足し合わせる。答えは二四。もとの数は何ですか？」

「四だよ」とナブは答えた。

「本当かい？」とガメシュは問い詰めた。フンババは、「うん、それは分かった。でもどうやって答えを導くんだ？」

　ナブは二人の友人に、一週間前に数学の教師から教わった手順を辛抱強く説明していった。「二の半分に二四を加えると二五になる。その平方根を取れば、五だ――」

　ガメシュは降参して両手を挙げた。「ナブ、平方根ってやつがどうしても分からないんだ」。

「そうだったのか！　何とかなるよ！」とナブは叫んだ。二人の友人は、彼をまるで気が違ったかのように見つめた。「ガメシュ、君が困っているのは方程式の解き方じゃないんだ。平方根だよ！」

「両方さ」とガメシュはつぶやいた。

「でも平方根が先さ。粘土板の館の師がいつもおっしゃっているように、一度に一つのことを身につけるようにしないといけないんだ」。

　フンババは言い返した。「師はいつも、服を汚すなともおっしゃっているけど、僕らは全然気にしちゃいない――」

「それは違う。それは——」

「こんなんじゃだめだ！」とガメシュは泣き声混じりで叫んだ。「僕は絶対に書記にはなれない。きっとお父さんには耐えられないほど殴られて、お母さんには、家のことを考えてもっとしっかり勉強してちょうだいって説きつかれるんだ。でも数学は頭に入らないんだ！　法学は覚えられる。楽しいんだ！『ある男の妻が別の男のために夫を殺せば、妻は串刺しの刑に処される』といったこと。そういうことに勉強する価値があると言ってるんだ。平方根みたいに役立たずじゃないんだよ」。一息ついた彼は、興奮して手を振り回した。「方程式、数——どうして悩まされなきゃいけないんだ」。

「役に立つからさ」とフンババは答えた。「奴隷が耳を切り落とされる法的要件を覚えているか？」

「ああ！」　ガメシュは言った。「脅迫に対する刑罰だ」。

さらにフンババは煽った。「一般人の目を潰したら、支払わなければならないのは？」

「一ミナ銀貨」とガメシュ。

「奴隷の骨を折ったら？」

「その奴隷の金額の半分を主人に賠償する」。

フンババは罠を掛けた。「そう、もし奴隷が六〇シケルの値《ね》だったら、六〇の半分を計算できないといけない。法律家になりたいなら数学が必要なんだ！」

「答は三〇だ」とガメシュは間髪を入れずに言った。

するとナブが叫んだ。「ほら！　数学ができるじゃないか！」

「こんなのに数学はいらない。分かりきったことだろ」。法律家を志す者は腕を振り回し、自分の思いを表現しようとした。「ナブ、実世界のことについてだったら、確かに数学ができる。でも、平方根みたいにわざわざ作られた問題だとだめなんだ」。

「測量するには平方根が必要だよ」とフンババは言った。

ガメシュは言い返した。「確かに。でも、僕は徴税人になりたくて勉強してるんじゃない。お父さんは僕に書記になってほしいんだ。自分と同じようにね。だから、どうしてこんな数学なんて習わないといけないのか分からない」。

「でも役に立つんだ」とフンババは念を押した。

ナブは静かに言った。「本当の理由はそうじゃない。僕はひとえに真と美の問題だと思う。答を出して、それが正しいと気づくっていうことだ」。友人たちは納得していない表情だった。

「僕にとっては、答を出して、それが間違っていると気づくっていうことだ」とガメシュはため息混じりに言った。

ナブも言い張った。「数学は真実で美しいから大事なんだ。方程式を解くのに平方根は絶対必要さ。そんなに役には立たないかもしれないけど、そんなことは問題じゃない。それ自体が大事なものなんだよ」。

ガメシュは何か見当違いのことを言おうとしたが、先生が教室へ入ってきたのに気づくと、咳き込んだふりをしてごまかした。

「おはよう、諸君」と先生は明るく挨拶した。

「おはようございます、先生」。

「さあ、宿題を見せてごらん」。

ガメシュはため息をついた。フンババは心配そうだった。ナブは無表情だった。それで良かった。

いま盗み聞きした会話——完全なフィクションではあるが——についておそらく最も驚くべきは、それが紀元前一一〇〇年に伝説の都市バビロンで交わされたということだ。

いや、交わされたかもしれない会話だ。こうした会話の記録はもとより、ナブ、ガメシュ、フンババという名の少年がいたという証拠もない。だが人間の本性は何千年も変わらないものだし、この三人の少年をめぐる物語は、岩のように堅牢な証拠に基づいて作ったものである。

バビロニア文化については驚くほどさまざまなことが分かっているが、それは彼らが、楔形文字と呼ばれる興味深い文字を使って、湿った粘土の上に記録を残したからだ。バビロニアの日の光によってその粘土が焼き固められ、文章は半永久的に保たれるようになった。さらに時折起こったように、粘土板を収めた建物が火事に見舞われると、その熱で粘土は陶器に姿を変え、ますます長くもつようになった。

その上、砂漠の砂に覆われることで、記録は永遠に保存されるようになった。こうしてバビロンは、文字の歴史が始まった場所となった。また、人類が対称性を理解する道のり、そして、アイザック・ニュートンとゴットフリート・ヴィルヘルム・ライプニッツの編み出した微積分法に劣らず強力な、対称性の〝計算法〟、すなわち対称性に関する系統的かつ定量的な理論への道もまた、この地から始まっている。もしタイムマシンがあったら、あるいはもう少し古い粘土板が発見されさえすれば、間違いなくもっと時代は遡るだろう。だが、記録に残されている歴史による限り、人類に対称性への道を歩ませ、物理世界に対する見方に根本的な影響を与えたのは、他ならぬバビロニアの数学だったのである。

数学は数を基礎としているが、必ずしもそれだけではない。バビロニア人たちは、現在の〝10進法〟（10の累乗を底とする）とは違う、〝60進法〟（60の累乗を底とする）という効率的な記数法を使っていた。また直角三角形についても知っていて、現在の我々がピタゴラスの定理と呼ぶものに近いものも持っていた――のちのギリシヤ人と違ってバビロンの数学者たちは、その経験上の発見に論理的な証明の裏付けを与えることはなかったようだが。彼らは数学を、おそらくは農業や信仰上の理由から天文学の高度な目的のためにも、また商業や徴税といった無味乾燥な目的にも利用した。自然界の秩序を解き明かすことと、人間的な事柄を手助けするという、数学的思考の果たすこの二重の役割は、数学の歴史を通じて一本の黄金の糸のように貫いているのだ。

バビロニアの数学に関して最も重要なのは、方程式をどう解くかを彼らが理解しはじめたことである。方程式は、何か未知の量の値を間接的な証拠から数学的に導き出す方法である。「ある未知の数に関していくつか知られた事実がある。その数を導きなさい」。つまり方程式というのは、数を対象とした一種のパズルだ。その数が何であるかは知らされないが、それに関していくつか役に立つ事柄は知らされる。やるべきは、そのパズルを解いて未知の数を見つけることだ。こういったゲームは、対称性という幾何学的概念からはいくぶんかけ離れているように思えるかもしれないが、数学においては、ある分野において見いだされたアイデアが実はまったく異なる分野に光を当てることもしばしばである。こうした相互の繋がりが、数学にこれほどの知的パワーをもたらしている。またそれだからこそ古代人は、商業の目的で考案された数体系から、惑星や、さらには恒星の運動に関して学ぶことができたのである。

そのパズルは簡単な場合もある。「2とある数を掛けると60になる。その数は何か?」　この未知数が30であると結論するのに、特別な才能は必要ない。だが、パズルはもっと難しい場合もある。「ある数をそれ自身と掛けて25を足すと、そのある数の10倍になる。その数は何か?」　試行錯誤を繰り返していけば5という答えにたどり着くだろうが、パズルを解いたり方程式を解いたりするのに、試行錯誤では効率が悪い。例えば25を23に変えたら?　26では?　バビロニアの数学者たちはもっと深遠で強力な秘密を知っていたので、試行錯誤は歯牙にも掛けなかった。こうした方程式を解くための規則、標準的な手順を知っていたのだ。そうした技法の存在を悟ったのは、知られている限り彼らが初めてだった。

バビロンの醸し出す神秘的な雰囲気は、元をただせば聖書の膨大な記述にある。ネブカドネザル王の時代にバビロンに捕らえられ、獅子の洞窟に投げ込まれたダニエルの話は有名だ。だがのちに、バビロンは徹底的に破壊されて長いあいだ姿を消し、もともと存在していなかったかのような、ほとんど神話上の存在となった。およそ二〇〇年前まではそう思われていた。

何千年ものあいだ、現在のイラクの平原に奇妙な塚が点在していた。十字軍から戻る騎士たちは、その瓦礫の中から、装飾が施されたレンガや未解読の碑文の断片などを引きずり出しては持ち帰った。塚が古代都市の遺跡であることは明らかだったが、それ以上のことはほとんど分からなかった。

一八一一年にクラウディウス・リッチが、イラクの石塚を初めて科学的に調査した。バグダッドの南九〇キロメートル、ユーフラテス川のほとりにある遺跡の全体を調査した彼は、ここがバビロンの遺跡に違いないとすぐに確信し、発掘のため労働者を雇った。出土品の中には、レンガ、楔形文字が刻まれた粘土板、湿った粘土の上を転がすことで言葉や文字を浮かび上がらせる見事な円筒印章、そして、レオナルド・ダ・ヴィンチやミケランジェロにも並び称されるべき人物が作った壮麗な美術品の数々があった。

だがもっと興味深いのが、遺跡の至る所に散乱した、楔形文字が刻まれた粘土板の破片だった。我々にとって幸いなことに、彼ら初期の考古学者たちはその価値を見抜き、それらを安全に保管した。そしてひとたび文字が解読されると、これら粘土板は、バビロニア人たちの生活や関心事に関する情報の宝庫となったのだった。

粘土板などの遺物は、古代メソポタミアの歴史が長く複雑で、さまざまな文化や国家が入り乱れていたことを教えてくれる。習慣的に〝バビロニア〟という言葉は、それら全体を指すのにも、また都市バビロンを中心とした特定の文化を指すのにも用いられる。だが、メソポタミア文化の中心地は再三再四移り変わり、バビロンも興隆と衰退を繰り返した。考古学者たちはバビロニアの歴史を大きく二つの時代に分けている。紀元前二〇〇〇年頃から一六〇〇年頃までの古代バビロニア時代と、紀元前六二五年から五三九年の新バビロニア時代だ。二つの時代の間には、バビロンが異民族に支配されていた、古アッシリア、カッシート、中アッシリア、新アッシリアの各時代が並ぶ。そしてバビロニアの数学は、さらに五〇〇〇年以上にわたってセレウコス時代のシリアに受け継がれていった。

バビロニアの文化はそれを支える社会よりずっと安定で、ときに政治的激動によって一時途絶えながらも、およそ一二〇〇年のあいだほとんど変化せずに生き長らえた。ゆえに、個々の歴史的出来事は別として、バビロニア文化が持ついずれの側面も、おそらくは最古の記録よりはるか以前から存在していたと思われる。中でもある数学的手法は、その現存する記録でさえ紀元前六〇〇〇年頃にまで遡るものの、実際にはもっと以前から存在していたという証拠がある。こうした理由ゆえ、本章の中心人物、すなわち三人のクラスメートに関する短編において勉学中の身として登場した、ナブ＝シャマシュという名の架空の書記は、ネブカドネザル一世の治世に生まれ、紀元前一一〇〇年頃に生きていたことになるのである。

このあと話が進むにつれ登場してくる他の人物は、みな実在した歴史的人物で、彼らについては多くの記録が残されている。だが、古代バビロニアから残る何百万という粘土板の中には、王族や軍の指導者以外、特定の人物に関する記述はほとんどない。ゆえにナブ＝シャマシュは、バビロニア人の日常生活について分かっている事柄から推測に基づいて作った、寄せ集めの人物像ということになる。彼は何か新たな事柄を考え出すわけではないが、対称性の物語において役割を果たすバビロニアのさまざまな知識と向かい合うことになる。説得力のある証拠から言って、バビロニアの書記はみな徹底した教育を受け、その中で数学は大きな割合を占めていたのだ。

この架空の書記の名前は、書記の神ナブと太陽の神シャマシュという、正真正銘のバビロニアの名前を二つ繋げたものである。バビロニア文化では一般人に神の名を付けるのは珍しくなかったが、二人もの神の名を付けるのはさすがに行き過ぎだったと思われる。だが物語ということで、単に〝書記〟ではなく、もっと雰囲気のある具体的な名前で呼ぶべきだと考えた次第だ。

ナブ＝シャマシュが生まれたときバビロニアを統治していたのは、イシン第二王朝で最も重要な君主であるネブカドネザル一世だった。同じくネブカドネザル二世と呼ばれている、聖書に登場する有名な王はまた別の人物で、彼はナボポラッサルの息子、在位は紀元前六〇五年〜五六二年だった。

ネブカドネザル二世の治世は、物質的な面でも統治力の面でもバビロンの最盛期だった。この都市はかつての同名の王のもとでも繁栄し、バビロンの勢力はアッカドや北方の山岳地帯にまで及んだ。だがアッカドは、アッシュール・レシュ・イシとその息子のティグラト・ピレセル一世の治世にバビロンの支配から事実上離れ、三方を取り囲む山岳や砂漠に住む部族に対して行動を起こして、自国の安全を強固なものにした。つまりナブ＝シャマシュの人生は、バビロニアの歴史の中でも安定した時代に幕を開けたが、青年になる頃にはバビロンの栄光が陰りはじめ、彼の人生も波乱を増していったことになる。

ナブ＝シャマシュは典型的な〝上流階級〟の家族の一員として、バビロン旧市街の、リビル・ヘガラ運河に程近い有名なイシュタール門の近くで生まれた。この門は儀礼用の入場口で、雄牛や獅子や龍を象った、彩色が施された奇抜な陶器のレンガで装飾されていた。イシュタール門を貫く道は幅二〇メートルにも達する堂々たるもので、レンガの土台にはアスファルトが敷かれ、その上に石灰岩の敷石が並べられていた。道の名は、バビロンの大通りの名前としてはごくありふれた〝敵が勝利を収めぬよう〟というものだったが、一般的には行列の道と呼ばれていて、この呼び名は、聖職者たちが儀式に則り、神マルドゥクを担いで街中を行進するときに使われていた。

家は日干しレンガで建てられていて、太陽の熱を遮るため壁は二メートル近い厚さがあった。外壁に開口部はごくわずかしかなく、そのほとんどは道の高さに開いた出入口で、壁は三階までの高さがあり、最上階にはおもに木のようなもっと軽い素材が使われていた。一家は何人もの奴隷を所有していて、日常的な家事をやらせていた。奴隷たちの住居と台所は、入口の右側にあった。一家の部屋は左側で、細長い居間といくつもの寝室と浴室があった。ナブ＝シャマシュの時代には浴槽はなかったが、他の時代のものはいくつか残っている。この時代には、現代のシャワーのように、一人の奴隷が主人の頭や身体に水を掛けていた。中庭には屋根がなく、その向こうは物置だった。

ナブ＝シャマシュの父親は、ネブカドネザル一世の前に君臨した王（名前は不詳）の宮廷に仕える役人だった。仕事は官僚らしくもっぱら形式的なもので、一地方全体を管轄して、法律や命令が守られ、耕作地が滞りなく灌漑され、必要な税がすべて徴収され支払われるよう策を講じることだった。ナブ＝シャマシュの父親は書記としての教育も受けていたが、それはバビロニアの今で言う公務員にとって、読み書き計算が基本的な技能だったからである。

神エンリルの神意によれば、すべての男子は父親の跡を継ぐべきとされていて、ナブ＝シャマシュもそうするよう期待されていた。だが書記としての能力があれば、聖職者をはじめ別の職業に就くこともできたため、彼は勉強して職業を選べる道を進んだ。

ナブ＝シャマシュの受けた教育がどんなものだったか分かっているのは、書記としての教育を受けた人たちがシュメール語で記した詳細な記録が、およそその時代から今に至るまで残っているためだ。こうした記録から明らかなように、書記学校へ入学できたのは裕福な一家の息子だけだったため、ナブ＝シャマシュは幸運な家系に生まれたと言える。実はバビロニアの教育水準はかなり高く、外国の貴族たちが息子をこの都市に留学させたほどだった。

この学校は粘土板の館と呼ばれていたが、おそらくそれは、ものを書いたり計算をしたりするのに粘土板が使われていたからだろう。校長は〝達人〟とか〝粘土板の館の師〟と呼ばれていた。担任も一人いて、生徒たちをしつけることが主な仕事だった。また、シュメール語や数学の専門教師もいた。さらに、〝兄貴〟と呼ばれる監督生も何人かいて、秩序維持などに携わっていた。ナブ＝シャマシュをはじめ生徒はみな自宅に住んでいて、一カ月三〇日のうち二四日ほど、日中だけ学校へ通った。休養のための休日は三日あって、さらに宗教行事のための休日も三日あった。
ナブ＝シャマシュはまず、シュメール語、とくに文語体を学びはじめた。勉強すべき辞書や文法書もいくつもあったし、法律の条文や専門用語や人の名前など、書き写さなければならないものもたくさんあった。その後、彼は数学へ進んだが、その期間がこの物語の中心をなす。

ナブ＝シャマシュは何を学んだのか？　哲学者や論理学者や数学者といった、学者然とした連中以外の人にとって、数は数字の連なったものである。例えば私がこの文を書いている年は、２００６、四つの数字の連なりだ。だが学者たちが念を押して言うように、この数字の連なりは数でなくその表記であって、しかもかなり洗練された形の表記である。我々にお馴染みの10進法では、どんなに大きな数を表現するにも、０から９までの10種類の数字しか使わない。この体系を拡張すれば、極めて小さい数も表現できる。もっと言うと、測定された数値を極めて高い精度で表現できる。例えば光の速度は、現在の最高の測定結果によれば、秒速299,792.458キロメートルである。

我々はこの表記法に馴染みすぎていて、それがどれほど巧妙なものか、また初めて出会ったとき理解するのにどれだけ苦労したか、ついぞ忘れてしまっている。この表記法の持つ、一番おおもとになる重要な特徴とは、２といった記号の持つ数としての値が他の記号との相対位置によって変わってくるという点だ。２という記号は、前後関係と独立した一定の意味を持たないのである。光の速度を表した数においては、小数点の直前にある〝2〟という数字は確かに〝2〟を意味している。だがもう一つの〝2〟は〝20万〟を意味する。そして２００６という年号の中では、同じ数字が〝２０００〟を意味している。

もし我々の文章体系が、ある文字が単語の中のどこに現れるかによってその意味が変わってしまうようなものだったら、かなり厄介なことになっていただろう。例えば〝ａｌｐｈａｂｅｔ〟という単語の中にある二つのａが完全に違った意味を持っていたら、文章を読むという行為がどんなものになっていたか、想像してみてほしい。ところが、位取り記数法はあまりに便利で強力なため、それ以外の方法を実際に使っていた人たちがいることは、容易には想像できない。

　だが、昔からずっと同じ記数法が使われていたわけではない。我々が現在使っている記数法はわずか一五〇〇年前に生まれ、それが初めてヨーロッパへ入ってきたのは八〇〇年あまり前だったのだ。現在でも、同じ数字を表すのに文化によって異なる記号が使われている。エジプトの預金通帳を覗いてみてほしい。さらに古代文化では、さまざまな奇妙な方法によって数が書き表されていた。我々に一番馴染み深いのは、２００６をＭＭＶＩと表すローマ数体系である。古代ギリシャでは、同じ数が$\overline{\beta\zeta}$と表された。現在の2、２０、２００、２０００が、ローマではＩＩ、ＸＸ、ＣＣ、ＭＭ、ギリシャではβ、κ、σ、$\overline{\beta}$と表されていたのだ。

　知られている限り、現在の位取り記数法に近いものを使った最初の文化は、バビロニアの文化だった。しかし一つ大きな違いがあった。10進法では、数字が一つ左へ移るたびに、その数としての値は10倍になる。２０は2の10倍で、２００は２０の10倍ということだ。一方、バビロニアの数体系では、左へ移るたびに数は60倍になった。つまり、〝２０〟は2の60倍（10進法で１２０）、〝２００〟は2の60倍の60倍（10進法では７２００）となる。もちろん、今と同じ〝2〟という記号は使われていなかった。次ページの図にあるように、〝2〟という数字は、縦に細長い楔形の記号を二つ使って表されていたのだ。1から9までの数は、この縦長の楔形をその個数だけ集めて表されていた。9より大きな数については、別の記号として１０という数を表す横向きの楔形が使われ、２０、３０、４０、５０はその記号を複数集めて使うことで表現されていた。例えば10進の〝４２〟は、四つの横向きの楔形に続いて二つの縦長の楔形、となる。

　理由は想像するしかないが、このやり方は５９で終わりだった。バビロニア人たちは、横向きの楔形を6個集めて６０を作ることはしなかった。代わりに、〝１〟を意味するのに使った縦長の楔形に戻って、それで〝１×

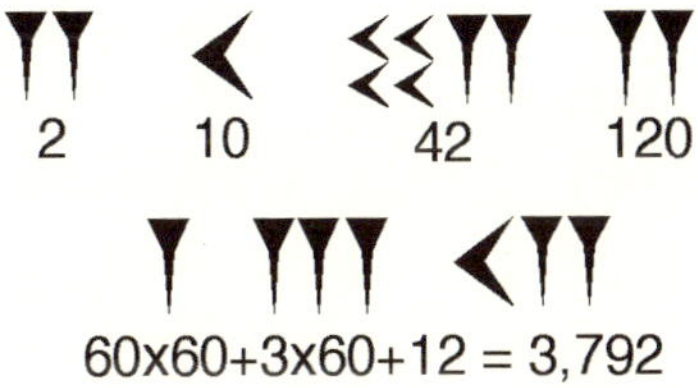

バビロニアの60進数

６０〟を表したのだ。この楔形が二つで、１２０を意味する。だがこれは〝２〟も意味する。どちらの意味で使われているかは、文脈と、記号どうしの位置関係から推測するしかなかった。例えば、二つの縦長の楔形、空白、二つの縦長の楔形、となっていれば、最初のまとまりは〝１２０〟、二つめのまとまりは〝２〟を意味した。10進の２２において二つの2という記号がそれぞれ２０と２を意味しているのと同じことである。

　この方法は、もっとずっと大きな数にまで拡張された。一個の縦長の楔形が、１、６０、60×60＝3600、60×60×60＝216000などを意味したのだ。図の下段に記した三つのまとまりは60×60＋3×60＋12を表していて、10進では３７９２となる。ここで大きな問題は、この記数法に曖昧さがあることだ。二つの縦長の楔形しか書かれていなかったら、それは2と60×2と60×60×2のどれを意味するのか？　一個の横向きの楔形に続いて二つの縦長の楔形が書かれていたら、それは、10×60＋2と、10×60×60＋2と、10×60×60＋2×60のどれを意味するのだろうか？　アレクサンドロス大王の時代までにバビロニア人たちは、数字が入らない場所を表すのに斜めの楔形を二つ使うことで、この曖昧さを回避した。要するに、0を表すための記号を作り出したのである。

　なぜバビロニア人たちは、10進法でなくこうした60進法を使っていたのだろうか？　60という数がさまざまな数で割りきれるという役に立つ性質に、影響を受けたのかもしれない。60は、2、3、4、5、6でも、10、12、15、20、30でも割り切れる。穀物や土地などを何人かで分配するときに、この性質はかなり都合がよいのである。

だが決め手は、バビロニア人たちの用いた時間の測定法だったのかもしれない。彼らは天文観測に秀でていて、一年が三六五日、もっと言うと三六五と四分の一日に近いことを知っていたが、一方で、一年を三六〇日とすれば便利であることにも気づいていたらしい。360＝6×60という関係が、あまりに魅力的だったのだ。実はバビロニア人たちは、時間を表すときのみ、記号を左へ一つずらすと値が60倍になるという規則をやめ、代わりに6倍になるとしたため、本来3600を意味するはずの表記が実際には360と解釈されていたのである。

60と360を重視するというこの習慣は現在でも残っていて、円周は360度（バビロニアの一日あたり1度）、1分は60秒、1時間は60分である。古代の文化的慣習は驚くほどしつこいのだ。このコンピュータグラフィック全盛の時代になっても、映画製作者がいまだに制作年をローマ数字で記しているのを見ると、私は愉快な気持ちになってくる。

ナブ＝シャマシュは、こういったことをすべて、学校へ通う最初のうちに身につけていったはずだ――〝ゼロ〟の記号は別として。そして、湿った粘土板に何千という小さな楔形文字を素早く刻んでいけるようになった。現在の子どもが整数から分数や小数へと進んでいくように、ナブ＝シャマシュもやがて、2分の1や3分の1、あるいは天文観測による厳然たる真実から導かれる複雑な分数を表現するための、バビロニア流の手法を知るようになった。

現在の学者たちは、楔を刻むのに午後いっぱい費やすことのないよう、新旧入り混じった形式によって楔形数字を表現している。ひとかたまりの楔形文字を10進数で表し、それらをコンマで区切って表しているのだ。例えば、前ページの図の下段の数字は1、3、12と書かれる。この約束事に則れば大量の高価な活字も節約できるし、読むのも簡単なので、これ以降はこの学者たちの記法に従うことにしよう。

さて、バビロニアの書記は、〝2分の1〟という数をどのように記したのだろうか？

我々の算術では二通りの方法がある。$\frac{1}{2}$と分数で表すか、あるいは〝小数点〟を導入して0・5と表すかである。分数記法の方が直観的で、歴史的にも先に登場した。一方、小数記法はそれより理解しにくいが、整数における〝桁の値〟の規則をそのまま拡張した記号体系なので、計算には向いている。0・5の5は〝5÷10〟を意味し、0・05の5は〝5÷100〟を意味する。記号を左に一つ動かせば10倍したことになり、右に一つ動かせば10で割ったことになるのだ。まさに理にかなった体系的な方法といえる。

このため小数の算術は、小数点の位置を考えなければならないことを除けば、整数の算術とそっくりである。バビロニア人たちも同じアイデアを持っていたが、その底《てい》は60であった。$\frac{1}{2}$という分数は、$\frac{1}{60}$の何倍であるかという形で表さなければならない。もちろん正解は$\frac{30}{60}$で、彼らは〝2分の1〟を0; 30と表したのだ。現代の学者たちは小数点の代わりとしてこのセミコロンを使っているが、楔形記法ではやはり空白によって表されていた。そしてバビロニア人たちは、かなり複雑な計算をこなしていた。例えば、彼らが求めた2の平方根の値は1; 24, 51, 10で、これは真の値から10万分の1ほども食い違っていない。この精度の高さが、理論数学においても天文学においても強みとして用いられたのだった。

本書のテーマである対称性に関する限り、ナブ＝シャマシュが教わることになる手法の中で最も興味深いのが、2次方程式の解法である。バビロニア人による方程式の解法については、かなり多くのことが分かっている。見つかっているおよそ一〇〇万枚のバビロニアの粘土板のうち、約五〇〇枚が数学に関するものである。一九三〇年に東洋学者のオットー・ノイゲバウアーは、そのうちの一枚が、現在で言うところの二次方程式を彼らが完全に理解していたことを証明していると気づいた。2次方程式は、未知の量とその2乗、そしてさまざまな特定の数を含んだ方程式である。2乗の項がなければ〝1次方程式〟と呼ばれ、簡単に解くことができる。未知の量の3乗（未知の量を3回掛けたもの）を含む方程式は、〝3次方程式〟と呼ばれる。バビロニア人たちは、いくつかの種類の3次方程式について、数表をもとに近似解を求める巧妙な方法を知っていたらしい。だが、見つかっているのはその数表だけである。それをどのように使い、どんな3次方程式を解くことができたのかは、推測するしかない。その一方、ノイゲバウアーが研究した粘土板によって、バビロニアの書記たちが2次方程式に精通していたことははっきりしている。

およそ四〇〇〇年前に書かれた一枚の典型的な粘土板には、「面積と辺の差が14, 30であるような正方形の辺を求めよ」という問題が記されていた。この問題には、未知数に加えて未知数の2乗（正方形の面積）も関係している。要するにこの粘土板は、ある2次方程式を解けと言っているのだ。同じ粘土板には、その答えもややぶっきらぼうに記されている。「1を半分にして0; 30。0; 30と0; 30を掛けて0; 15。これに14, 30を加えて14, 30; 15。これは29; 30の2乗。ここで0; 30と29; 30を加える。答えは30、これがこの正方形の辺である」。どうなっているのだろうか？　各ステップを現代の表記法で表してみよう。

1を半分にして0; 30。	$\frac{1}{2}$
0; 30と0; 30を掛けて0; 15。	$\frac{1}{4}$
これに14, 30を加えて14, 30; 15。	$870\frac{1}{4}$
これは29; 30の二乗。	$870\frac{1}{4} = (29\ \frac{1}{2}) \times (29\ \frac{1}{2})$
ここで0; 30と29; 30を加える。	$29\frac{1}{2} + \frac{1}{2}$
答えは30、これがこの正方形の辺である	30

一番難しいのは四番目のステップで、ここでは、2乗すると$870\frac{1}{4}$になるような数（$29\frac{1}{2}$）を探さなければな

らない。$29\frac{1}{2}$は、$870\frac{1}{4}$の平方根である。平方根は2次方程式を解く上で最も重要なツールであって、数学者たちが同様の手法を使いもっと複雑な方程式を解こうとしたときに、現代の代数学は誕生したのだと言える。

のちほどこの問題を、現代の代数的表記法を使って解釈する。だが、バビロニア人たちがそのような代数式を使っていなかったことは、理解しておかなければならない。彼らは、答えを導く特定の手順を、典型的な例を使って表していたのだ。しかし、数が変わってもまったく同じ手順が通用することは間違いなく理解していた。

要するに、彼らは2次方程式の解法を知っていて、その解法は、表現方法こそ違うものの、現在我々が使っているのと同じだったのである。

バビロニア人たちは、どうやって2次方程式の解法を発見したのだろうか？　直接の証拠はないが、どうやら幾何学的に考えることでその解法に思い至ったらしい。もっと簡単な問題を例に、その手法を導いてみよう。いま、次のように書かれた粘土板が見つかったとする。「面積と二つの辺を足すと24になるような正方形の辺を求めよ」。現代の用語で言うと、未知数の2乗と未知数の2倍の和が24に等しい、となる。この問題は、次ページの一番上のような図として表すことができる。

この図では、等号の左側にある正方形と長方形の高さが未知数に対応し、小さい正方形が1単位を表す。ここで縦長の長方形を半分に割って、切れ端をそれぞれ正方形にくっつけると、角の一つが欠けた正方形のような図形ができる（真ん中の図）。この図で考えれば、〝正方形を完成させる〟には、方程式の両辺にその欠けた角（灰色に塗られた正方形）を加えなければならないことが分かる。

すると、左辺には正方形が一つ、右辺には1単位の正方形が25個となる。これを5×5の正方形に並べ替えると、図の一番下のようになる。

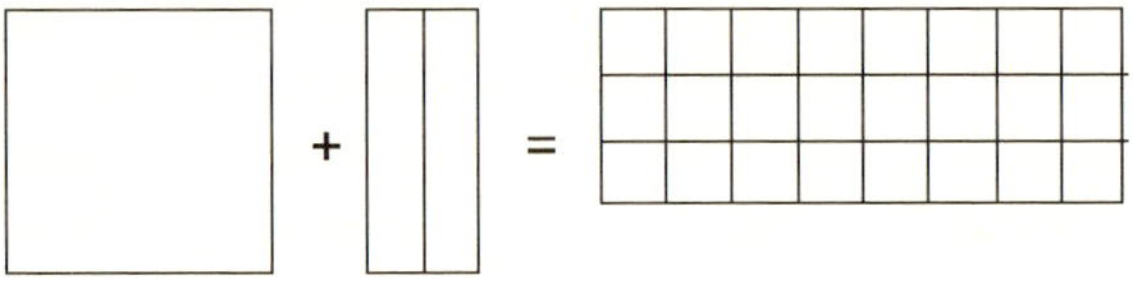

2次方程式の幾何学的イメージ

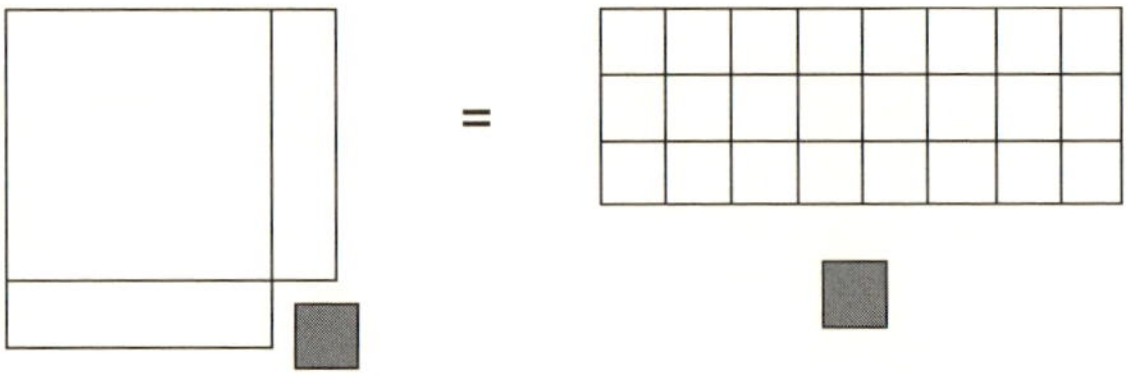

正方形を完成させる

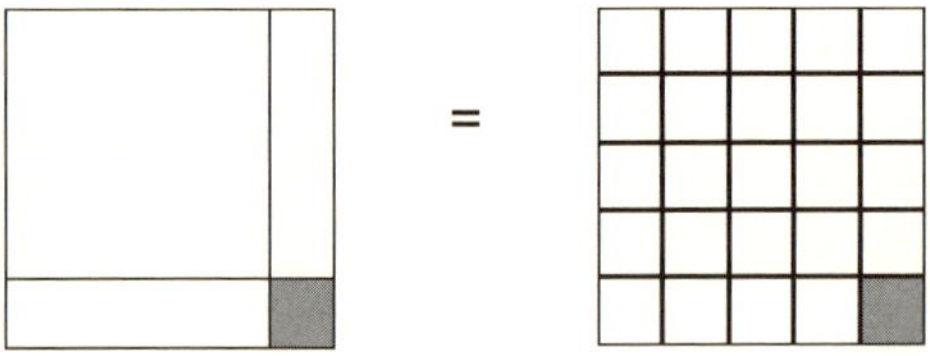

解が得られた

つまり、未知数に1を加えて2乗すると、5の2乗に等しいことになる。両辺の平方根を取れば、未知数足す1は5。数学の天才でなくても、その未知数が4であることは分かるはずだ。

この幾何学的な説明は、バビロニア人による2次方程式の解法とぴったり対応している。粘土板に書かれていたもっと複雑な例でも、まったく同じ手順が使われているのだ。その粘土板には手順しか書かれておらず、もともとの考え方は記されていないが、この幾何学的考え方は他の状況証拠とも一致する。

第2章

王族の名

古代の偉大な数学者の多くは、ナイル川西岸、西部砂漠にある五つの大きなオアシスの中に興った、アレクサンドリアというエジプトの都市に住んでいた。そのオアシスの一つが、冬には大きくなって夏には高温で小さくなる塩湖で有名な、シワである。土に混じったその塩に、考古学者たちは悩まされている。石や日干しレンガでできた古代の遺跡に浸透して、建物の構造を徐々に破壊していくからだ。

シワで最も有名な観光地が、神アメンに捧げられたかつての神殿、アグルミである。聖なるアメン神は完全に抽象的な存在だったが、のちに、神ラーの由来である物理的存在、太陽と結びつけられた。第二六王朝時代に建立されたこのシワのアメン神殿には、二つの歴史的出来事と関係した有名な神託所があった。

一つめの出来事は、エジプトを征服したペルシャ王カンビュセス二世の軍隊が壊滅したことである。言い伝えによれば、紀元前五二三年にカンビュセスは、アメンの神託によって自らの統治を正当化しようと企み、西部砂漠へ軍隊を向かわせた。軍隊はバハリヤ・オアシスまではたどり着いたが、シワへ向かう途中で砂嵐に遭って全滅したという。多くのエジプト学者は、この〝カンビュセスの失われた軍隊〟は架空のものではないかと考えているが、二〇〇〇年に、油田を探していたヘルワン大学のチームがこの地域で布や金属や人間の遺骨を発見し、それらはこの失われた軍隊の遺物ではないかという説を提唱している。

それから二世紀後に起こった二つめの出来事は、歴史的事実だ。カンビュセスとまったく同じ目的を抱いた、アレクサンドロス大王のシワ訪問である。

アレクサンドロスは、マケドニア王フィリッポス二世の息子である。フィリッポスの娘、マケドニアのクレオパトラはエペイロス王アレクサンドロスと結婚したが、そのときにフィリッポスは暗殺された。手を下したのは、フィリッポスの同性愛の相手で、自分の不満などを無視されたことで激情したパウサニアスかもしれない。あるいはこの暗殺は、ダレイオス三世が企んだペルシャによる陰謀だったのかもしれない。もしそうだとしたら、その企みは裏目に出たことになる。マケドニアの軍隊が直ちにアレクサンドロスを王に即位させ、この弱冠二〇歳の皇帝が有名な世界征服へと出発したからである。その途中、紀元前三三二年に、アレクサンドロスは戦うことなくエジプトを征服したのだった。

アレクサンドロスは、ファラオとして認めてもらうことでこの征服を強固なものにしようと、シワへ行脚し、神託所に自分が神であるかどうかを尋ねた。神託所へはたった一人で入り、戻ってくるとその審判を発表した。神託所は、彼が確かに神であると認めたのだった。この審判が、彼の権威を支える一番の拠り所となった。のちの噂では、神託所はアレクサンドロスがゼウスの息子であると明かしたという。

エジプト人がこの説得力に欠ける根拠に納得したのか、それとも、アレクサンドロス率いる強大な軍隊を見て、彼の作り話を受け入れるほうが賢明だと判断したのか、それは定かでない。おそらく彼らはペルシャ人による統治にうんざりしていて、アレクサンドロスの方がまだましだと考えたのだろう。まさに同じ理由で、かつてのエジプトの都メンフィスでも、彼は大歓迎を受けていた。歴史に隠された真実がいかなるものだろうが、それ以降、エジプト人はアレクサンドロスを王として敬ったのである。

アレクサンドロスはシワへの道すがら、地中海と、後にマレオティス湖と呼ばれるようになる湖に挟まれた地に心惹かれ、そこに都市を築く決心をした。当然のごとくアレクサンドリアと名付けられたその都市は、アレクサンドロス自身が描いた基本プランをもとに、ギリシャ人建築家のドノクラテスが設計した。都市が完成したのは紀元前三三一年四月七日とされているが、それに異論を唱え、もっと紀元前三三四年に近かったという者もいる。アレクサンドロスはその完成を目にすることなく、その地に埋葬されることで再訪を果たしたのだった。

少なくとも由緒ある伝説によればそうなっているが、おそらく真実はもっと複雑だったのだろう。後にアレクサンドリアとなる都市の大部分は、アレクサンドロスがやってくる前から存在していたらしいと、今では考えられている。エジプト学者たちはずいぶん以前から、数多くある碑文のすべてが信頼できるわけではないことを知っている。例えばカルナックの大神殿にはラムセス二世のカルトゥーシュ（古代エジプトで使われていたヒエログリフの文字（記号）の一つで、ファラオの名前を囲む曲線）がそこかしこに刻まれているが、実際にはこの神殿の大部分は父親のセティ一世が築いたもので、ラムセスのために彫られた碑文の下地にセティの碑文の痕跡がいくつも見られる（はっきり残っているものもある）。このように前の王の名を汚すという行為はごく普通に行われていて、無礼に値するとも思われていなかった。それに対して、前の王のレリーフから顔の部分を削り取ることは、間違いなく最も無礼に値し、前の王の存在そのものを破壊して来世での地位を意図的に剥奪する行為とされていた。

アレクサンドロスも、古代アレクサンドリアの建物の至る所に自らの名前を彫らせた。言うなれば、都市そのものに自らの名を刻ませたのだ。他のファラオたちは変わった建物や記念碑を自分のものにしたが、アレクサンドロスは都市を丸ごと我がものにしたのである。

アレクサンドリアは大きな港町へ発展し、ナイルの支流や運河によって、紅海、さらにインド洋や極東とも結ばれた。またこの都市は、有名な図書館を擁する学問の中心地ともなった。そしてここで、歴史上最も影響を及ぼした数学者の一人が誕生した。幾何学者ユークリッド（エウクレイデス）である。

人類の文明に対する長期的な影響で言ったら間違いなくユークリッドの方が大きいというのに、ユークリッド

ユークリッド

に関して分かっていることは、アレクサンドロスに関する事柄よりはるかに少ない。数学の世界に王族の名のようなものがあったとしたら、それは〃ユークリッド〃であるはずだ。ユークリッドの生涯についてはほとんど分かっていないが、その業績に関して我々は数多くのことを知っている。西洋世界では何世紀にもわたって、数学とユークリッドというのは同義語のようなものだったのである。

ユークリッドがこれほどまでに有名なのは、いったいなぜだろうか？　もっと偉大な数学者も、もっと重要な数学者も、他に何人もいる。だが、二〇〇〇年近くのあいだユークリッドの名は、西洋世界の隅々において数学を学ぶ学生たちがおしなべて知るところであり、さらにアラブ世界でも、それほどではないがやはり知られていた。そんな彼は、史上最も有名な数学の教科書、『幾何学原論』（ふつう『原論』と略される）を著した。印刷術が発明され、初めて活字にされた本の一つである。今までに一〇〇〇以上の版が出版され、この数を凌ぐのは聖書をおいて他にない。

ホメロスに関する事柄に比べれば、ユークリッドに関することのほうが多少はよく分かっている。彼は紀元前三二五年頃にアレクサンドリアで生まれ、紀元前二六五年頃に亡くなった。

そう言っておきながら、不愉快だが早くも話を翻さなければならない。ユークリッドが実在の人物であって、一人で『原論』を書いたというのは、三つある説のうちの一つでしかないのだ。第二の説によれば、彼は確かに実在していたが、少なくとも自分の手では『原論』を書かなかったという。共同で『原論』を執筆する数学者チームのリーダーだったのかもしれないというのだ。これらよりはるかに異論は多いが、ありえないことではない三つめの説によれば、そうしたチームは実在していたが、それは、二〇世紀半ばに〃ニコラ・ブルバキ〃名義で著作を著した若いフランス人を中心とするグループのように、集団の筆名として〝ユークリッド〟を名乗ったという。そんな説もあるにはあるが、一番もっともらしいのはやはり、ユークリッドは一人の人物として実在していて、自らの手で『原論』を著したという説だと思われる。

とはいっても、その本に書かれている数学の内容をすべてユークリッドが発見したわけではない。彼は、古代ギリシャの数学の知識をかなりの程度収集して体系づけたことになる。先達の考えを拝借して後の人々に豊かな遺産を残したわけだが、そこに彼は自らの存在感も刻みつけている。『原論』はふつう幾何学の書物とされているが、そこでは幾何学の姿を借りて、数論やある種の代数学の原型も扱われているのだ。

ユークリッドの生涯については、ほとんど分かっていない。後世の注釈者たちがいくつか断片的な情報を付け加えてはいるが、現代の学者たちの手で実証されているものは一つもない。そうした情報によれば、ユークリッドはアレクサンドリアで教鞭に就いていたそうで、彼はその同じ都市で生まれたと推測されることが多いが、実際にそうだったかどうかは定かでない。紀元四五〇年に哲学者のプロクロスは、ユークリッドの死から七世紀以上も経って書かれた彼の数学に関する本格的な解説書の中で、次のように述べている。

ユークリッドは……『原論』をまとめ上げ、エウドクソスの定理の多くを秩序正しく整理し、テアイテトスの定理の多くを完成させ、先人たちがおおざっぱにしか証明していなかった事柄の数々に反論の余地のない証明を与えた。この男はプトレマイオス一世の時代に生きた。その時代の直後に登場したアルキメデスが、ユークリッドのことを語っているからだ。言い伝えによれば、アルキメデスはプトレマイオスに、幾何学を学ぶのに『原論』より手っ取り早い方法はないかと尋ねられ、幾何学に王道はありません、と答えたという。これらのことからユークリッドは、プラトンの学派よりは後で、エラトステネスやアルキメデスよりは昔の人物ということになる。エラトステネス本人が、自分はアルキメデスと同じ時代に生きたと言っているからだ。ユークリッドはプラトン学派を目指し、プラトンの哲学に共感していたため、『原論』の最終章をいわゆるプラトン立体の構造に充てている。

『原論』におけるいくつかのテーマの扱い方から判断するに、間接的にだが説得力のある話として、ユークリッドはアテネにあるプラトンのアカデメイアでいっとき学んでいたようだ。例えばエウドクソスやテアイテトスの幾何学に関しては、そこでしか学べなかったに違いない。ユークリッドの人となりが読み取れるのは、テオン・パパスによる断片的な記述だけである。パパスはユークリッドのことを、「いかなる方法にせよ数学を進歩させられるすべての人と等しく友好的に交わり、決して腹を立てないよう気を遣い、立派な学者ながらも鼻に掛けることはない」と評している。逸話もいくつか残っていて、その一つがストバイオスの語ったものだ。ユークリッドの生徒の一人が彼に、幾何学を理解することで何を手に入れられるでしょうか、と尋ねた。するとユークリッドは奴隷を呼びつけ、「こいつに硬貨を一枚くれてやれ。勉強したんだから何かほしいんだそうだ」と言ったという。

ギリシャ人の数学に対する態度は、バビロニア人やエジプト人とはかなり違っていた。バビロニアやエジプトの文化では、数学はもっぱら実用的な観点から捉えられていた――その〝実用的〟というのは、死んだファラオの第二霊《カー》がシリウスの方角へ旅立てるよう、ピラミッドの通路の方位を合わせるという意味だった。一方、ギリシャ人数学者の中には、数は神秘的信念を裏付けるのにしばしば使われる単なる道具ではなく、その信念の核をなすものに他ならないと考える者もいた。

数学、とくに数を万物の基礎と考え、紀元前五五〇年頃に隆盛を極めた、ピタゴラスを中心とする学派について、アリストテレスやプラトンは語っている。ピタゴラス学派の人々は、弦楽器において互いに調和する音程が

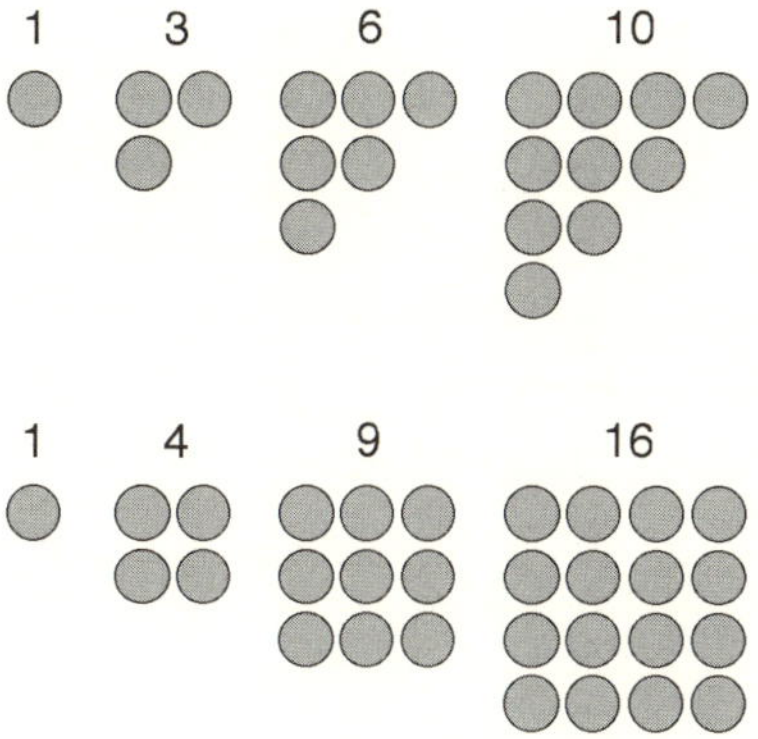

三角数と四角数

単純な数学的パターンと対応するという発見をもとに、宇宙の調和に関する神秘的な考え方を編み出した。ある弦がある音程を出すとすると、その半分の長さの弦は、数ある音程差の中でも最も調和する1オクターヴ高い音を発する。また彼らは、ものを多角形のパターンに並べることでできるさまざまな数のパターン、とくに多角数について研究した。例えば〝三角数〟1，3，6，10は三角形から作られ、〝四角数〟1，4，9，16は正方形から作られる。

ピタゴラスの学説には、例えば2を男性、3を女性と考えるといったような風変わりな数秘術も含まれてはいるものの、自然の深層には数学的構造が潜んでいるという彼らの考え方は、ほとんどの理論科学の基礎として今日でも生き長らえている。後のギリシャ幾何学はそこまで神秘主義的ではなかったが、それでもギリシャ人たちは数学を、それ自体が目的であると捉え、道具というより哲学の一部門として考えていた。

いくつかの理由から考えるに、これで話は終わらない。はっきり分かっているように、ユークリッドの生徒だったらしいアルキメデスは、その数学の才能を使って軍事用の強力な機械やエンジンを設計した。ギリシャ時代の複雑なからくりがごくわずかだが残されていて、その精巧な構造と正確な加工から、古代の〝応用数学〟とも言える工芸技術の伝統が成熟していたことが読み取れる。おそらく最も有名な例が、アンティキシラ島という小島の近海から発見された装置で、これは歯車を複雑に噛み合わせて作られた、天文現象を計算するための道具だったらしい。

ユークリッドの『原論』はギリシャ数学のこうした崇高な考え方に合致しているが、それはおそらく、この考え方そのものが『原論』に基づいていたからだろう。この本では論理と証明に主眼が置かれていて、実際の応用法には触れられていない。『原論』の持つ特徴の中で本書の話にとって最も重要なのは、そこに何が書かれているかではなく、何が書かれていないかである。


ユークリッドは二つの大きな革新をもたらした。その一つが証明の概念である。ユークリッドは、すでに真であると分かっている言明から一連の論理ステップによって導けない限り、どんな数学的言明も真であるとして受け入れようとはしなかった。そして第二の革新が、証明プロセスは何らかの言明からスタートするしかなく、その初めの言明は証明不可能だと認識したことである。そこでユークリッドは五つの基本的な前提を立て、それをもとにすべての推論を行った。前提のうち四つは単純明快だ。「二つの点は一本の直線で結ぶことができる」、「有限な線分は延長できる」、「任意の中心と半径を持つ円を描くことができる」、「直角はすべて等しい」の四つだ。

だが、五番目の仮定はかなり趣が違っている。長ったらしくて複雑であり、道理にかなった自明な言明とは思えないのだ。この仮定は、平行線が存在するということを意味している。決して出会うことなく永遠に同じ方向へ伸び、無限に長く完全にまっすぐな道路の両側を走る歩道のように、常に同じ距離を保つような二本の直線だ。ユークリッドが実際に書き記したのは、二本の直線がもう一本の直線と交わるとき、初めの二本の直線は、その二つの角を足して二直角より小さくなる方の側で交わる、というものである。実はこの前提は、ある直線に平行でその直線上にはないある一点を通る直線がただ一つ存在する、という言明と論理的に同等だ。

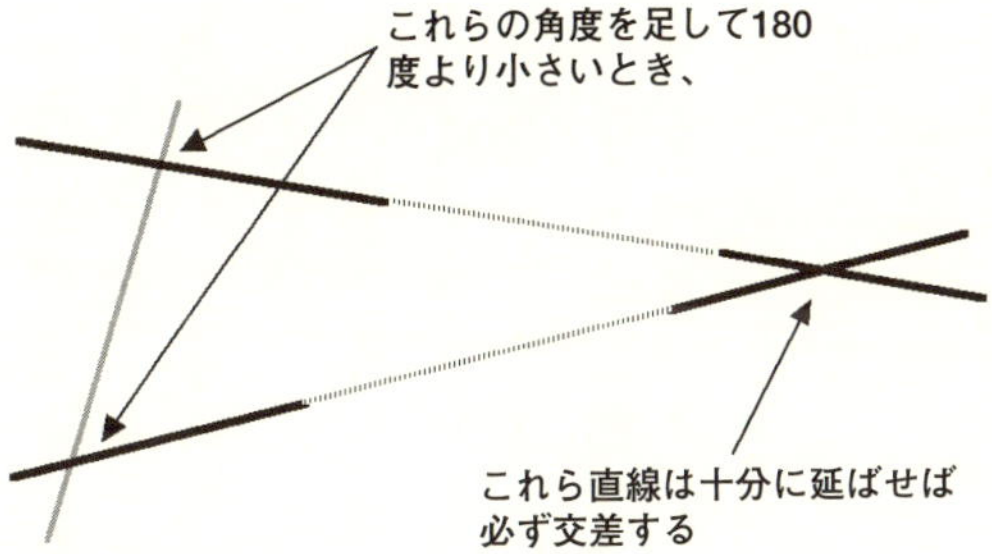
これらの角度を足して180
度より小さいとき、
これら直線は十分に延ばせば
必ず交差する

ユークリッドの第五の仮定

何世紀にもわたって、この第五の仮定は完璧な体系の中にある汚点であって、残り四つの仮定から導くことで取り除くか、あるいはもっと単純で残り四つと同じく自明な仮定と置き換えなければならないと見なされていた。だが一九世紀に数学者たちは、この前提は他の前提から導けないことを証明し、この第五の仮定を組み込んだユークリッドは完全に正しかったと理解したのだった。

ユークリッドにとって論理的証明は幾何学に欠かせないものだったし、今でも数学の取り組みには証明が欠かせない。証明のない言明は、どんなに状況証拠があってどんなに重要な意味を持っていても、疑いの目で見られるものだ。一方で物理学者や技術者や天文学者は、証明を、学問ぶった余計なものとして軽蔑の目で見がちである。彼らには観察という代わりの方法があるからだ。

例えば、月の運動を計算しようとする天文学者を思い浮かべよう。月の運動を支配する方程式を書き下したとしても、それを正確に解く方法がないため、彼はすぐに行き詰まってしまうはずだ。そこでこの天文学者は、その方程式に細工をして、式が単純になるようさまざまな近似を施すかもしれない。数学者なら、そうした近似が答に深刻な影響を与えるかもしれないことを心配して、問題を起こさないことを証明したくなるだろう。しかしこの天文学者は、別の方法を使って自分の措置が適切であったことをチェックできる。月の運動が計算と一致するかどうかを確かめればいいのだ。もし一致すれば、その方法が正しかったと確認でき（正しい答を与えるから）、その理論の正しさを証明できる（同じ理由による）。循環論法ではない。もしこの方法が数学的に通用しないものだったら、おそらく月の運動は予測できないはずだからだ。

観測や実験という手段を持たない数学者は、自分の編み出した成果をそれ固有の論理によって証明しなければならない。言明が重要な意味を持てば持つほど、その言明が真であることを確かめるのも重要になってくる。誰もが真であってほしいと思う言明や、もし真であればとてつもない影響を及ぼすような言明の場合、ますます証明は欠かせない。

証明は宙ぶらりんで浮かんでいるものでもないし、論理的に延々と遡れるものでもない。どこかの地点からスタートするしかないが、そのスタート地点は定義上証明されていないし、以後も証明されることはない。現在では、この証明されない前提は〝公理〟と呼ばれている。数学における公理は、ゲームのルールに他ならないのだ。そうした公理に異議を唱えて変えることはいくらでもできるが、それによってゲームは違ったものになる。数学は、この言明が真である、と断言するものではない。さまざまな前提を置くとその言明が論理的に導かれるはずだ、と断言するものだ。しかし、公理に異論を投げかけてはならないということではない。ある目的にはこの公理体系が別のものよりふさわしいかどうか、とか、この公理体系には特有の長所や重要性があるかどうか、といった議論は起こりうる。だがこうした議論は、ある公理ゲームだけに特有の論理を問題にしているのではない。どのゲームに価値があって興味深く楽しいか、それが問題なのだ。

ユークリッドの公理からは、入念に選ばれた一連の長い論理的演繹によって、とてつもなく広範囲に及ぶ帰結が導かれる。例えば彼は、当時は完全無欠だと見なされていた論理を使って、これら公理を認めれば必然的に以下の結論が導かれることを証明した。

- 直角三角形の斜辺に接する正方形の面積は、残り二つの辺に接する正方形の面積の和に等しい。
- 素数は無限に存在する。
- 分数によって正確に表現できない無理数が存在する。その一例が2の平方根である。
- 正多面体は、正4面体、立方体、正8面体、正12面体、正20面体の五つだけ存在する。
- 直定規とコンパスを使って任意の角を正確に二等分できる。
- 正三角形、正方形、正五角形、正六角形、正八角形、正十角形、正十二角形は、直定規とコンパスだけを使って正確に描くことができる。

これら証明された数学的言明は、現代の言い方では〝定理〟という。ユークリッドの視点は今とかなり違っていた。数を直接扱ってはいないのだ。我々なら数の性質であると解釈するものがすべて、長さ、面積、体積という形で表現されているのである。

『原論』の内容は、大きく二つに分けられる。一つは定理で、これこれが真である、ということを示している。もう一つは作図法で、これこれをどのようにおこなうか、を示している。

典型的で有名な定理の一つが、『原論』第一巻の命題47、ふつうピタゴラスの定理と呼ばれているものである。この定理は、直角三角形の一番長い辺と残り二つの辺のあいだに特別な関係がある、というものだ。だが、そこ

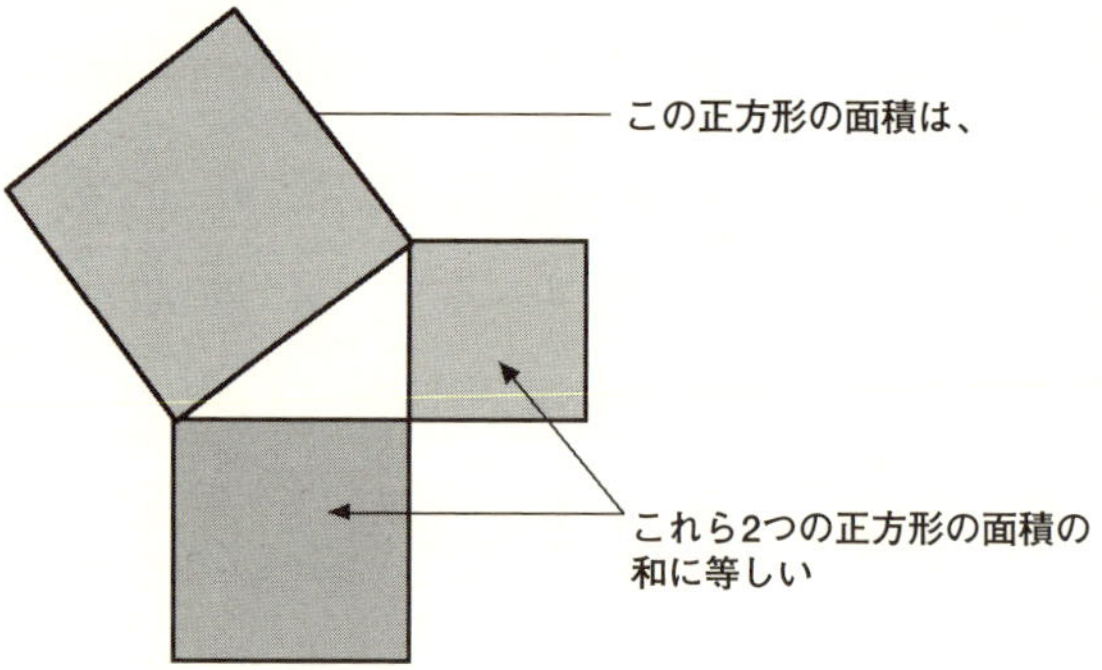
この正方形の面積は、
これら2つの正方形の面積の
和に等しい

ピタゴラスの定理

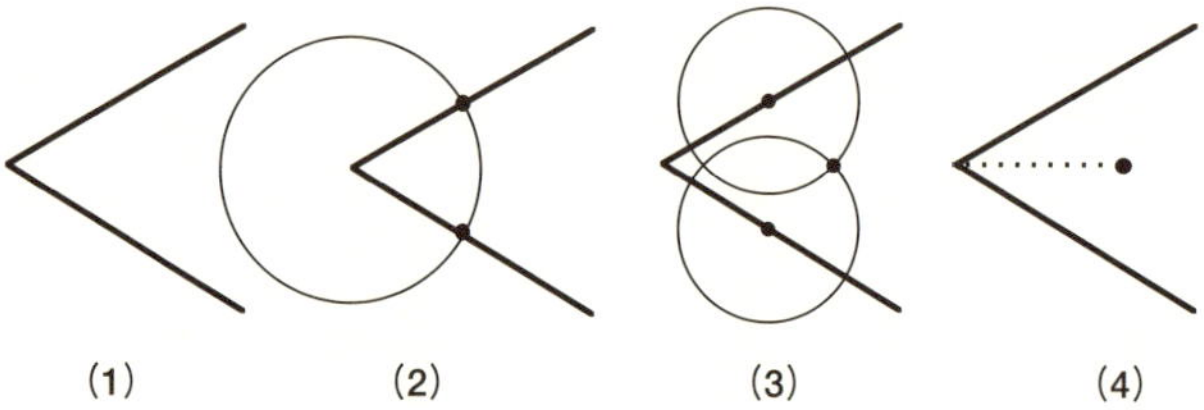
(1)
(2)
(3)
(4)

直定規とコンパスで角を二等分する方法

から先の計算や解釈がなければ、どんな目標へたどり着く方法にもならない。

　本書の話にとって重要な作図法の一つが、角の〝二等分問題〟を解いた、第一巻の命題9であろう。ユークリッドが考え出した角の二等分法は、数学黎明期当時の限られた技術を考えれば、単純ではあるが巧妙といえる。

　二本の線分に挟まれた角が与えられたとして(1)、線分の交わるところにコンパスの針を置いて円を描くと、円はそれぞれの線分と一カ所ずつで交差する（黒い点）(2)。次に、これら新たな点を中心として、半径の等しい二つの円を描く(3)。二つの円は二カ所で交差し（一方だけに点を打ってある）、求めたい二等分線（点線）はそれら両方の点を通る(4)。

　この作図を繰り返していけば、角を四等分、八等分、一六等分にできる。一回ごとに数が2倍になり、2の累乗、すなわち2、4、8、16、32、64、……が得られる。

先ほど述べたように、『原論』の特徴のうち本書の話に関係するのは、何が記されているかではなく、何が記されていないかである。ユークリッドは、次のような方法については言及していない。

- 角を正確に三等分する方法（〝角の三等分〟）
- 正七角形の作図法
- 与えられた円の円周と等しい長さの直線の作図法（〝円の直線化〟）
- 与えられた円と等しい面積を持つ正方形の作図法（〝円の正方形化〟）
- 与えられた立方体の二倍の体積を持つ立方体の作図法（〝立方体の倍積化〟）

よく語られている話によれば、ギリシャ人たちは、これらの事柄が抜け落ちていることをユークリッドの不朽の著作が抱える欠点と捉え、心血を注いでそれを直そうとしたという。だが数学史家たちは、こうした主張を裏付ける証拠をほとんど発見していない。実はギリシャ人たちはこれらの問題をすべて解くことができたのだが、それにはユークリッドの枠組みの中では手にできない手法が必要だったのだ。ユークリッドの作図法はすべて、目盛のない直定規とコンパスを使っておこなわれた。しかしギリシャの幾何学者たちは、円錐曲線という特別な曲線を使うことで角を三等分できたし、円積曲線という別の特別な曲線を使うことで円の正方形化もできた。その一方で、角を三等分できれば正七角形を作図できることには、気づいていなかったようだ（正九角形は簡単に作図できるが、正七角形についても極めて巧妙な作図法がある）。実は彼らは、角の三等分からどのような帰結が導かれるか、まったく追求していなかったらしい。彼らの心はそこにはなかったようだ。

のちの数学者たちは、ユークリッドがこれらの問題を省いたことを、かなり違った観点から捉えた。これらの

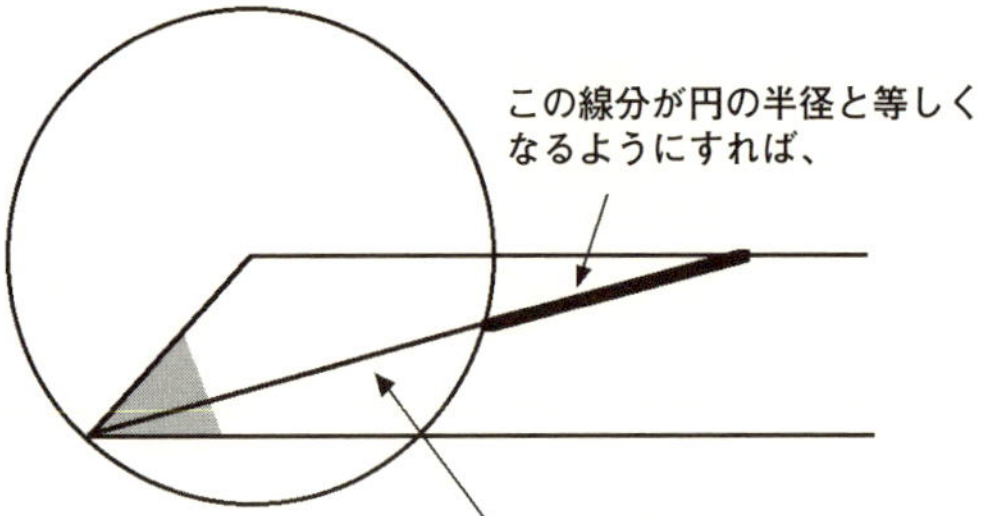
この線分が円の半径と等しく
なるようにすれば、
この線分は影を付けた
角を三等分する

アルキメデスによる角の三等分の方法

問題を解くための新しい道具を探すのではなく、ユークリッドが使った直定規とコンパスという限られた道具で何ができるかを考えはじめたのだ（定規に刻まれた目盛を使うといういかさまも禁止した。ギリシャ人たちは、定規を滑らせて目盛を合わせる〝近似作図法〟を使うことで、効率的かつ正確に角を三等分できることを知っていた。そうした手法の一つはアルキメデスによって考案された）。何ができて何ができないのかを見極め、さらにそれを証明するには、長い年月が必要だった。一九世紀後半になってやっと、これら問題のいずれも直定規とコンパスだけでは解けないことが明らかとなったのである。

それは大きな進歩だった。ある特定の方法である特定の問題が解けることを証明するのではなく、その逆、すなわち、これこれのたぐいの手法ではこれこれの問題を解くことは決してできない、という極めて強力な主張を証明することを、数学者たちは学んだのだ。そうして彼らは、数学という分野が限界を抱えていることを知るようになった。興味深いことに、そうした限界について語るようになったまさにそのとき、それが正真正銘の限界であることが証明されたのである。

誤解を避けるためにここで、角の三等分問題が持つ重要な側面をいくつか指摘しておきたい。

目的は正確な作図法だ。直線は無限に細く、点は大きさを持たないという、ギリシャの理想化された幾何学体系における、極めて厳格な条件である。角は正確に等しく分割しなければならない。小数点以下一〇桁や一〇〇桁や一〇億桁が等しくなるだけでなく、その作図法は無限に正確でなければならないのだ。一方で同じ立場から、与えられた点でも作図された点でも、そこにコンパスを無限に正確に刺すことができるし、どんな二点間の距離でも、それと無限に正確に等しくなるようコンパスの半径を合わせることができるし、またどんな二点でも、そこに正確に通るよう直線を引くことができる。

雑多な現実の世界では、このようなことはありえない。とすると、ユークリッドの幾何学は現実世界では役に立たないのだろうか？　そんなことはない。例えばユークリッドが命題9に記した方法を、現実のコンパスを使って現実の紙の上で実行すれば、かなり正確な二等分線が引ける。コンピュータグラフィックの時代以前の製図では、実際にそうやって角を二等分していた。理想化は欠点ではなく、数学がうまく機能する大きな理由なのだ。理想化されたモデルの中では物体の持つ性質を正確に知ることができるので、論理的な推論が可能である。雑多な現実世界ではそうはいかない。

しかし理想化にも限界があって、ときにモデルが適切でなくなることがある。例えば無限に細い線では、道に線を引くのには都合が悪い。適切な状況に対してモデルのほうを合わせなければならないのだ。ユークリッドのモデルは、幾何学的言明の間の論理的依存関係を解き明かすのに役立つよう調整された。そのおまけとして現実世界を理解する手助けにもなったのだが、ユークリッドはそのことを中心に考えていたのではない。

次に述べることはそれに関係があるが、かなり違った視点からの見方だ。角を近似的に三等分する作図法は、難なく探すことができる。1パーセントや一〇〇〇分の1パーセントの精度が必要でも大丈夫だ。誤差が鉛筆で書いた線の幅の一〇〇〇分の1なら、製図にはまったく問題ない。しかし数学における問題は、理想的な三等分だ。任意の角を正確に三等分できるか？　その答えは「ノー」である。

よく、「否定を証明することはできない」と言われる。だが数学者に言わせれば、それはばかげた言いぐさだ。

それどころか、否定を証明するのに新たな手法が必要となる場合にはとりわけ、その否定自身が魅力を放つ。そうした手法は、肯定的な解よりも強力で興味深いことが多いのだ。直定規とコンパスで作図できるものが特定され、それを作図できないものと区別するための強力な新手法が考案されれば、まったく新たな思考の形を手にしたことになる。それによって、新たな考え方、新たな問題、新たな解、そして新たな数学理論や道具が手に入るのだ。

作られていない道具を使うことはできない。携帯電話が存在しなければ、友人に携帯電話で電話することはできない。農業の発明や火の発見がなければ、ほうれん草のスフレを食べることはできなかった。だから道具を作ることは、問題を解くことと同じ以上の重要性を持ちうるのだ。

角を等分する方法は、もっと見た目に楽しい、正多角形の作図法と密接な関係にある。

多角形とは、直線から構成された閉じた図形である。三角形、正方形、長方形、そして◊のようなダイヤモンド型は、いずれも多角形だ。円は、〝辺〟が直線でなく曲線なので、多角形ではない。すべての辺が同じ長さで、隣り合った辺がすべて同じ角度で交わる多角形を、正多角形という。辺の数が3、4、5、6、7、8の正多角形を下に示す。正式な用語で言うと、正三角形、正方形、正五角形、正六角形、正七角形、正八角形である。

ユークリッドとその先人たちは数多くの正多角形の作図法を編み出したので、どの正多角形が作図可能なのかもあれこれ考えていたに違いない。実はこの問題は、魅力的で、しかもかなり厄介なものだと分かった。ギリシャ人たちは、辺の数が3、4、5、6、8、10、12、15、16、20の場合に正多角形を作図できることを知っていた。現在では、辺の数が7、9、11、13、14、18、19の場合に作図できないことが分かっている。この範囲では17という数が抜けているが、これについてはまだ説明できない。正一七角形の話は、それ相応のところで語るこ

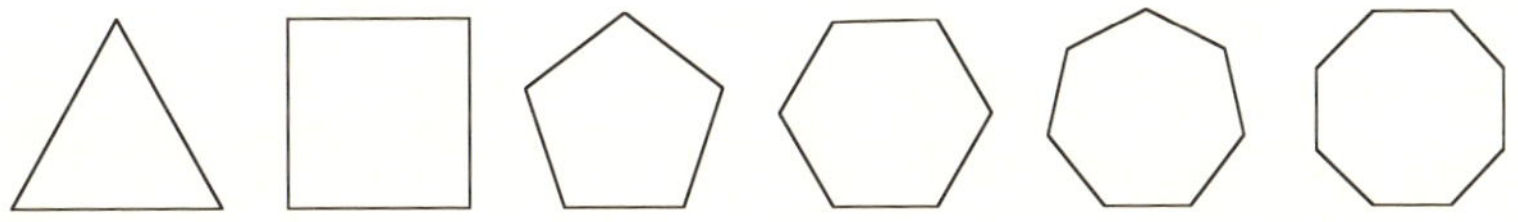

正多角形

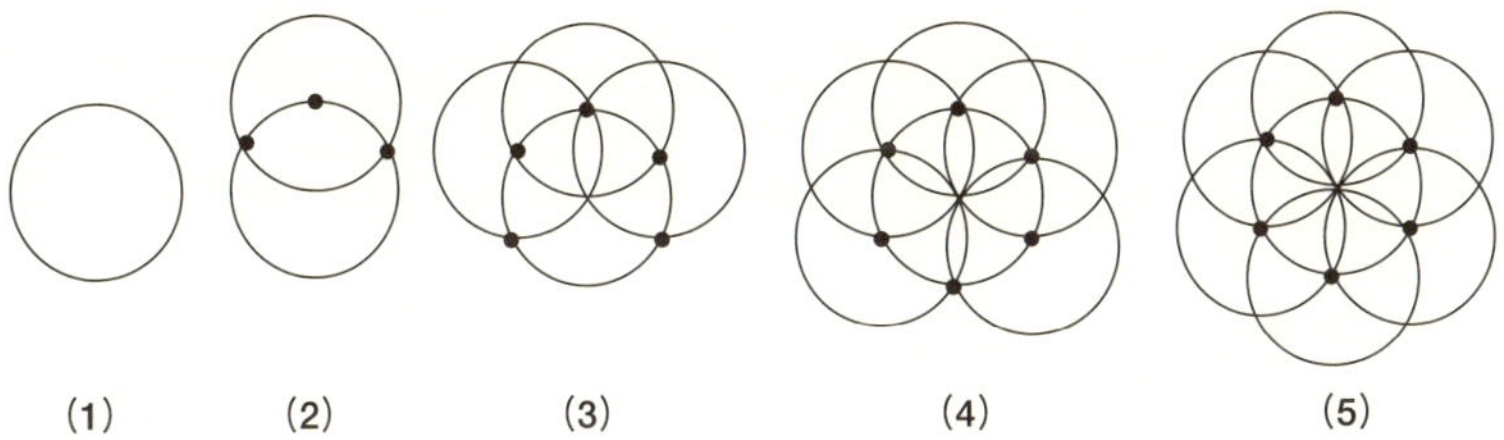

正六角形の作図法

とにしよう。純粋に数学的な理由以外にももっと多くの理由から、この問題は重要なのだ。

　幾何学について議論するには、実際の直定規と実際のコンパスを使って紙の上に書くのが一番だ。そうすることで、図形がどのように組み立てられていくかを感じ取ることができる。ここで、私の大好きな正多角形の作図法をお教えしよう。一九五〇年代後半に叔父からもらった*Man Must Measure*という本から学んだ、見事な方法だ。

　まずコンパスの半径を固定して、すべて同じ大きさの円を描けるようにする。そして円を一つ描く(1)。その円周上に一点を選び、そこを中心として円を描く。この円と初めの円は二点で交わる(2)。これら二点を中心として円を描き、さらに二つの点を得る(3)。そして、それら点を中心として円を描く。どちらの円も初めの円と同じ点で交差する(4)。これら六つの点を繋げば、正六角形ができる。数学的には必要ないが、六番目の点を中心として円を描くことで絵を完成させれば、もっと美しくなる(5)。そうすれば六つの円が初めの円の中心で交差し、花のような形ができあがる。

　ユークリッドも、これに似た、もっと単純だがこれほど美しくはない方法を使い、それが実際うまくいくことを証明した。それは第四巻の命題15に記されている。

第3章

ペルシャの詩人

目覚めよ！
太陽が背後の星々を夜空から追い散らし
それとともに天から夜を追い払い
光の矢でスルタンの塔を射るのだから

オマル・ハイヤーム

ほとんどの人にとってオマル・ハイヤームという名は、『ルバイヤート』という皮肉じみた長編詩、特にエドワード・フィッツジェラルドによるその見事な英訳と分かちがたく結びついている。だが数学史家にとっては、ハイヤームはもっと大きな名声に値する。ペルシャやアラブの数学者の中でも抜きんでていた彼は、ギリシャ人たちが落としていった知恵の松明を拾い上げ、西洋ヨーロッパが暗黒時代に入って学者たちが神学論争ゆえ定理の証明を放棄した後、新たな数学の発展を受け継いだのだった。

ハイヤームの偉業の一つに、ギリシャ幾何学のれっきとした手法を使った3次方程式の解法がある。ユークリッド幾何学を無言で縛り付けていた直定規とコンパスはその目的には力不足だったため、彼の手法はそれらを乗り越えていかざるをえなかった。ギリシャ人たちもそうではないかと疑ってはいたものの、幾何学でなく代数学の視点が欠けていたため、そのことを証明できなかった。だがハイヤームの手法は、直定規とコンパスを大幅に超越したわけではなかった。彼は、円錐を平面によって切断することで作図できる、〝円錐曲線〟という特別な曲線に頼ったのである。

ポピュラーサイエンスの本についてよく言われることとして、数式が一つ増えるたびに本の売り上げが半分に減るという迷信がある。それが本当だとしたら、とても困ったことだ。本書の重要なテーマのいくつかを数式なしに理解できる人は、きっといないだろうからだ。例えば次の第4章は、ルネッサンスの数学者による、3次方程式や4次方程式の解の公式の発見についての話だ。4次方程式がどんなものか紹介しないで済ませることはできるが、3次方程式はどうしてもお目にかけておく必要がある。そうでなければ、次のように説明するしかなくなるのだ。「ある数を別の数と掛けてそれにある数を加え、その平方根を取り、それに別の数を足してその立方根を取り、次に同じ計算をわずかに違う数についてやり、最後に二つの答を足し合わせる。おっと、言うのを忘れた。割り算もしなければならなかった」。

この迷信に挑戦して、方程式そのものに関する本を書いた著作家もいる。そんな人は、「木の義足を付けたら振ってみろ」というショービジネスの古い言い習わしを真に受けているようだ。確かに本書も方程式に関する本だが、山の本を書くのに読者に山登りを強要する必要がないのと同じように、読者に方程式を解かせようとしなくても方程式の本は書ける。とはいっても、山を見たことのない人はきっと山の本を理解できないのだから、いくつか慎重に選んだ方程式をお見せすれば、私にとっても読者にとってもかなり助けとなるだろう。

読者の側にかなり有利な基本ルールが、次のようなものだ。キーワードは〝見せる〟である。私は読者に方程式を見てもらいたい。それを使って何かをする必要はない。必要となればその方程式をばらばらに分解し、本書の話にとってどういった特徴が重要なのかを説明する。読者に対して、方程式を解けとか計算しろとか指示することは決してしない。そしてまた、できる限り方程式を使わないよう最善を尽くそう。

方程式は、分かってしまえばかなり親しみが持てる。明快で簡潔、そしてときに美しくさえあるのだ。方程式とは実は、何か計算の〝レシピ〟を書き表す単純で明快な言語である。そのレシピを言葉で説明できるときや、細かい点は重要でなくおおざっぱな感じだけを伝えたいときには、そのようにしよう。だが稀に言葉で説明しにくいときには、記号を使わざるをえないだろう。

本書では三種類の重要な記号を使うが、ここでそのうちの二つを紹介しておこう。一つがお馴染みのx、〝未知数〟である。この記号は、その時点では分かっておらず、どんな値なのか必死で探そうとしている数を表す。二種類目の記号は、^{2}、^{3}、^{4}のような小さな上付きの数字である。これは、ある数をしかるべき回数掛けなさいという指示だ。つまり、5^3は5×5×5＝125を意味し、x^2は$x \times x$を意味する。これら記号は〝2乗〟、〝3乗〟、〝4乗〟などと読み、まとめて〝累乗〟と呼ばれる。

バビロニア人による2次方程式の解法は、古代ギリシャへ伝えられたか、あるいはそこで改めて発明された。紀元前一〇〇年から紀元一〇〇年までのいずれかの時代にアレキサンドリアに生きたヘロンは、バビロニア流の典型的な問題についてギリシャの用語を使って論じている。紀元一〇〇年頃、ユダヤ出身のアラビア人と考えられるニコマコスは、『算術入門』という本を著す際に、数を長さや面積といった幾何学的な量によって表現するというギリシャの習慣を棄てた。ニコマコスにとって数は線の長さではなく、それ自体で一つの量だった。その著作が物語っているように、ニコマコスはピタゴラス学派に属していた。整数とその比だけを扱い、記号はまったく使わなかったからだ。そんな彼の本は、その後一〇〇〇年にわたって標準的な算術の教科書となった。

代数学に記号体系が導入されたのは、紀元五〇〇年頃のディオファントスというギリシャ人数学者の著作においてのことだった。ディオファントスについて分かっているのは享年だけだが、それも次のような真偽の定かではない情報に基づいている。代数学の問題を集めたあるギリシャの本に、次のような問題が採り上げられている。「ディオファントスは生涯の6分の1を少年として過ごした。さらに生涯の12分の1過ぎたときにひげが生えた。さらに7分の1が過ぎて結婚し、その5年後に息子が生まれた。息子は父親の半分の寿命まで生き、父親は息子の4年後に死んだ。ディオファントスは死んだとき何歳だったか？」

古代の代数学者の手法や現代の手法を用いれば、84歳という答えが導かれる。この代数学の問題が事実に基づいているとすれば、彼はかなり長生きだったことになるが、それが事実かどうかは定かでない。

彼の生涯について分かっているのはこれだけだ。だが彼の著作の数々については、後年の写本や別の文書による引用などからかなり多くのことが分かっている。彼は三角数や四角数といった多角数に関する一冊の本を書いていて、その一部は現在でも残っている。それはユークリッド流の形式で書かれていて、論理的推論により数々の定理を証明しているものだが、数学的な重要性はほとんどない。もっとずっと重要なのは、全一三巻からなる『算術』である。かつての写本が一三世紀にギリシャで再度写本されていたおかげで、そのうち六巻は現存している。さらに四巻がイランで発見された文書に写されていたようだが、それがディオファントスにまで遡れるものかどうか、異議を唱えている学者もいる。

『算術』は、問題集という形式を取っている。はしがきの中でディオファントスは、これは一人の教え子の練習帳として書いた本だと述べている。彼は未知数を表すのに特別な記号を使い、2乗や3乗にも、dynamis（累乗）やkybos（立方体）という単語を略したものと思われる記号を用いている。だが、この表記法はあまり系統立ってはいない。（現在の掛け算のように）数を並べることで足し算を表したが、引き算については特別な記号を使ったのだ。等号も使われているが、それは後世に写本されたときに付け足されたものかもしれない。

『算術』は、もっぱら方程式の解法に関する本である。現存する最初の巻は1次方程式について論じていて、残り五つの巻は、複数の未知数を持つものを含むさまざまな種類の2次方程式と、いくつかの特別な3次方程式を扱っている。一つの大きな特徴は、答が必ず整数か有理数であることだ。現在、解が整数か有理数に限定される方程式を〝ディオファントス方程式〟と呼んでいる。『算術』に採り上げられている典型的な例が、「三つの和とそれぞれ二つの和がいずれも完全平方であるような三つの数を求めよ」というものだ。やってみると分かるが、とても難しい。ディオファントスが示した答は、41、80、320である。三つの和は$441=21^2$、二つずつの和は、$41+80=121=11^2$、$41+320=361=19^2$、$80+320=400=20^2$となる。巧妙な問題だ。

ディオファントス方程式は、現代の数論において中心的立場を占めている。その有名な例が、二つの完全立方数、あるいはそれより高次の累乗数を足し合わせることで、同じ次数の累乗数を作ることはできないという、〝フェルマーの最終定理〟である。平方数なら、$3^2+4^2=5^2$や、$5^2+12^2=13^2$といったように同じことが簡単にできて、それはピタゴラスにまで遡る。だが、3乗、4乗、5乗など2より大きいどんな累乗に関しても、それは不可能だ。ピエール・ド・フェルマーは一六五〇年頃に、自分が所有する『算術』の写本の余白にこの予想を書き残した（証明はなかったため、その名に反して定理ではなかった）。それから三五〇年近く経って、イギリス生まれでアメリカ在住の数論学者アンドリュー・ワイルズが、フェルマーは正しかったことを証明した。

数学の世界における歴史的伝統は、ときに極めて長期に及ぶものなのだ。

数学の世界に代数学が本格的に姿を現したのは、八三〇年、ギリシャ世界からアラブ世界へその舞台が移ったときだった。その年、天文学者のムハンマド・イブン・ムーサー・アル＝フワーリズミーが、*al-Jabr w'al Muqâbala*（『約分と消約』とでも訳される）という本を書いた。このタイトルは、方程式を操って解きやすくするための標準的な技法を指している。英語のalgebra（代数）という単語は、このal-Jabrから来ている。一二世紀に出版された初のラテン語訳には、*Ludus Algebrae et Almucgrabalaeque*というタイトルが付けられた。

アル＝フワーリズミーの本は、かつてのバビロニアやギリシャからの影響を匂わせるとともに、六〇〇年頃にブラーマグプタがインドへもたらした考え方にも基づいている。この本は、1次方程式や2次方程式の解法を説明している。そしてアル＝フワーリズミーの直接の後継者たちは、さらにいくつか特別な形の3次方程式の解法を編み出した。その中には、バグダッドに生きた医師で天文学者、そして哲学者でもあった異教徒のタビト・イブン・コラや、後世の西洋の書物ではふつうアルハーゼンと書かれる、エジプト人のアル＝ハッサン・イブン・アル＝ハイサムがいる。だが中でも最も有名なのが、オマル・ハイヤームである。

オマルのフルネームは、ギヤース・アル＝ディン・アブー＝ハフス・オマル・イブン・イブラーヒーム・アル＝ニーシャーブーリー・アル＝ハイヤーミー。〝アル＝ハイヤーミー〟を直訳すると〝天幕職人〟となり、それは父親イブラヒムの職業だったのではないかと考える学者もいる。オマルは一〇四七年にペルシャで生まれ、活躍した時期の大半をナイシャプールで過ごした。今の地図ではネイシャーブールと記されているこの都市は、イラン北東部のホラーサーン州、トルクメニスタンとの国境に近いマシュハドの近郊にある。

言い伝えによれば、オマルは若いとき、ナイシャプールに住む有名な聖職者イマーム・ムワッファクからイスラム教とコーランを学ぼうと、家を出た。そしてそこで、ハサニ・サッバーフとニザーム・アル＝ムルクという二人の同級生と友情を築き、三人はある約束を交わした。ムワッファクの教え子にとってはそんなに珍しいことではなかったが、誰か一人が有名で金持ちになったら、その富と権力を他の二人にも分け与えるという約束だ。

三人の教え子が勉強を終え、年月は流れていったが、この約束が忘れられることはなかった。ニザームはカブールへ行った。一方、それほどの政治的野心を持たないオマルは、しばらくのあいだ天幕職人として生活した――〝アル＝ハイヤーミー〟という名前が付いたのはこのためかもしれない。彼は科学や数学に入れ込み、余暇のほとんどをそれらにつぎ込んだ。やがて、政府における地位をものにしたニザームが里帰りし、スルタンのアルプ・アルスラーンの行政官となって、ナイシャプールに事務所を構えた。
裕福になって名を上げたニザームに、オマルとハサニは約束に基づく権利を主張した。そこでニザームは、スルタンに友人を助ける許可を請い、それが認められると約束を果たした。ハサニは高給の行政職を手にしたが、オマルはナイシャプールで科学の研究を続けることだけを望み、その地でニザームの健康と幸福を祈ると言った。旧友たちは、オマルが政府から給料をもらって研究のための時間を取れるよう取り計らい、約束を果たしたのだった。

のちにハサニは、上司を失脚させようと企んだことでその名誉職を失ったが、オマルは穏やかな生活を続け、暦を改正する命を帯びた委員に任命された。ペルシャの暦は太陽の運行に基づいていて、年によって新年の日付が違っていたため、混乱を引き起こしていた。まさに有能な数学者にもってこいの役目で、オマルは数学と天文学の知識を使い、各年の新年が何日になるかを計算したのだった。
この頃にオマルは、詩『ルバイヤート』(『四行詩集』と訳される)を作った。ルバーイとは、特別な押韻のパターン、正確に言うと二つのパターンのうち一つを持つ四行詩のことで、ルバイヤートとはその形式の詩を集めたものを指す。その中の一編の詩は、暦を改正する仕事のことを詠んでいる。

ああ、だが人は言う
私の計算法で一年はもっと良く予測できるようになったのかと
そんなことはない。明日は生まれておらず昨日は死んでいる
暦だからこそ目を見張るのだ

オマルの詩は宗教臭さをまったく感じさせない。その多くが酒とその効能について詠っているのだ。例えば、

最近、開け放たれた酒場の扉から
夕暮れの薄暗がりの中
肩に器を担いだ天使の姿が射し込んできた
味わえと言われたそれは――葡萄だった

酒を皮肉たっぷりの喩えで詠んでいる詩もある。

ナイシャプールだろうがバビロンだろうが
甘かろうが苦かろうが
命のワインは一滴一滴したたりつづけ
命の葉は一枚一枚落ちつづける

他に宗教的信仰を嘲った詩もある。スルタンが自らの従僕であるこの男のことをどう考えていたか、また、イマームが自らの教育の成果をどう考えていたか、ぜひ知りたいところだ。

一方、失脚してナイシャプールを追われたハサニは、ある盗賊団と出会い、優れた教養を駆使してそのリーダーとなった。一〇九〇年、ハサニ率いるその盗賊団が、カスピ海の南に連なるエルブルズ山脈にあるアラムート砦を奪取した。盗賊たちは一帯を恐怖に陥れ、ハサニは山の長老として悪名を馳せた。ハシシュ（効き目の強い大麻）を使うことからハシシユンと呼ばれていた子分たちは、六基の山岳要塞を築き、そこを拠点として宗教界や政界の有力者たちを慎重に選んでは殺害していった。彼らの呼び名が、英語のassasin（暗殺）の語源である。こうしてハサニは、ムワッファクの教え子にふさわしく自力で豊かに有名になったが、その頃にはすでに、旧友たちと富を分かち合うつもりはなくなっていた。

オマルが天文表を計算して3次方程式の解き方を導き出していたとき、政治の道を突き進んでいたニザームは、何とも皮肉なことにハサニの盗賊に暗殺された。オマルは七六歳まで生き、一一二三年に死んだと言われている。ハサニはその翌年に八四歳で死んだ。暗殺はその後も続き、政治的混乱をもたらしたが、一二五六年にアラムートを征服したモンゴル人によって盗賊は一掃されたのだった。

オマルの数学の話に戻ろう。紀元前三五〇年頃、ギリシャの数学者メナイクモスが〝円錐曲線〟と呼ばれる特別な曲線を発見し、学者たちの考えるところによれば、それを使って彼は立方体倍積問題を解決した。そしてアルキメデスがこの円錐曲線の理論を展開し、それをペルゲのアポロニオスが著書『円錐曲線』の中で体系化して発展させた。オマル・ハイヤームが特に興味を持ったのは、ギリシャ時代に発見された、円錐曲線を使えばある種の3次方程式を解けるという事実だった。

円錐曲線という名前が付けられたのは、円錐を平面で切断することで得られるからだ。正確に言うと、二つのアイスクリームコーンを尖った方で繋いだような形の複円錐である。一個の円錐は、一点を通り適切な円周（円錐の〝底〟）を横切る線分の集まりから作られる。ギリシャ幾何学では線分を好きなだけ延長でき、それによって複円錐ができあがる。

円錐曲線には、楕円、放物線、双曲線という三種類がある。楕円は閉じた長円形の曲線で、切断面が複円錐の一方だけを通過する場合に作られる（円は楕円の特別な形で、切断面が円錐の軸と正確に垂直であるときに作られる）。双曲線は互いに対称的な二つの開曲線からできていて、原理的には無限に延長できるもので、切断面が複円錐の両方を通過する場合に作られる。放物線はこれらの中間形で、ただ一つの開曲線からなる。この場合、切断面は、円錐の表面を走る直線の一本と平行でなければならない。

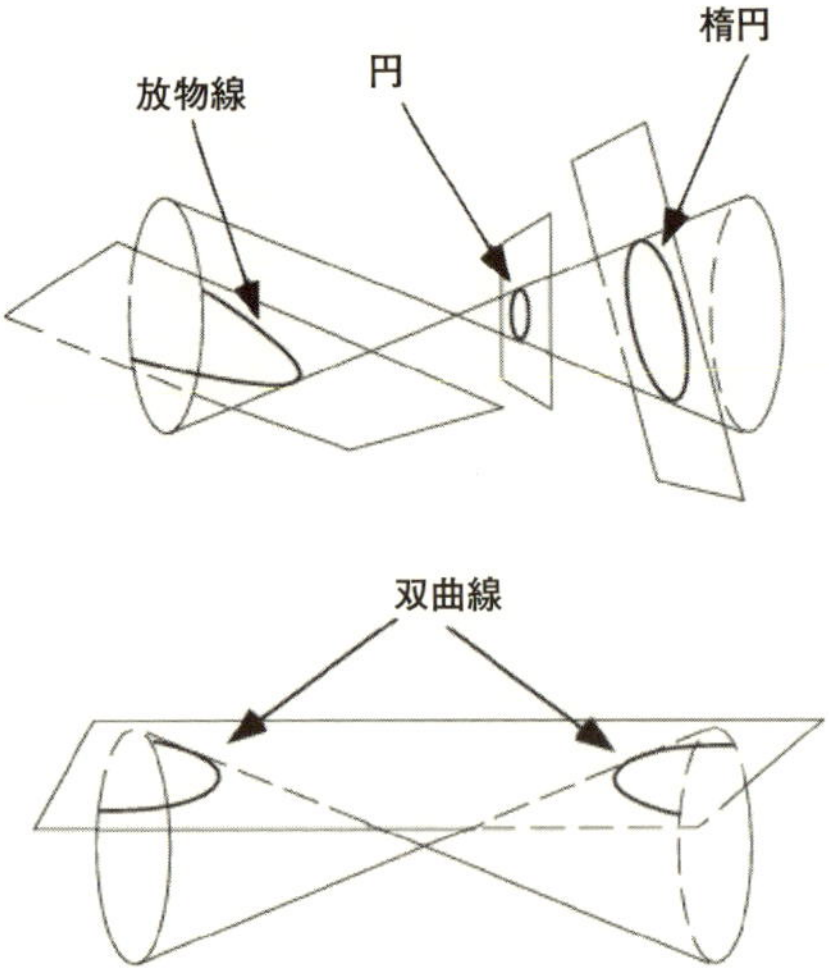

円錐曲線

双曲線は、円錐の頂点から遠ざかるにつれて二本の直線に近づいていく。その直線は、双曲線に平行で円錐の頂点を通る平面が円錐を切断することでできる直線と平行である。これらの直線は〝漸近線〟と呼ばれる。

ギリシャの幾何学者たちが円錐曲線を詳しく研究したおかげで、この分野はユークリッドが体系づけた考え方を超えて最も大きく進歩した。円錐曲線は現代の数学でも依然として重要だが、その理由はギリシャ人たちを惹きつけたものとはかなり違う。代数学の観点から見ると、円錐曲線は直線に次いで単純な曲線である。また、円錐曲線は応用科学にとっても重要だ。ティコ・ブラーエによる火星の観測結果からケプラーが導き出したように、太陽系の惑星の軌道は楕円である。その楕円軌道を基に、ニュートンが有名な〝重力の逆2乗則〟を打ち立てた。そしてそこから、宇宙は明快な数学的パターンを示す側面を持っていることが理解されるようになった。楕円曲線は、惑星現象の計算を可能にすることで、天文学そのものを開いたのである。

オマルが数学に関して書き残した現存する文書の大部分

は、方程式論に充てられている。彼は二種類の解というものを考えていた。一つはディオファントスに倣った、〝代数解〟と呼ばれる整数解だ――〝算術解〟と呼ぶ方が適切かもしれないが。もう一つは彼が〝幾何解〟と呼んだもので、これは、幾何学的手段によって長さや面積として作図できる解を意味する。

オマルは、円錐曲線を縦横に駆使することですべての3次方程式の幾何解を導き、それを、一〇七九年に書き上げた著書『代数』の中で説明した。当時、負の数は認められていなかったため、方程式は必ずすべての項が正になるよう作られていた。現在では数の符号以外すべて基本的に同じものと見なされているが、当時はこの約束事のせいで膨大な場合分けが必要だった。オマルは、どの項が方程式の左辺と右辺のどちらに現れるかに基づいて、3次方程式を14種類に区別した。その分類は次のようなものだ。

立方＝平方＋辺＋数
立方＝平方＋数
立方＝辺＋数
立方＝数
立方＋平方＝辺＋数
立方＋平方＝数
立方＋辺＝平方＋数
立方＋辺＝数
立方＋数＝平方＋辺
立方＋数＝平方
立方＋数＝辺
立方＋平方＋辺＝数

立方＋平方＋数＝辺
立方＋辺＋数＝平方

これらいずれの項も、正の数を係数に持つ。
あるいは読者は、このリストに次のような場合が含まれていないことに気づかれたかもしれない。

立方＋平方＝辺

この場合分けが除かれているのは、方程式の両辺を未知数で割ることで2次方程式へ還元できるからである。

オマルはこれらの解法を一から考え出したのではなく、かつてギリシャで編み出された、円錐曲線を用いてさまざまな形の3次方程式を解くための解法を土台として使った。そしてその考え方を体系的に発展させ、同様の方法で14種類の3次方程式をすべて解いたのだ。彼が記しているように、以前の数学者たちはさまざまな場合における解を発見してきたが、それら解法はいずれも特化しすぎていて、それぞれの場合に応じて異なる作図をしなければならなかった。そして彼以前には、ありうるすべての場合における解を見つけるどころか、それらを分類する者もいなかったという。「それに対して私は、ありうるすべての場合を正確に見つけ、それぞれの場合が解けるものか解けないものかを区別したいという思いを絶えず持ちつづけてきた」。彼の言う〝解けない〟というのは、〝正の解を持たない〟という意味である。
彼の研究成果がどのようなものだったのか感じをつかむために、〝一つの立方といくつかの辺といくつかの数

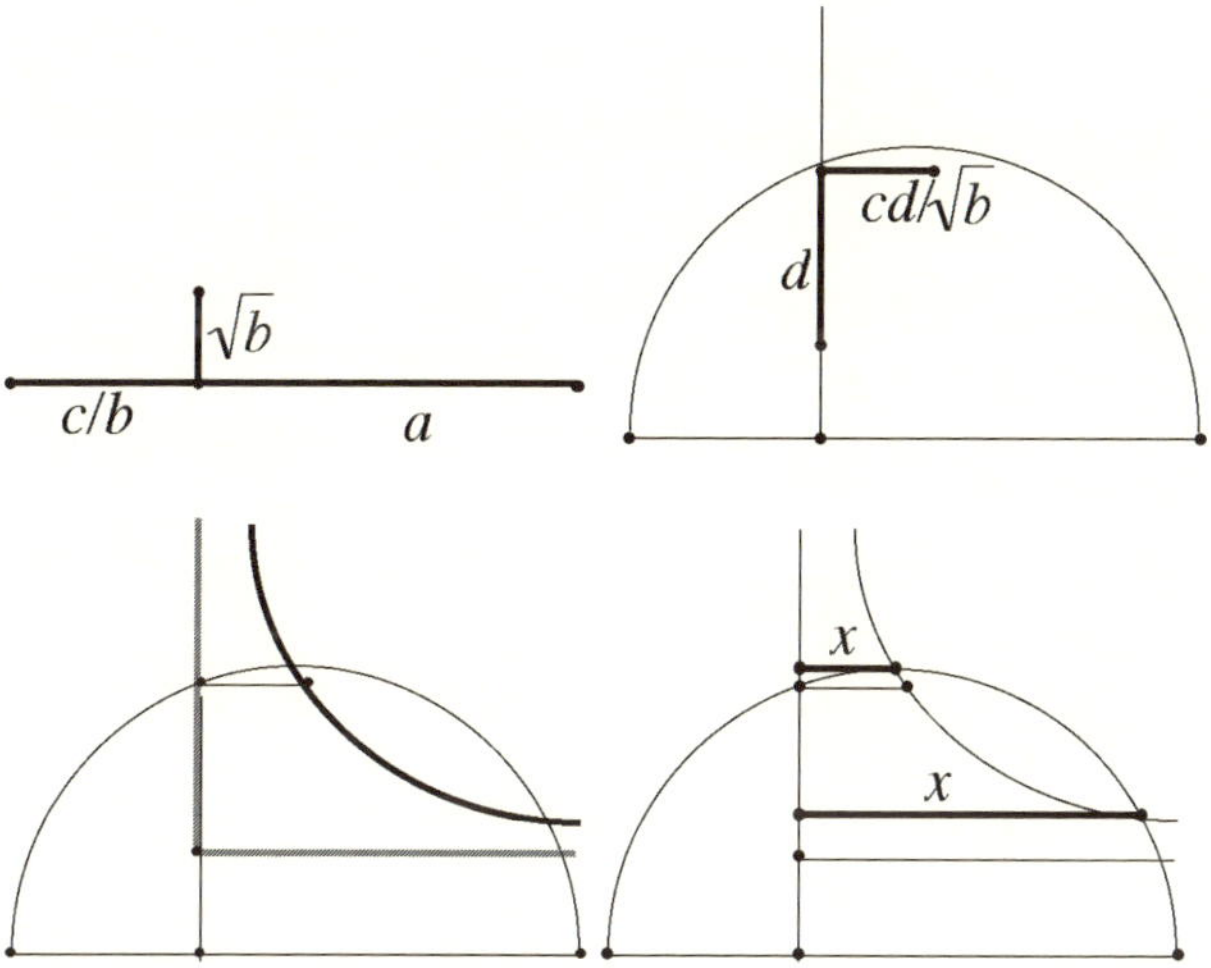

オマル・ハイヤームによる3次方程式の解法

がいくつかの平方と等しい〟という方程式をどのように解くか、ここで紹介しよう。この方程式は、現在ではこのように書く。

$$x^3 + bx + c = ax^2$$

（現在では正負は気にされないので、右辺にある項を左辺に移してaを$-a$に変え、$x^3 - ax^2 + bx + c = 0$としてもよい）

オマルは読者に、次のような一連の手順をたどるよう指示している。(1)互いに直角で長さがc/b、$\sqrt{b}$、aであるような三本の線を描く。(2)水平線を直径とする半円を描く。太線の垂直線の長さをdとして、長さが$cd\sqrt{b}$であるような太線の水平線を引き、それを横切るように垂直線を延長する。(3)いま作図した点を通り、灰色の線を漸近線（曲線が近づいていく特別な直線）とする双曲線（太線）を引く。(4)この双曲線が半円と交わる場所を見つける。すると、xと記した二本の太線の長さが、いずれもこの3次方程式の（正の）解となる。

例のごとく、細部よりも全体的な流れのほうがずっと大事だ。定規とコンパスを使ってユークリッド流のさまざまな作図をして、そこに双曲線を加え、さらにユークリッド流の作図をする。以上だ。
オマルは同様の作図法によって14種類の場合をすべて解き、それらが正しいことを証明した。だが、彼の解析にはいくつか落とし穴がある。係数a、b、cの大きさが不適切な場合、作図に必要となる点が存在しなくなることがあるのだ。例えばいま挙げた作図では、双曲線が半円と交差しない恐れがある。しかしこうした難点を別にすれば、彼は極めて体系的で見事な業績を残したといえよう。
オマルの詩には数学に関する表現も描かれていて、至る所に見られる自嘲気味な口調の中で、それは自らの成果をほのめかしているようにも思える。

定規と直線で〝あり〟と〝あらず〟を
論理で〝上と下〟を我は定義するが
理解すべきものの中で
深く考えるのは――ワインをおいて他にない

特別魅力的なのが、次の節だ。

我らは、見世物師が真夜中に掲げる
太陽で輝くランタンの周りを行き交う
不思議な影の形の
流れゆく行列に他ならない

プラトンが言った、洞窟の壁に落ちる影の例え話を思い起こさせる。またこの詩は、代数学における記号的操作と、その人間的な条件を見事に表現している。オマルは、どちらの物語を描くのにも優れた才能を発揮したのである。

第4章

ギャンブルをする学者

「もし貴殿の発見したことをお教えいただけたなら、神の聖なる福音に誓って、そして信義を重んじる男として、それを決して公表しないことを誓うのみならず、真のキリスト教徒として、私の死後も誰一人として理解できないよう、それを暗号で書き留めることを固くお約束する」。

この重々しい誓いは、一五三九年に結ばれたとされている。

ルネッサンス時代のイタリアには革新を生み出す土壌があり、数学もその例外ではなかった。当時の偶像破壊的な気質の中、ルネッサンスの数学者たちは、古くからの数学の限界を克服しようという決意を固めていた。そんな数学者の一人が、謎に包まれた3次方程式の解法を編み出していた。そしてその秘密を騙し取ったとして、もう一人の数学者を非難した。

怒りに満ちていたのは、ニコロ・フェラーリ、またの名を〝タルタ－リア〟（吃音者）。彼の知的財産を盗んだとされたのは、数学者で医師でありながら、手に負えないごろつきでギャンブル狂。その名はジロラモ・カルダーノ。一五二〇年頃、放蕩息子だったジロラモは父親の遺産を手にした。それを食いつぶすと金蔓をギャンブルに求め、いかがわしい数学の才能をうまく使って賭けに勝つ確率を見定めていた。

ジロラモ・カルダーノ

い連中とも付き合っていて、あるときギャンブルの相手がいかさまをしたと疑い、相手の顔をナイフで斬りつけたこともあった。
厳しい時代で、ジロラモは厄介者だった。しかし彼は極めて独創的な考えをする人間で、歴史上最も有名でかつ影響力を持つ代数学の教科書を著したのだった。

ジロラモに関しては、自身が一五七五年に著書『わが人生の書』で包み隠さず語っているため、かなりのことが分かっている。この本は次のように始まる。

このわが人生の書は、哲学者アントニヌスに倣って書きはじめた。最賢最高の人物と認められている彼は、人間の成すことが完璧ではありえず、中傷から無縁ではないことを十分わきまえながらも、真理を知ることに比べれば、人間が成し遂げるどんなものもそれより喜びを与えることは決してなく、価値も決してないことを知っていた。
これから断言するどの言葉も、虚飾の趣も加えられてはいないし、単なる潤色のためでもない。できる限り、単なる経験や、私の教え子が知っていたり関わったりした出来事を集めたものだ。私の半生に関するこの短い断章は、私の著作となるよう、私が説話調で書き下ろした。

当時の多くの数学者と同じく占星術を実践していたジロラモは、自らの誕生をめぐる運勢を次のように記している。

聞かされているところでは、さまざまな堕胎薬を試したがいずれも効き目がなく、私は一五〇〇年九月二四日、その夜の最初の一時間が半分以上過ぎ、しかし三分の二は過ぎていないときに、正常出産で生まれた。……火星は他の惑星と折り合いの悪い位置にあって邪悪な影響を及ぼしており、月と直角の相にあった。……私はあやうく怪物になりかねなかったが、ただ一つ、直前の合の位置が二九度と、水星の支配するおとめ座にあった。しかし水星の位置と月の位置と東出点がすべて異なり、おとめ座の第二デーカンにも当てはまっていなかった。そのため私は怪物になるべき運命にあって、まさに母の子宮から文字通り引きはがされた。

そうして私は生まれた。というより、母の身体から乱暴な手段で取り出され、危うく命を落とすところだった。髪は黒い巻き毛だった。温められた酒の産湯に浸かって息を吹き返したが、他の赤ん坊ならそれで死んでいただろう。母は三日間ぶっ通しで格闘したが、それでも私は生き残った。

『わが人生の書』の一つの章にはジロラモの著書が羅列されているが、その筆頭に挙げられているのが、三冊の〝数学の本〟の一つである『偉大なる術』だ。他に彼は、天文学、物理学、道徳、宝石、水、薬、占い、神学に関する本も書いている。

本書の話に関わってくるのは、『偉大なる術』だけだ。『代数の規則』というのがその副題だからである。この本の中でジロラモは、バビロニア人も知っていた2次方程式の解法だけでなく、新たに発見した3次方程式や4次方程式の解法についてもまとめている。円錐の幾何に頼ったハイヤームの解法とは違い、『偉大なる術』に書かれている解法は純粋に代数的なものである。

先ほど、例えば未知数の3乗を意味する式x^3に含まれる二種類の数学記号について触れた。第一の記号は、未知であるか、あるいは既知だが任意の数を表す文字（この場合はx）である。第二の記号は、上付きの数を使って累乗を表すというもので、ここでは上付きの3が3乗、すなわち$x \times x \times x$を意味している。次にもう一つ三番目の記号を紹介するが、必要なのはこの三つだけだ。

この三番目の記号は$\sqrt{\ }$というとても面白い恰好をしていて、〝平方根〟を意味する。例えば$\sqrt{9}$、〝9の平方根〟とは、2回掛けると9になる数という意味だ。$3 \times 3 = 9$なので、$\sqrt{9} = 3$だと分かる。だがいつもそう簡単なわけではない。最も悪名高い平方根で、疑わしい言い伝えによれば、それに注意を向けさせた数学者メタポントゥムのヒッパサスが船から突き落とされたというのが、2の平方根、$\sqrt{2}$である。これを小数で表そうとすると、永遠に終わらない。初めの部分は

1.4142135623730950488

となっているが、ここで終わりではない。この数を2乗すると

1.99999999999999999999522356663907438144

となって、明らかに2と違うからである。

この記号の由来は分かっている。ラテン語で〝根《こん》（ルート）〟を意味するradixという単語のrを歪めたものだ。数学者はこの記号をその通りに解釈し、$\sqrt{2}$を〝ルート2〟と読んでいる。

立方根、4乗根、5乗根などは、$\sqrt[3]{\ }$、$\sqrt[4]{\ }$、$\sqrt[5]{\ }$のように、〝ルート〟記号の前に小さな上付き数字を付けて表す。ある数の立方根とは、3乗するとその与えられた数になる数のことだ。つまり、$2^3 = 8$なので、8の立方根は2だ。2の立方根もまた、小数記法では近似的にしか表せない。初めの部分は

1.2599210498948731648

で、忍耐が続く限り永遠に書き連ねていける。

古代の立方体倍積問題に登場するのが、この数である。

紀元四〇〇年頃には、ギリシャの数学はすでに最先端を退いていた。そしてその勢いは、東方のアラビアやインドや中国へ移っていった。ヨーロッパは〝暗黒時代〟へ陥り、よく絵に描かれているほどではないものの、十分なほど暗黒だった。キリスト教が広まったことで、その負の影響として、教育や学問が教会や修道院に集結させられた。数多くの修道士がユークリッドをはじめ偉大な数学者の著作を写したが、自分が何を写しているか理解する者はほとんどいなかった。ギリシャ人は、山の両方からトンネルを掘っていって真ん中で繋げる才能を持っていた。だがアングロサクソン人による初期の測量法は、地面に実寸大で設計図を書くというものだった。縮尺図を描くという概念さえも失われていたのだ。もしアングロサクソン人がイングランドの正確な地図を欲しいと思ったら、イングランドと同じ大きさで作っていただろう。使いやすい大きさの地図も作ってはいたが、あまり正確な代物ではなかった。

一五世紀後半になると、数学活動の中心は再びヨーロッパへ舞い戻ってきた。中東や極東が創造力を使い果たすと、ヨーロッパに第二の風が吹きはじめ、ローマ教会の支配と新たな事柄に対する恐れから自由になろうと、人々が奮闘しはじめたのだ。皮肉なことに、知的活動の新たな中心地となったのは、ローマが支配を失った自らの裏庭、イタリアだった。

ヨーロッパの科学と数学におけるこの大きな変化が幕を開けたのは、一二〇二年、『算盤の書』という本が出版されたときだった。著者はピサのレオナルド、ずっとのちにボナッチオの息子という意味のフィボナッチというあだ名が付けられ、今では、一九世紀に勝手に付けられたその名で知られている。レオナルドの父親ギリエルモは、現在のアルジェリアに当たるブージアの税関吏で、職業柄さまざまな文化の人々と顔を合わせていたに違いない。そんな彼は息子に、インド人やアラブ人が発明した、現在の0から9までの記号のもととなる最新の数記号を教えた。のちにレオナルドは、次のように書き記している。「教わるのがあまりに楽しかったので、エジプトやシリアやギリシャ、シシリーやプロヴァンスへ仕事で行ったときも数学の勉強を続け、現地の学者たちと論争を楽しんだ」。

レオナルドの本のタイトルは、一見したところ、これは算盤に関する本であると示しているように思える。算盤とは、棒に通した珠や砂の溝の上に置いた小石を滑らせて使う機械式の計算道具である。だが、小石を意味するラテン語のcalculusがのちにもっと専門的な意味を持つようになったのと同様に、計算板を意味するabbaco(算盤)という単語は計算術のことも意味するようになった。『算盤の書』は、インド=アラビアの記号や手法をヨーロッパへ紹介した初の算術の教科書である。その大部分は、為替のような実用的問題に対する算術の新たな応用法に充てられている。

ピサのレオナルド(フィボナッチ)

ウサギの個体数の増加を理想化したモデルに関するある問題からは、1、1、2、3、5、8、13、21、34、55、……という驚くべき数列が生まれた。これら2以降の数はそれぞれ、その前の二つの数の和となっている。この〝フィボナッチ数列〟が、レオナルドの最大の業績である。ウサギの飼育に関係があるからではなく、その驚くべき数学的パターンと、無理数の理論において果たす中心的役割のためだ。このちょっとした思いつきの産物が、生涯に及んだ研究活動を凌ぐことになろうとは、彼は思いもよらなかったに違いない。

レオナルドは他にも何冊か本を書いていて、一二二〇年に出版された『幾何学演習』には、ユークリッドの業績の大部分とギリシャの三角法の一部が採り上げられている。ユークリッドの『原論』第五巻では$\sqrt{a+\sqrt{b}}$のような二重根号からなる無理数について論じられているが、レオナルドは、3次方程式を解くのにこのような無理数は適さないことを証明した。とはいえ平方根の別の組み合わせが解を与えてくれるかもしれないため、この証明は、3乗根が定規とコンパスでは作図できないという意味にはならない。しかしこの事実は、ユークリッドの道具だけでは3次方程式は解けないかもしれないことを、初めて匂わせたものであった。

一四九四年にルーカ・パチョーリが、その時点で知られていた膨大な数学の知識を、算術、幾何学、比に関する一冊の本へまとめ上げた。そこには、インド＝アラビア数字、商業数学、ユークリッドの成果の要約、そしてトレミーの三角法も含まれていた。その全篇を貫くテーマは、人体や絵画の遠近法や色の理論など、比として体現されている自然界のデザインである。

パチョーリは〝修辞的〟代数学の伝統を踏襲し、記号ではなく言葉を用いた。未知数はイタリア語で〝もの〟を意味するcosaと表され、代数学者のことを〝コシスト〟と呼んでいた時期もあった。彼はまたいくつか標準的な略語を使い、ディオファントスが切り開いた方法論を受け継いだ（発展させることは叶わなかったが）。モリス・クラインは不朽の名作*Mathematical Thought from Ancient to Modern Times*の中で、印象的な言葉を残している。「一二〇〇年から一五〇〇年までの算術と代数学の数学的発展がどんなものだったか、それをまざまざと物語っているのが、パチョーリの本に、ピサのレオナルドが著した『算盤の書』を超える事柄がほとんど含まれていないという事実である。パチョーリの本に書かれた算術と代数学は、レオナルドの本をもとにしているといえよう」。

パチョーリはその本の最後で、3次方程式の解法については円の正方形化に負けず劣らず理解が進んでいないと記している。だがそんな状況もまもなく変わることになる。最初の大きな進展は、一六世紀が三分の一ほど進んだ頃にボローニャで起こった。しかしそれも、初めは気づかれることなく見過ごされていた。

ジロラモ・カルダーノは、ミラノの法律家ファジオ・カルダーノと、前夫との間に三人の子どもをもうけた若き未亡人キアラ・ミケリアとの間に私生児として生まれた。出生は一五〇一年、ミラノ公爵領内の町パヴィアだった。ミラノをペストが襲ったとき、子どもを宿していたキアラは郊外へ引っ越すよう説得され、そこでジロラモを産んだのだった。しかしミラノに残った三人の子どもはみな、ペストで命を落とした。

ジロラモの自伝には、次のように記されている。

父は、その町では見かけない紫の外套をまとい、小さい黒の縁なし帽を欠かさずかぶっていた。……五五歳ですべての歯を失った。ユークリッドの数々の業績に精通していて、勉強のしすぎで猫背だった。……母は、怒りっぽいが記憶力と思考力に富む、小太りの敬虔な女性だった。短気な性格は父母とも共通していた。

ファジオは法律家を生業としていたが、数学にも通じていて、レオナルド・ダ・ヴィンチに幾何学に関して助言をするほどだった。パヴィア大学やミラノのピアッティ財団では幾何学を教えていた。そして私生児ジロラモにも、数学や占星術を手ほどきした。

幼かった頃、私は父に算術の初歩を教わり、その難解な内容を叩き込まれた。父がどこからそれを身につけたのか、私には分からない。少しすると、アラビアの占星術の基礎を教わった。……私が一二歳になると、父にユークリッドの最初の六巻を教わった。

子どもは健康に問題を抱えていて、家業を継がせることは叶わなかった。ジロラモは納得しない父親を説き伏せて、パヴィア大学で医学を勉強させてもらった。父親は法学を望んでいたのだった。

一四九四年にフランスのシャルル八世がイタリアを侵略し、それから五〇年のあいだ散発的に戦いが続いていた。戦闘が激しくなってパヴィア大学が閉鎖されると、ジロラモはパドヴァ大学へ移って勉強を続けた。誰に言わせても優等生だったジロラモは、父親が世を去る頃、大学の長になるための運動を繰り広げていた。自己主張の強い彼を嫌う者も数多くいたが、ジロラモは一票差で当選したのだった。
遺産を無駄遣いしてその後の波乱の人生を惑わすギャンブルに手を出したのは、そんなときだった。しかもそれだけではなかった。

若い頃、さまざまな剣術の練習に真剣に取り組みはじめ、練習を重ねたおかげで、並みいる豪傑の中でも評判になった。……夜には、公爵の布告にまで背いて、武装しては地元の街中をうろついた。……顔を隠すために毛織りの黒い覆面をかぶり、羊革の靴を履いた。……ときには夜明けまで方々を歩き回り、汗を滴らせながらセレナーデを奏でていた。

考えるにも忍びない。
一五二五年に医学の学位を得たジロラモは、ミラノの医師会へ入会しようとしたが、あえなく拒否された。私生児だからという建前上の理由だったが、実際には、気配りに欠けるという悪評のせいだった。そこで彼は、栄誉ある医師会へ加わる代わりに、近くのサッコという村で医院を開業した。わずかな収入にはなったが、経営は軌道に乗らなかった。彼は民兵の司令官の娘ルチア・バンダリーニと結婚し、家族のためにもっと稼ぎを増やそうとミラノの近くへ引っ越したが、医師会にはまたもや門前払いされた。正規の医師になることが叶わなくなった彼は、再びギャンブルに手を染めるようになったが、数学的才能がありながらも彼の運は戻ってこなかった。

おそらく私は、どんな点でも誉めようがないと思われているのだろう。確かにチェス盤やサイコロ台にかじりついているのだから、厳しく非難されても当然だと思われているのは分かっている。どちらの賭け事も長年やっていて、チェスは四〇年以上、サイコロは二五年ほどだ。恥ずかしながら毎年どころか毎日やっていて、思考力と財産と時間をまとめて失っている。

一家はやがて貧乏に陥り、家具やルチアの宝石まで質に入れるようになっていた。「せっかく長く続けられる名誉な職業に就いたのに、不毛な虚飾と不相応な快楽のせいで、名誉も収入も失った！　自分で自分を破滅させた！　落ちぶれたんだ！」
そんなとき、二人に初めての子供が産まれた。

男の子を四カ月で二度流産していたので、……悪い星のせいではないかと時々考えていたが、その後、妻は最初の息子を産んでくれた。……息子は右耳が聞こえなかった。……左足の指が二本、……膜で繋がっていた。背中もわずかに丸まっていたが、奇形というほどではなかった。息子は二三歳まで平穏な人生を送った。その後、恋に落ち、……持参金を持たないブランドニア・ディ・セローニと結婚した。

ここでジロラモの死んだ父親が、かなり間接的な形だが救いの手をさしのべてくる。大学でファジオが就いていた教授のポストがまだ空席のままで、ジロラモはそこへ収まったのだ。また、無免許ではあるが、副業として医師の仕事も少しやった。当時の医学の状況を考えるとおそらく運が良かっただけだろうが、彼は数々の奇跡的な治療を手掛け、高い評判を得た。医師会の会員でさえ治療に関する問題を彼のところへ持ち込んだくらいで、しばらくは、彼もついに名声ある医師会の仲間入りができるのではないかと思えた。だが再び、自己主張の激しさというジロラモの性癖が、それを台無しにした。医師会会員たちの能力や性格を辛辣に攻撃する本を出版したのである。自分が気配りに欠けることは承知していたが、どうやらそれを欠点とは見ていなかったらしい。「講師かつ論客として、思慮分別をわきまえるよりも、真剣で的確であることに重きを置いた」。一五三七年、思慮分別に欠けるという理由で、最後の入会希望が却下された。
だがジロラモの評判があまりに大きくなり、医師会も結局はやむにやまれなくなって、二年後には彼を会員に迎えた。数学に関する二冊の本を出版したこともあって、事態は上向きだった。ジロラモの人生は、いくつもの方向へ飛躍していったのである。

この頃、タルターリア（ニコロ・フェラーリ）が大発見を成し遂げた。適応範囲の広い3次方程式の解法である。説得された彼は、渋々ながらもこの大発見をカルダーノへ打ち明けた。しかし6年後にタルターリアは、カルダーノの代数学の教科書『偉大なる術、あるいは代数の規則について』を一冊受け取り、そこに自分が発見した秘密の解法が完全な形で記されていることを知って、当然ながら激怒したのだった。

カルダーノはタルターリアに対する謝辞をはっきりと記していたので、発見者としての手柄を盗んだわけではなかった。

> 先頃、ボローニャのシピオーネ・デル・フェロが、立方と一乗が定数に等しいというケースを解き、賞賛に値する見事な偉業を成し遂げた。……我が友人であるブレッシアのニコロ・タルターリアは、彼［デル・フェロ］の弟子アントニオ・マリア・フィオールと競技を交えたときに、彼の方法を真似て同じケースを解き、私の度重なる懇願に心動かされてそれを教えてくれた。

だがタルターリアが腹を立てたのは、自分が大切にしていた秘密が世間に広まり、しかも多くの人々が、そのかつての謎を真に解き明かした人間よりも本の著者の方を記憶に留めたことを知ったからだった。

少なくともタルターリアの見方はそうであり、現在残っているほぼすべての証拠はそれに基づいている。リチャード・ウィトマーは『偉大なる術』の訳書の中で、次のように指摘している。「我々はもっぱら、書物となったタルターリアの説明に頼っているが、どんなに想像力を広げてもそれが客観的であるとは見なせない」。カルダーノを信奉したロドヴィコ・フェラーリはのちに、自分もその交渉の席に立ち会ったが、その方法を秘密にするという約束は結ばれなかったと主張した。だがフェラーリはその後カルダーノに師事し、4次方程式を解いた、というより解く手助けをしているので、彼がタルターリアより客観的な証言をしているとは思えない。

貧しいタルターリアにとってさらに問題だったのは、発見者としての手柄を失っただけでは済まなかったことである。ルネッサンス期のヨーロッパでは、数学の秘密は大金に化けうるものだった。カルダーノが好んだギャンブルという手段ではなく、公開の競技によってである。

数学は観客を集めるスポーツではないと思われるだろうが、一六世紀にはそんなことはなかった。数学者たちは、互いに一連の問題を出しあって最も正解を出した者が勝者になるという公開競技に挑むことで、そこそこの生活費を得ていたのだ。徒手空拳の格闘技や剣術と比べればスリルはなかったが、見物人は、どうやって問題を解いたのか理解できないものの、金を賭けてどちらが勝つかを見届けた。勝者は賞金に加え、教え子を集めて教授料も手にできたので、こうした公開競技は二重の意味で儲かるものだった。

3次方程式の代数解を初めて見つけたのは、タルターリアではなかった。ボローニャの教授シピオーネ・デル・フェロが、一五一五年頃にいくつかのタイプの3次方程式の解を発見していたのだ。彼は一五二六年に世を去り、その論文と教授職は娘婿のアンニバレ・デラ・ナーヴェへ受け継がれた。それが裏付けられたのは、一九七〇年頃、E・バルトロッティが努力の末、ボローニャ大学でそれらの論文を発見したことによる。バルトロッティによれば、デル・フェロはおそらく三種類の3次方程式の解を知っていたが、立方＋一次＝数というただ一つのタイプの解法しか書き残していかなかったという。

その解法は、デラ・ナーヴェと、デル・フェロの教え子アントニオ・マリア・フィオールの手で守られた。そして、数学教師として身を立てる決心をしたフィオールは、効果的な宣伝術を思いついた。一五三五年、タルターリアに、3次方程式を解く公開競技を挑んだのである。

世の噂では、3次方程式の解法はすでに発見されていると言われていた。ある問題が答えを持つという情報は、何にも増して数学者を勇気づけてくれる。解決不可能な問題で時間を無駄にする恐れがないからだ。一番の危険は、存在するはずの答えを見つけられるほど自分が賢くはないかもしれないことである。必要なのは大いなる自信だけで、数学者ならたいていは自信家なものだが、ときにはそれが見当違いのこともある。

タルターリアはデル・フェロの解法を自分でも発見していたが、彼は、フィオールが他のタイプの3次方程式の解も知っていて、大いに有利な立場にあるのではないかと疑った。そうした可能性に自分がどれほど悩まされ、どのようにして競技の直前にようやく残りのケースを解き明かしたのかを、タルターリアは書き残している。そうしてタルターリアは有利な立場に立ち、哀れなフィオールを一撃必殺にしたのだった。

勝利の知らせが広まり、カルダーノもミラノでそれを耳にした。そのとき彼は、かの代数学の教科書の執筆に取り組んでいた。どんな執筆者でもそうだが、カルダーノは最新の発見を取り入れようとしていた。そうしなければ、出版前からすでに時代遅れとなってしまうからだ。そこでカルダーノはタルターリアに掛け合い、秘密をうまく打ち明けさせて『偉大なる術』に取り入れようとした。だがタルターリアは、自分も本を書くつもりだからと言って断った。

しかし結局、カルダーノの粘りが勝ち、タルターリアは秘密を打ち明けたのだった。はたして本当にタルターリアは、その教科書が出版間近いことを知って、カルダーノに秘密を守るよう誓わせたのだろうか？ あるいはカルダーノの甘言に負け、後になってから後悔したのだろうか？

『偉大なる術』が世に出たときタルターリアが激怒したのは、疑いようがない。それから一年もせずに『多様な問題と創造』という本を出版し、その中でカルダーノをあからさまに非難しているからだ。そしてそこには、カルダーノとのやりとりがすべて、おそらくは正確に記されている。

一五七四年にフェラーリは、師匠カルダーノを助けようと、タルターリアにカルテロという挑戦状を叩きつけた。タルターリアが自分の成果だと主張するすべてのテーマをめぐって、学問的な戦いを吹っ掛けたのだ。勝者には二〇〇スクージーの賞金まで与えることにした。そして自らの見解をはっきりと言いきった。「お前がジロラモ［・カルダーノ］氏を取るに足らない者と比べ、事実に反して卑劣に中傷したことを、ここで世に知らしめる」。

フェラーリはカルテロの写しを、大勢のイタリア人学者や有力者へ送った。九日間のうちにタルターリアは事実の主張を並べ立てて反論し、結局、二人の数学者は一八カ月で一二通のカルテロをやりとりした。この戦いは、本物の決闘における通常のルールに則っていたらしい。フェラーリに侮辱されたタルターリアは、何でも好きな武器、つまり論争のテーマを選ぶことができたのだ。だが彼は、挑戦してきたフェラーリではなく、カルダーノ本人に論争をするよう求めつづけたのだった。

フェラーリは怒りを抑え、そもそも3次方程式を解いたのはタルターリアではなくデル・フェロではないかと指摘した。デル・フェロはタルターリアが不当に発見者の立場を主張しているなどと一つも騒ぎ立てていなかったのに、なぜタルターリアはフェラーリとやり合おうとしなかったのだろうか？　自分でもそれは分かっていたのかもしれないが、彼は論戦から身を退きたいと考えていたのだ。しかし実際には退かなかったのだが、その原因の一つがおそらく、故郷であるブレッシアの有力者だった。タルターリアはこの町で講師の職に就きたいと思っていたが、町の実力者たちは、彼がどのように無実を晴らすのかを見させてもらおうとしていたのだろう。

ともかくタルターリアは論戦に応じ、一五四八年八月にミラノの教会で大群衆を前に対決することとなった。記録は残っていないが、タルターリアは、夕食時が近づいて対戦は終わったと言っている。論戦が特別興味深いものではなかったことが読み取れる。だが勝利は、フェラーリがいともたやすく手にしたらしい。というのも、彼はのちにいくつか魅力的な地位の誘いを受け、ミラノ知事の税務査定人の職を引き受けて、間もなく大金持ちになったからだ。一方タルターリアは、論争に勝ったと主張することもなく、ブレッシアでの職も手にできずに、厳しい非難の的へと成り下がったのだった。

タルターリアは知らなかったのだが、カルダーノとフェラーリはボローニャを訪れてデル・フェロの論文を調べていて、まったく別の防御線を張っていた。その論文にはまさに初めて導かれた3次方程式の解が記されていて、後年に二人とも、『偉大なる術』の典拠はタルターリアがカルダーノに打ち明けた内容ではなく、デル・フェロによる最初の記述だったと主張した。タルターリアに言及したのは、カルダーノ自身がデル・フェロの業績をどこで耳にしたのかという、単なる記録のためでしかなかったというのだ。

この逸話は、最後に意外な展開を見せる。『偉大なる術』の第二版が出版された直後の一五七〇年、カルダーノは宗教裁判所に逮捕された。理由は、以前なら完全に無罪だったはずのことらしい。本の内容ではなく、その献本先だったのである。カルダーノは著書を無名の知識人アンドレアス・オシアンデルに寄贈したが、この人物は、宗教改革でこそ脇役でしかなかったものの、惑星は地球でなく太陽の周りを回っていると初めて提唱したニコラウス・コペルニクスの著書『天球の回転に関して』に、匿名で序文を書いた本人だと疑われていた。教会はこの宇宙観を異端と見なし、それを支持したジョルダーノ・ブルーノは一六〇〇年に火あぶりの刑に処された。ローマの広場で衣服を剥がされて猿ぐつわをはめられ、柱から逆さ吊りにされたのだ。一六一六年と一六三三年にはガリレオも同じ理由で追い詰められたが、そのときには宗教裁判所は自宅軟禁で満足したのだった。

ジロラモとその同胞たちの成し遂げたことを理解するには、2次方程式の解法を説明したバビロニアの粘土板に立ち返らなければならない。その方法をたどり、計算のステップを現代の記号体系を使って表現すると、例のバビロニアの書記が言っていることは要するに、2次方程式$x^2-ax=b$の解は

$$x=\sqrt{\left(\frac{a}{2}\right)^2+b}+\frac{a}{2}$$

であるということになる。この式は、学生がみな暗記することになっている公式と同等で、今ではどんな公式集にも載っている。

ルネッサンス期に発見された3次方程式の解もこれと似てはいるが、もっと複雑だ。現代の記号を使うと次のようになる。いま$x^3+ax=b$とする。このとき、

$$x=\sqrt[3]{\frac{b}{2}+\sqrt{\frac{a^3}{27}+\frac{b^2}{4}}}+\sqrt[3]{\frac{b}{2}-\sqrt{\frac{a^3}{27}+\frac{b^2}{4}}}$$

である。公式としては比較的単純な方だが（信じてほしい！）、このように表現できるようにするには、いくつもの代数学の考え方を持ち出さなければならない。本書に登場する中では飛び抜けて複雑な式であって、文字、上付き数字、$\sqrt{\ }$記号（平方根と立方根）という、前に紹介した三種類の記号がすべて含まれている。この式を理解する必要はないし、もちろん計算する必要もない。だがその全体的な形は味わってほしい。手始めとして、後からとても役に立ってくる専門用語をいくつか紹介しよう。

$2x^4-7x^3-4x^2+9$といった代数式は、〝項がたくさんある〟という意味で〝多項式〟と呼ばれる。こうした式は、未知数のさまざまな累乗の和で作られている。累乗に掛けられている2、−7、−4、9といった数は、〝係数〟という。未知数にかかっている最も大きな累乗の数は多項式の〝次数〟と呼ばれ、この多項式では次数は4となる。この多項式に伴う方程式$2x^4-7x^3-4x^2+9=0$の解は、この多項式の〝根〟という。

さて、カルダーノの公式を詳しく見てみよう。この式は係数aとbからなっていて、足し算、引き算、掛け算、割り算（2、4、27といういくつかの整数による割り算のみ）が使われている。難解な箇所は二つある。平方根

があるが、実は同じ平方根が二カ所に現れており、一つは足し算されていてもう一つは引き算されている。そしてまた、二つの立方根があり、その根号の中にあるのは平方根を含んだ量となっている。したがって、当たり障りのない代数演算（項を移動させるだけの操作）を別にすると、この解法の概略は、「平方根を取り、立方根を取れ。同じことをもう一度せよ。二つを足せ」となる。

必要なのはこれだけだ。だがこれ以上減らすわけにはいかない。

ルネッサンスの数学者たちは初め理解できなかったが、のちの世代はすぐに、この公式は単なる一種類の3次方程式の解に留まらないと悟った。単純な代数操作を施すことで、すべてのタイプの3次方程式に対する完全な解となるのだ。手始めとして、3次の項が例えばx^3ではなく$5x^3$であれば、方程式全体を5で割ればいい。ルネッサンス期の数学者も、さすがにそれが分かる程度には賢かった。しかし、もっと分かりにくい考え方として数に対する理解を大きく変える必要はあるが、係数aとbが負であることを認めれば、無意味な場合分けをしなくて済むようになる。そしてまた、純粋に代数学的なトリックとして、方程式に未知数の2乗が含まれていても、必ずそれを取り除くことができる。xを、xとうまく選んだ定数との和に置き換えると、その2乗の項は魔法のように消えてなくなるのだ。ここでも数の正負を気にしないことが肝心だ。最後に、ルネッサンスの数学者たちは抜けている項のことを気にしていたが、現代の目で見ればどうすればいいか誰にでも分かる。そうした項は抜けているのではなく、ゼロという係数を持っているだけだ。そして同じ公式が通用する。

これで問題は解けたのか？

実はまだ十分ではない。私は嘘をついていた。

嘘というのは、こういうことだ。先ほど、カルダーノの公式によってすべての3次方程式が解けると言った。

ある意味それは真実ではないのだが、それが実は重要な役割を果たす。とんでもない嘘をついたわけではない。〝解ける〟というのがどういう意味なのかにかかっているからだ。

まさに細部にこだわっていたカルダーノ本人が、その問題点を指摘している。3次方程式は通常、三つあるいは一つの解を持つ（負の数を除外すればもっと少なくなる）。カルダーノが気づいたのは、解が1、2、3のように三つある場合、この式は意味のある形で解を与えてくれないように思えることだった。平方根の中に負の数が含まれてしまうのである。

カルダーノは特に、3次方程式 $x^3=15x+4$ が、$x=4$ という見てすぐに分かる解を持つことに注目した。だが、この場合にタルターリアの公式を当てはめてみたところ、

$$x=\sqrt[3]{2+\sqrt{-121}}+\sqrt[3]{2-\sqrt{-121}}$$

という、一見して無意味な〝答え〟が導かれてしまった。

当時のヨーロッパでは、あえて負の数についてじっくり考えようとする勇敢な数学者などほとんどいなかった。一方で東洋の数学者は、もっと早くから負の量というものを受け入れていた。インドでは、ジャイナ教徒たちが紀元四〇〇年にはすでに原始的な負の量の概念を発展させていたし、一二〇〇年の中国の〝算木〟では、いくつか限られた状況においてだけだが、正の数を赤い棒で、負の数を黒い棒で表していた。

負の数が厄介物だとしたら、その平方根などもっと不可解だったに違いない。問題は、正の数も負の数も2乗すると必ず正になることである。なぜそうなるかはここでは説明しないが、代数学の法則を首尾一貫させるにはそうするしかない。だから負の数を受け入れたところで、それには意味のある平方根はないと認めるしかないように思われる。したがって、負の量の平方根を含む代数式は、すべて無意味に違いない。

だがカルダーノは、タルターリアの公式からまさにそのような式を導いてしまった。中でも一番厄介なのは、別の方法で解が分かっているというのに、公式がそれを導いてくれないようなケースだった。

一五三九年、困ったカルダーノはタルターリアとこのことについて議論した。

立方が未知数足す定数というケースを含め、解答なしで示されたさまざまな問題の解について、質問状をお送りした。規則については間違いなく理解したが、未知数の係数の三分の一の三乗が定数の二分の一の二乗より大きな場合には、方程式に当てはめることができなかった。

ここでカルダーノは、平方根の中身が負の数になる条件を正確に述べている。間違いなく彼は解法全体を完璧に理解して、問題点がどこにあるかを突き止めていた。だが、タルターリアが自らの公式を同じ程度まで理解していたかどうかは、それほど定かでない。というのも、彼の返事は次のようなものだったからだ。「あなたはこの種の問題を解く方法をまだ本当には身につけていない。……あなたのやり方は完全に間違っている」。タルターリアは、わざと手を差し伸べなかっただけなのかもしれない。あるいは、カルダーノがつかんだ事実を理解できなかったのかもしれない。ともかく、カルダーノが手を付けた難問は、その後二五〇年にわたって世界中の数学者を片っ端から悩ませることになる。

ルネッサンスの時代にも、何か重要なことが起こりつつあるのではないかという兆しはあった。同じ困難が、『偉大なる術』で論じられている別の問題でも発生したのだ。その問題とは、和が10で積が40である二つの数を求めよ、というものだった。この問題が、$5+\sqrt{-15}$と$5-\sqrt{-15}$という〝解〟を導いてしまったのである。カルダーノは、マイナス15の平方根が何を意味するかという問題を無視して、それが普通の平方根と同じように通用すると見なせば、これらの〝数〟が間違いなく方程式を満たすことを確かめられると気づいた。二つを足し合わせると平方根が打ち消しあい、5＋5で10と条件通りになる。掛け合わせると$5^2-(\sqrt{-15})^2$となり、25＋15で40だ。しかしカルダーノは、この奇妙な計算が何を意味するのかは分からなかった。「こうして算術の難解さが増し、ついには無用なままでに純化される」と彼は記している。

ボローニャの羊毛商の息子だったラファエル・ボンベリは、一五七二年出版の『代数学』の中で、カルダーノの謎の3次方程式に対する奇妙な公式も同じように、〝実在しない〟累乗根を本物の数であるかのように扱って計算すれば、$x=4$という正しい解が得られることに気づいた。彼がこの本を書いたのは、法律と財政を取り扱う法王の部局である教皇庁会計院の指示のもと、沼沢地の埋め立てに従事している間の暇な時間を潰すためだった。ボンベリは、

$$(2+\sqrt{-1})^3=2+\sqrt{-121}$$

および

$$(2-\sqrt{-1})^3=2-\sqrt{-121}$$

であり、この二つの奇妙な立方根を足し合わせると、

$$(2+\sqrt{-1})+(2-\sqrt{-1})$$

となって答が4になることに気づいた。無意味な累乗根がいつの間にか意味を持って、正しい答を導いたのだ。ボンベリは、負の数の平方根に代数演算を施して有用な結果を得られることを悟った、おそらく最初の数学者だった。この彼の成果は、このような数を意味のある形で解釈できるという大きな手がかりにはなったものの、それをどう解釈できるかについてはどうやら教えてくれなかった。

カルダーノの本の中で数学的に最も重要なのは、3次方程式ではなく4次方程式だった。そして彼の教え子フェラーリが、タルターリアとデル・フェロの手法を、未知数の4乗を含む方程式へ拡張した。フェラーリの公式には、平方根と立方根しか含まれていない。4乗根は平方根の平方根なので、必要がないのである。『偉大なる術』にも、未知数の5乗が登場する5次方程式の解は記されていない。だが、方程式の次数が増えてもそれを解く方法がどんどん複雑になるだけなので、十分な工夫を施せば5次方程式も解けるはずだということに疑いを持つ人は、ほぼ誰一人としていなかった。きっと5乗根を使わなければならないだろうし、公式は複雑怪奇なものになるだろうと思われてはいたが。

カルダーノは、そんな解を探すことで時間を無駄にはしなかった。一五三九年になると、他のさまざまな活動、とりわけ医師としての仕事へ戻ったのだ。すると今度は、家族の生活が恐ろしい形で崩壊した。「[一番下の]息子が、結婚ののち、出産後の衰弱した妻を毒殺しようとしたとして告訴された。二月一七日に逮捕され、五三日後の四月一三日に監獄で斬首刑に処された」。カルダーノがこの悲劇を何とか受け入れようとしていたとき、さらに恐ろしいことが起こった。「一軒の家——私の家だ——で数日のうちに、我が息子、幼い孫娘ディアレジーナ、そしてその乳母の葬儀が執り行われた。幼い孫息子も死を免れることはなかった」。

そんなことがあってもカルダーノは、人間のあり方についてどうしようもなく楽天的だった。「それでも私は、あまりに多くの天恵を受けている。それが他の人に舞い降りれば、その人は自分が幸運だと考えるだろう」。

第5章
ずる賢いキツネ

どちらの学問を勉強すべきか？　どちらも好きだが、どちらか一つを選ぶしかない。大変なジレンマだ。年は一七九六年、頭の切れる一九歳の若者が、その後の人生を左右する決断に直面していた。進路の選択だ。カール・フリードリッヒ・ガウスは、普通の家の出身だったものの、自分は偉大な人間になれると自覚していた。ガウスの生まれた地であり一家が住む、ブラウンシュヴァイクの公爵を含め、誰もが彼の才能を認めていた。問題は、あまりの天才ぶりで、大好きな二つの学問、数学と言語学のいずれかを選ばざるをえなくなったことだった。

カール・フリードリッヒ・ガウス

ところが三月三〇日、興味深く見事で、まったく前例のないある発見によって、決断は彼の手を離れていった。その日ガウスは、正一七角形のユークリッド流の作図法を発見したのである。

何か秘技のように聞こえるかもしれないが、ユークリッドの著作にはそのヒントすらなかった。辺の数が3、4、5、6の正多角形の作図法は記されている。正三角形と正五角形の作図法を組み合わせれば正一五角形が得られるし、角の二等分を繰り返せば辺の数を二倍にしていくことができて、8、10、12、16、20、……も作図できる。だが17は困りものだった。ガウスはその理由を完全に理解していた。

すべては、17という数の持つ二つの性質に行き着く。この数は素数であって、約数がそれ自身と1しかない。そしてこの数は、2の累乗より1大きい。$17=16+1=2^4+1$だ。

もしあなたがガウスほどの天才なら、これら二つの何と言うことのない事実から、直定規とコンパスを用いた正一七角形の作図法が存在すると言えるのはなぜなのかを理解できるだろう。しかし、もし紀元前五〇〇年から一七九六年までに生きた他の偉大な数学者だったら、どんな繋がりさえも嗅ぎ取れなかったに違いない。実際にそうだったのだから。

ガウスが自分に数学の才能があることを確信したのは、まさにこのときだった。そして数学者になろうと決心したのだった。

ガウス家は一七四〇年にブラウンシュヴァイクへ移り住んできて、カールの祖父は庭師の仕事へ就いた。三人いた息子の一人ゲブハート・ディートリッヒ・ガウスも庭師となり、ときにはレンガ積みや運河の管理など別の肉体労働をしたり、あるいは〝給水設備の親方〟として働いたり、商人の手伝いをしたり、小さな保険会社の会計係を務めたりもした。もっと儲かる商売はすべてギルドに握られていて、新参者は、たとえ二世であれ参入を拒まれていた。ゲブハートは一七七六年に、石工の娘で家政婦として働くドロシア・ベンゼと再婚した。二人の息子ヨハン・フリードリッヒ・カール（のちにカール・フリードリッヒとも名乗る）は、一七七七年に生まれた。

ゲブハートは正直者だが強情で、礼儀も知らず、あまり聡明ではなかった。ドロシアは知性があって自己主張が強く、その性格がカールにとってはプラスに働いた。少年が二歳になる頃までに母親は、自分が神童を抱いているのだと知り、その才能を開花させるような教育を息子に受けさせようと心に決めた。だがゲブハートは、カールにレンガ職人になってもらいたかった。カールは母親のおかげで成長し、友人の幾何学者ヴォルフガング・

ボーヤイがドロシアに伝えた予言を実現させるまでになった。カールが一九歳のとき、ボーヤイはドロシアに、「カールはヨーロッパ一偉大な数学者になるだろう」と言ったのだった。それを聞いたドロシアは、嬉しさのあまり号泣したという。

少年は母親の愛情に応え、彼女が視力を失って完全に失明してから亡くなるまでの二〇年にわたって、ともに暮らした。高名な数学者が、自ら母親の面倒を見ると言い張り、一八三九年に彼女が亡くなるまで看護したのである。

ガウスは幼いうちから才能を見せつけた。三歳のとき彼は、労働者の監督をしていた父親が週給を渡す様子を見つめていた。すると少年は、計算の間違いに気づいてそれを指摘し、ゲブハートを驚かせた。誰にも数を教わってなどいなかった。自分で学んだのである。

数年後、ガウスの担任だったJ・G・ビュトナーという教師が、優に数時間はかかる課題をクラス全員に出して、自分は堂々と一休みしようとした。課題がどんなものだったか正確には分かっていないが、こんなものだったようだ。「1から100までの数をすべて足し合わせよ」。そこまで切りのいい数ではなかったと思われるが、足し合わせる数にはあるパターンが隠されていた。等差数列になっていて、連続する二つの数の差がすべて等しいというパターンだ。等差数列の数を足し合わせるための、単純だがすぐには思いつかないようなうまいやり方があるが、このクラスではそれを教えていなかったので、生徒たちは一つ一つせっせと足していくしかなかった。

少なくともビュトナーはそう見込んでいた。彼は生徒たちに、課題が終わったら答えの書いた黒板を机の上に置くよう指示した。同級生たちが机に向かって

1＋2＝3
3＋3＝6
6＋4＝10

と書き連ね、ときには

などと間違う中、ガウスはしばし考えて数を一つだけ黒板に書き、教師のところへ歩いていって机の上に裏返しで置いた。

「答えです」と彼は言い、自分の席に戻っていった。

授業時間が終わり、教師が黒板を回収すると、正しい答が書かれていたのは一つだけだった。ガウスの黒板である。

ガウスがどのように解いたかも正確には分かっていないが、きっとこうだったろうという再現ならできる。おそらくガウスは以前からそのような和について考えていて、役に立つやり方を見つけていたのだろう（もしそうでないとしたら、そのやり方をその場で一から考えられたことになる）。簡単に答を出すには、すべての数を、1と100、2と99、3と98、……、50と51、といったようにペアにしていく。1から100までの数はすべてどれかのペアに一度だけ姿を現すので、すべての数の和はすべてのペアの和と等しい。ここで、どのペアに含まれる数を足してもすべて101になる。そしてペアは50ある。したがって合計は、$50 \times 101 = 5050$だ。これ（もしくはそれに相当するもの）が、ガウスが黒板に書いた数である。

確かにガウスは算数に関して飛び抜けた才能を持っていたが、この逸話で肝心なのはそこではない。彼は後年取り組んだ天文学の研究において、膨大な数の計算を小数点以下何桁にも及ぶまで、イディオ・サヴァン〔特殊な才能を持つ精神遅滞者〕のようなスピードでこなしていた。だが、計算の速さだけが彼の才能ではなかった。数学の問題に隠されたパターンを見つけ、それを使って答えを見つける才能に溢れていたのである。

ガウスが巧妙な技法を見抜いていたことに仰天したビュトナーは、自らの威信に賭けて、手持ちの金で買える限り最高の算数の教科書を少年に買い与えた。そしてわずか一週間でガウスは、教師の手に余るまでに成長した。ときにビュトナーは、羽ペンをカットして生徒たちにその使い方を教えることを本務とする一七歳の助手、ヨハン・バルテルスを雇っていた。バルテルスは数学に夢中だった。彼は聡明な一〇歳のガウスに惹きつけられ、二人は生涯の友となった。そして一緒になって数学に取り組み、互いに励まし合ったのだった。

バルテルスはブラウンシュヴァイクの何人かの有力者と親しく、彼らもすぐに、この町には知られざる天才が家族とともに貧しく暮らしていることを知った。その中の一人、市議会議員で大学教授のE・A・W・ツィンマーマンが、一七九一年にガウスをブラウンシュヴァイク公爵カール・ヴィルヘルム・フェルディナントに引き合わせた。公爵は彼の魅力に感銘を受け、貧しいが才能溢れる子供たちにたびたびやっていたように、ガウスの教育費を肩代わりしようと申し出たのだった。

数学だけが少年の才能ではなかった。早くも一五歳には古典語に堪能になっていて、公爵は地元のギムナジウムで古典を学べるよう援助をした（かつてのドイツの教育システムでは、ギムナジウムは大学の予備校のようなものだった。俗に〝高校〟と訳されるが、授業料を支払う者だけが入学を許された）。のちにガウスが著す優れた本の多くは、ラテン語で書かれることとなる。一七九二年に彼は、再び公爵から出資してもらい、ブラウンシュヴァイクのコレギウム・カロリヌム（日本の旧制高等学校のようなもの）へ入学した。

一七歳には、数論の分野における〝平方剰余の相互法則〟と呼ばれる驚くべき定理を発見した。この法則は、完全平方数が割りきれるかどうかという性質に関する、基本的だがかなり深遠な規則性のことだ。その傾向についてはすでにレオンハルト・オイラーが見いだしていたが、ガウスはそのことを知らず、自分の力だけでこの法則を発見した。その問題を採り上げようとした者さえ、当時はほとんどいなかったのだ。続いて少年は、方程式論について深く考えを巡らせた。実はそのことが、正一七角形の作図法へとガウスを導き、彼に数学者としての不朽の名声への道を歩ませるのである。

一七九五年から一七九八年まで、ガウスはゲッティンゲン大学で学位取得のため勉強したが、このときもフェルディナントに学費を負担してもらった。彼はほとんど友人を作らなかったが、ひとたび友情を築けば、それは深く長く続いた。そんなガウスはゲッティンゲンで、ユークリッドの伝統を受け継ぐ幾何学の専門家ボーヤイと出会った。

数学的アイデアがあまりに次々と押し寄せてきて、ガウスは圧倒されそうになることもあった。ときには、やっていたことを突然放り投げ、新たな考えが浮かんできたかのように空中をぼんやり見つめるのだった。あるとき彼は、ユークリッド幾何学が真でないとしたら成り立つような、いくつかの定理を導いた。頭の中には執筆中の大作『整数論考究』があって、一七九八年までにはほとんど仕上がっていた。しかしガウスは先輩たちのお墨付きを得たいと思い、ドイツ随一の数学者ヨハン・パフが取り仕切る優れた数学図書館を擁する、ヘルムシュテット大学を訪れた。

『整数論考究』は、印刷所でもたついた末の一八〇一年に、フェルディナンド公爵に対する心からの思いほとばしる献呈の辞とともに出版された。カールが大学を出てからも、公爵の寛大な取り計らいは終わることがなかった。ヘルムシュテット大学に提出した博士論文を規則どおり印刷するための費用も、フェルディナントは負担した。そして、大学を離れたカールが自活の道を心配するようになると、公爵は、金の心配をせずに研究を続けられるよう、彼に手当てを支給したのだった。

『整数論考究』の特徴として注目すべきは、その妥協を見せない文体である。証明は入念で論理的だが、読者に媚びることがなく、定理の裏にある直観的考え方の片鱗さえも見せてはいない。のちに彼は、生涯取りつづけるこの姿勢に関して、「美しい建物を建てたなら、その土台はもはや見えないようでなければならない」と言って弁明している。建物に感心してほしいなら、それが一番だ。だが、自力で建てるやり方を教えたいのなら、あまり誉められたことではない。ガウスのアイデアに基づいて複素解析を研究したカール・グスタフ・ヤコビは、この輝かしい先人について、「彼はキツネのようで、砂の上に付いた自分の足跡を尻尾で消している」と言っている。

このころ数学者たちは、〝複素数〟は人工的に見えるし、その意味も理解できないが、方程式の解を統一的に表現することで代数学を整理してくれることに、徐々に気づきはじめていた。美しさと簡潔さは数学の試金石であって、初めはどんなに奇妙に思えた新たな概念も、数学を美しく簡潔に保ってくれるなら、いずれは認められるものなのだ。

昔からの〝実数〟だけを使っている限り、方程式は厄介なまでに一貫性を欠く。方程式$x^2-2=0$は$\sqrt{2}$と$-\sqrt{2}$という二つの解を持つが、これにそっくりな方程式$x^2+1=0$は解を一つも持たないのだ。だがこの方程式は、iと$-i$という二つの複素数の解を持つ。$\sqrt{-1}$を表すiという記号は一七七七年にオイラーが導入したが、一七九四年まで発表はされなかった。〝実の〟方程式のみによって表現される理論には、例外や恣意的な場合分けが散在している。一方それに相当する、〝虚の〟方程式の理論は、実数に加えて複素数も認めるという、出発点に立ちはだかる大きな困難をまるごと受け入れることで、こうした厄介事をすべて回避しているのだ。

ルネッサンス期にイタリア人数学者たちが思いついたアイデアの数々は、一七五〇年までには成熟して完成を見ていた。彼らが編み出した3次方程式や4次方程式の解法は、バビロニア人による2次方程式の解法を自然な形で拡張したものと捉えられた。そして、累乗根と複素数との関係が詳細に解き明かされ、従来の数体系を複素数まで拡張すれば、一つの数の立方根は一つでなく三つ、4乗根は一つでなく四つ、5乗根は一つでなく五つになることが明らかとなっていた。これら新たな累乗根がどこからやってくるかを理解する上で、〝1のn乗根〟が持つある美しい性質が鍵となった。これら累乗根は、複素平面上で一つの頂点を1に合わせた正n角形の頂点を構成するのだ。1の累乗根は、中心が0で半径が1の円周上に均等に並ぶことになる。例として次ページの図に、1の5乗根の位置を示した。

もっと一般的に言うと、ある数の5乗根が一つ分かれば、それにq、q^2、q^3、q^4を掛けることで残り四つの5

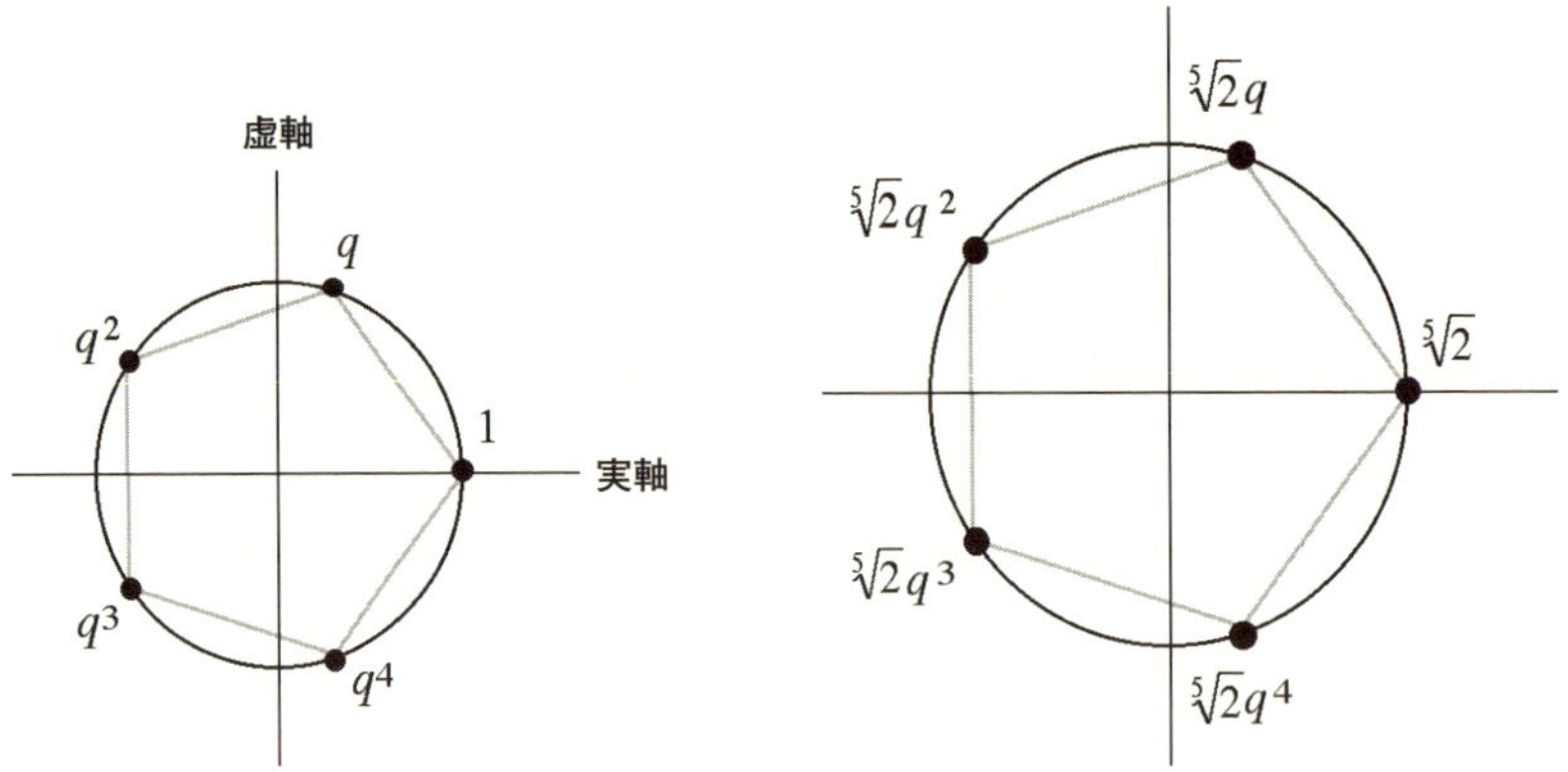

（左）複素平面上に記した1の5乗根　（右）2の5乗根

乗根を求めることができる。そしてこれらの数も、0を中心とする円周上に均等に並ぶ。例として、2の五つの5乗根を右の図に示した。

とても美しい性質だが、実はもっと深遠な事実を物語っている。2の5乗根は、方程式$x^5=2$の解と見なすことができる。これは5次方程式で、五つの複素数解を持ち、そのうち一つだけが実数解だ。同様に、2の4乗根に対応する方程式$x^4=2$は四つの解を持ち、2の17乗根に対応する方程式は17個の解を持つ。たとえ天才でなくても、パターンは見つけられるはずだ。解の個数は方程式の次数と等しいのである。

そこで人々は、n乗根に対応する方程式だけでなく、すべての代数方程式についても同じことが言えるのではないかと考えた。複素数領域ではあらゆる方程式が次数と等しい個数の解を持つことを、数学者たちは確信するようになったのだ（専門的に言うと、この言明が真であるのは、解の個数を数える際にその〝多重性〟を考慮した場合に限る。この約束事を無視すると、解の個数は次数と等しいかそれより小さい、となる）。オイラーはこの性質を次数が2、3、4の方程式において証明し、同様の手法は一般的にも通用するはずだと主張した。もっともな考え方だったが、他の次数の場合を埋めるのは不可能に近いことが分かった。今日でも、オイラーの手法から結論を導くには大変な努力が必要なくらいだ。それでも数学者たちは、ある次数の方程式を解けばその次数とまったく同じ個数の解が見つかるに違いないと決めてかかっていた。

ガウスは、数論と解析学に関する自らのアイデアを発展させるにつれ、誰もこの仮説を証明していないことに不満を持つようになった。そしていかにもガウスらしく、彼はその証明を思いついた。複雑で奇妙なほど遠回しな証明だった。有能な数学者ならその証明が正しいことは納得できたが、そもそもガウスがどのようにしてそれを思いついたのか、誰も想像できなかった。数学界のキツネは、自分の尻尾を徹底的に使い倒していたのである。


ガウスの学位論文に付けられたラテン語のタイトルを訳すと、『一変数の有理整関数はすべて1次か2次の実因数に分解できることの新たな証明』となる。当時の専門用語を解きほぐして言い換えれば、実数の係数を持つすべての多項式は1次か2次の多項式の積である、となる。

ガウスは、負の量が平方根を持たないような従来の数体系の中で論を進めていることを、″実″という言葉を使うことで明確に示している。現在ではガウスの定理は、論理的に同等だがもっと単純な形で、″n次の実多項式はすべてn個の実根あるいは複素根を持つ″と表現される。しかしガウスは、自分の論文が、いまだ人々を困らせていた複素数体系に依存したものにならないよう、慎重に用語を選んだ。実多項式の複素根は必ず対となって2次の因数を作り、一方、実根には1次の因数が対応する。ガウスは、これら二種類の因数をタイトルに使うことで（″1次か2次の因数″）、複素数に関する異論の絶えない問題を回避したのである。

このタイトルに見られる″新たな″という単語は、すでに″古い″証明が存在することをほのめかすもので筋が通らない。ガウスは、代数学の基本定理に対する初の厳密な証明を与えたのだから。だが、すでに自分が証明していると主張する――すべて間違いだが――有名な先人たちの感情を逆撫でしないよう、自らの画期的成果を、新たな手法を使った（これは正しい）最も新しい証明にすぎないとして発表したのである。

この定理は、代数学の基本定理と呼ばれるようになった。ガウスはこの定理をかなり重要と考え、全部で四通りの証明を与えている。最後の証明は彼が七〇歳のときだった。ガウスは心の中では、複素数に何の疑いも抱いてはいなかった。ガウスが考えを巡らせる上で複素数は大きな役割を果たし、のちに彼は複素数の意味に対して独自の説明を与えた。だが彼は、論争が好きではなかった。彼曰く〝愚か者の叫び〟を浴びたくなかったがあまり、非ユークリッド幾何学、複素解析、そして複素数そのものに対する厳密なアプローチといった、ほとんど彼独自のアイデアの多くを、何年ものあいだひた隠しにしたのである。

ガウスは純粋数学だけをやったのではない。一八〇一年初め、イタリア人司祭で天文学者のジュゼッペ・ピアッツィが、新たな惑星を発見した——あるいは発見したと考えた。望遠鏡の視野の中に、背景の星々に対して一晩ごとに動く微かな光点を見つけたのだ。太陽系内の天体に間違いはなかった。この天体にはしかるべくケレスという名前が与えられたが、実際にはこれは初めて発見された小惑星であった。だがピアッツィは、せっかく見つけた新天体を、太陽の輝きの中ですぐに見失ってしまった。観測回数があまりに少なかったため、天文学者たちはこの新天体の軌道を突き止めることができず、太陽の反対側から出てきても二度と見つけられないのではないかと気を揉んでいた。

ガウスのためにあったような問題で、彼も真剣に取り組むことにした。そして少数の観測データから軌道を決定するためのより優れた方法を考案し、ケレスが再び姿を現す場所を予測したのだった。その予測どおりこの天体が姿を現したことで、ガウスの名声は世界中に広まった。探検家のアレクサンダー・フォン・フンボルトが天体力学の専門家であるピエール＝シモン・ド・ラプラスに、ドイツで最高の数学者は誰かと尋ねると、「〔ヨハン・フリードリッヒ・〕パッフだ」という答えが返ってきた。驚いたフンボルトが「ガウスは？」と訊くと、ラプラスはこう答えたという。「ガウスは世界中で最高の数学者だ」。

残念なことに、彼はこの新たな名声を手にしたことで純粋数学から離れ、天体力学の長々しい計算に身を投じるようになった。それで彼はとてつもない才能を無駄にしたと広く思われている。天体力学が重要でないということではなく、彼ほどには有能でない他の数学者でも同じ仕事ができたはずだという意味だ。ところがこの分野は、ガウスを死ぬまで掴んで離さなかった。彼は後援者である公爵に報いようと、公共に仕える機会のある要職のポストを探していた。そしてケレスの研究によってゲッティンゲン天文台長に収まり、研究生活を終えるまでその職に留まるのである。

ガウスは、一八〇五年にヨハンナ・オストホフと結婚した。ボーヤイに宛てた手紙の中で彼は、新妻について次のように書き記している。「聖母のような美しい顔立ち、穏やかな心と健康を映し出した容姿、優しさ、少々夢見心地な瞳、非の打ち所のない物腰、それもいい。聡明な頭脳と教養のある話し方、それもまたいい。だが、物静かで、落ち着いていて、穢れのない心を持つ、どんな生き物をも傷つけられない天使、それが最高だ」。ヨハンナは二人の子どもをもうけたが、一八〇九年の出産直後に命を落とし、打ちひしがれたガウスはこうつぶやいた。「この五年のあいだ至上の幸せだった、その天使のような瞳を閉じてやった」。一人になってふさぎ込んだガウスの人生は一変した。ヨハンナの親友ミンナ・ヴァルトエックと再婚し、さらに三人の子どもが生まれたが、結婚生活はそれほど幸せではなかった。ガウスはいつも息子たちを叱りつけ、娘にはああしろこうしろと指図した。辟易した息子たちはヨーロッパを去ってアメリカへ行き、そこで成功したのだった。

ガウスはゲッティンゲンの台長の職に就いてまもなく、ユークリッドの公理のうち平行公理以外をすべて満たす新たな幾何学の可能性を探るという、かつて抱いたアイデアに再び取り組んだ。そしてやがて、非ユークリッド幾何学は論理的に可能だと確信するようになったが、過激すぎると見られるのを恐れ、その結果を発表することはなかった。旧友ヴォルフガング・ボーヤイの息子ヤーノシュがのちに同様の発見をするが、ガウスはその大部分をすでに先取りしていたので、彼の成果を褒め称える気にはなれなかった。さらに後年になって、ニコライ・イワノヴィッチ・ロバチェフスキーが独自に非ユークリッド幾何学を再発見すると、ガウスは彼をゲッティンゲン・アカデミーの通信会員にしようとしたものの、やはり公に賞賛することはなかった。

何年も経ち、数学者たちがより詳細に研究するにつれ、これら新たな幾何学は曲面上の〝測地線〟――最短経路――の幾何学として解釈されるようになった。球のように曲面が一定の正の曲率を持つ場合、楕円幾何学と呼ばれる。そして曲率が負の一定値の場合（馬の鞍のような形）、双曲幾何学という。ユークリッド幾何学は、曲率がゼロの平坦な空間に対応する。さらにこれら幾何学は、二点間の距離を表す計量というもので特徴付けられる。

あるいはガウスは、こうした考え方をもとに、より一般的な曲面の研究へ歩を進めていたのかもしれない。彼は曲率を表す美しい式を編み出し、それが座標系によらず同じ値を与えることを証明した。この式では曲率が一定である必要はなく、場所によって違っていてもかまわない。

数学ではよくあることだが、ガウスは人生半ばにして実用的な応用研究へ転向した。そして数々の測量事業に手を貸したが、中でも最も大規模だったのが、ハノーヴァー地方の三角測量である。そのとき彼は、野外作業をしてはデータを解析し、また作業に役立つよう、回光器という、光を反射させて信号を送る装置を発明した。だが心臓が衰えを示しはじめると、彼は測量から手を引き、余生をゲッティンゲンで過ごすことにした。

この不幸な時期に、アーベルという名の若きノルウェー人がガウスに宛てて、5次方程式を累乗根によって解くのは不可能だという内容の手紙を送ってきた。しかしそれに対する返事はなかった。おそらくガウスは、ふさぎ込むあまり手紙に目を通すこともできなかったのだろう。

一八三三年頃に彼は磁気と電気に興味を持ち、物理学者のヴィルヘルム・ウェーバーと共同で、一八三九年に出版される『地磁気の一般理論』という共著を著した。二人は電信機も発明し、それを使ってガウスの天文台とウェーバーが働く物理学の研究所を繋いだが、電線がしょっちゅう切れる代物で、やがて別の人物がもっと実用的な装置を発明することとなる。のちにウェーバーは、ハノーヴァーの新たな国王エルンスト・アウグストに忠誠を誓うことを拒否したかどで、他に六人とともにゲッティンゲンの職を解雇された。ガウスは慌てふためき、裏ではウェーバーを助けるよう努力はしたかもしれないが、保守主義と波風を立てたがらない性格ゆえ公に異議を唱えることはしなかった。

一八四五年にガウスは、ゲッティンゲンの教授の未亡人たちに支払われる年金に関する報告書を作成し、その中で、受給対象者の急増に伴って起こりうる影響について調査した。また、鉄道会社や政府債券に投資してかなりの財産も手にした。

心臓の問題を抱えるようになった一八五〇年以降、ガウスは仕事の量を減らした。この時期で本書の話にとって一番重要な出来事は、彼の教え子であるゲオルク・ベルンハルト・リーマンが教員資格論文を書いたことである（ドイツのシステムでは、博士号の次の段階が教員資格である）。リーマンはガウスによる曲面の研究を多次元空間へ一般化し、それを〝多様体〟と命名した。そして中でも、計量の概念を拡張して、多様体の曲率を表す式を発見した。彼は事実上、曲がった多次元空間の理論を作り出したことになる。のちにこの考え方は、アインシュタインによる重力の研究において欠かせない役割を果たす。

頻繁に医者にかかるようになっていたガウスは、このテーマに関するリーマンの公開講義に出席して感銘を受けた。その後さらに健康が悪化し、ベッドで過ごす時間が増えていったが、手紙を書いたり読んだり、投資をしたりすることは続けた。そして一八五五年初頭、ガウスは眠ったまま安らかに息を引き取り、史上最大の数学者は世を去ったのだった。

第6章

失意の医師と病弱な天才

カルダーノの『偉大なる術』から初めて事態が大きく進展したのは、一八世紀も半ばにさしかかった頃だった。ルネッサンス期の数学者たちも3次方程式や4次方程式を解くことはできたが、その手法は基本的に小手先の技の寄せ集めだった。一つ一つの技はうまくいったが、何か体系的な道理に基づいているというよりも、単なる偶然にすぎないように思われた。その道理をようやく突き止めたのが、一七七〇年、イタリア出身だが自分ではフランス人のつもりだったジョゼフ＝ルイ・ラグランジュと、こちらは間違いなくフランス人のアレクサンドル＝テオフィル・ヴァンデルモンドという二人の数学者だった。

ヴァンデルモンドは一七三五年にパリで生まれた。父親に音楽家になるよう期待をかけられたヴァンデルモンドは、ヴァイオリンの腕を磨いて音楽の道へ進んだ。だが一七七〇年に、数学に興味を持つようになった。彼が初めて書いた数学の論文は、多項式の根からなる対称式、すなわち、すべての根の和のように、根どうしを交換しても変化しないような代数式に関するものだった。そこから最初に導かれたのが、正n角形に対応する方程式$x^n-1=0$はnが10以下であれば累乗根によって解ける、ということの証明である（実際にはnがどんな数であっても累乗根によって解ける）。偉大なフランス人解析学者アウグスティン＝ルイ・コーシーはのちに、ヴァンデルモンドのことを、累乗根による方程式の解法に対称式が応用できることに初めて気づいた人物と評している。このアイデアがラグランジュの手に渡り、あらゆる代数方程式を攻略する出発点となるのである。

ラグランジュはイタリアのトリノで生まれ、ジュゼッペ・ロドヴィコ・ラグランジアという洗礼名を授かった。一家はフランスと深い繋がりがあった。彼の曾祖父が、イタリアへ移り住んでサヴォイの公爵に仕える前、フランス軍の騎兵隊長を務めていたのだ。ジュゼッペは幼い頃にラグランジュという姓を使うようになったが、名のほうはロドビコとかルイジとしていた。父親はトリノの公共事業・防備工事局の財務官で、母親のテレーザ・グロッソは医師の娘だった。ラグランジュの弟や妹は最終的に一一人を数えるが、成人まで成長したのは彼を含めたった二人だった。

一家はイタリア社会の上流階級にあったが、投資に失敗したため金に困っていた。両親は、ラグランジュに法律を勉強させようと、彼をトリノ大学へ入学させた。法学と古典は楽しんで勉強したが、ユークリッド幾何学ばかり教える数学の授業はかなり退屈に思った。そんなとき彼は、イギリス人天文学者エドモンド・ハーレーの書いた、光学における代数学的手法に関する本と出会い、数学に対する考えを根本から変えた。そして数学の道を歩みはじめ、それが彼の初期の研究に大きな影響を及ぼすこととなる。力学、おもに天体力学への数学の応用である。

ジョゼフ=ルイ・ラグランジュ

ラグランジュは、いとこのヴィットリア・コンチと結婚した。友人でやはり数学者のジャン・ル・ロン・ダランベールへ宛てた手紙の中で彼は、「妻はいとこの一人で、長いあいだ私の家族と一緒に暮らしていたくらいだが、良くできた主婦で言い訳など一つも言わない」と書いている。そして子どもはいらないとも打ち明けているが、結局その望みは達成されることとなる。

ラグランジュはベルリンで教職に就き、膨大な数の研究論文を書いて、アカデミー・フランセーズの年間賞を何度も受賞した。一七七二年にはオイラーと共同受賞、一七七四年には月の力学の研究において、そして一七八〇年には惑星が彗星の軌道へ及ぼす影響に関する研究においての受賞だ。彼は数論にも興味を持ち、一七七〇年にはこの分野における古典的な問題である四平方定理を証明した。これは、すべての正の整数は四つの完全平方数の和で表される、という定理だ。例えば、$7=2^2+1^2+1^2+1^2$、$8=2^2+2^2+0^2+0^2$などとなる。

フランス科学アカデミーの会員となったラグランジュは、パリへ移り住み、結局死ぬまでその街に留まる。彼は、住んでいる国の法律にはたとえ文句があっても従うのが賢明だという考えを持っていて、おそらくそのおかげもあって、フランス革命のときに多くの知識人の身に降りかかった運命から逃れることができた。一七八八年にラグランジュは傑作『解析力学』を著し、力学を解析学の一分野として書き換えた。そして、この大著に図を一つも含めなかったことが論法をより厳密にしているとして、それを誇りにしていた。

一七九二年に彼は、天文学者の娘であるルネー＝フランソワ＝アデレード・ル・モニエと再婚した。フランス革命の恐怖時代さなかの一七九三年八月にはアカデミーが閉鎖され、活動を続けるのは度量衡委員会だけとなった。そして、化学者のアントワーヌ・ラヴォアジェ、物理学者のシャルル・アウグスティン・クーロンやピエール・シモン・ド・ラプラスが解任されたことで、ラグランジュは度量衡委員会の委員長となった。

ここで、彼がイタリア生まれであることが問題となった。革命政府が、敵国生まれの外国人を逮捕する法律を可決したのだ。いまだ影響力を持っていたラヴォアジェは、ラグランジュがこの法律の適用を免除されるよう手を打った。そのすぐのち、革命法廷がラヴォアジェに死刑を宣告し、翌日にギロチンの刑に処した。ラグランジュは次のように言っている。「彼の頭を切り落とすのは一瞬にすぎないが、同じほどの頭脳が生まれるには一〇〇年では足りないだろう」。

ナポレオンのもと、ラグランジュはいくつもの栄誉を賜った。一八〇八年にはレジオンドヌール勲位と帝国伯爵の位、一八一三年には帝国融和勲位の大十字章だ。その大十字章を授けられた一週間後、彼は世を去ったのだった。

四平方定理を発見したのと同じ一七七〇年、ラグランジュは、方程式論を幅広く扱う論文の執筆を始めた。「この論文では、方程式の代数解を求める従来のさまざまな手法を調べて、それを一般的な原理へ還元し、なぜそれらの手法は3次と4次ではうまくいくのにそれより高次ではうまくいかないのかを演繹的に説明する」。ジャン＝ピエール・ティノールは著書『代数方程式のガロアの理論』の中で、「ラグランジュの明確な狙いは、これら手法がどのようにうまくいくかだけでなく、なぜうまくいくかを突き止めることである」と述べている。

ラグランジュは、ルネッサンス時代の手法の数々を、それを考え出した人たちよりもはるかに深く理解した。そして、彼らの成功を説明するために見いだした一般的な図式が5次以上には拡張できないことも証明した。だがその次のステップとして、5次以上でも解が可能かどうかを考えることはできなかった。「私の導いた結果は、より高次の解を扱おうとする者たちに、その目標に対するさまざまな見方を提供し、中でも数多くの無用なステップや試みを回避させるという点で、役に立つであろう」と彼は言っている。

ラグランジュは、カルダーノやタルターリアらが使った特別な小技がたった一つの手法に基づくものだということに気づいていた。与えられた方程式の根を直接見つけようとするのではなく、その問題を、もともとの根と関係した異なる根を持つ補助方程式を解く問題へと変形させるのである。

3次方程式の補助方程式は単純だ。2次方程式である。この〝分解2次方程式〟はバビロニアの方法で解くことができ、もとの3次方程式の解は3乗根を使うことで構成できる。これがまさにカルダーノの公式の仕組みだ。

4次方程式の場合も補助方程式は単純だ。3次方程式である。この〝分解方程式〟はカルダーノの方法で解くことができ、4次方程式の解は4乗根、すなわち平方根を重ねることで復元できる。これがまさにフェラーリの公式の仕組みである。

ラグランジュが興奮を募らせていった様が想像できよう。同じパターンが続くとしたら、5次方程式も〃分解4次方程式〃を持つはずだ。それをフェラーリの方法で解き、5乗根を取ればいい。同じプロセスを続ければ、6次方程式は分解5次方程式を持ち、それはラグランジュの方法と呼ばれるはずの手法で解けることになる。そしてどんな次数の方程式でも解くことができるはずだ。

だが、厳しい現実に彼は突き落とされた。5次方程式の分解方程式は、4次でなく、さらに高次の6次となるのだ。3次方程式や4次方程式を単純化してくれた方法が、5次を複雑化してしまったのである。

難しい問題をさらに難しい問題に置き換えたのでは、数学は進歩しない。ラグランジュの統一的手法は、5次ではうまくいかなかったのだ。しかし彼は、きっと別の方法があるはずだと考えて、5次を解くのが不可能であることは証明しなかった。

なぜだろうか?

ラグランジュにとって、それは単なる言葉上の問題だった。だが彼の後継者の一人がこの問題を真剣に取り上げ、それに答えを出すことになる。


その名はパオロ・ルッフィーニ、ラグランジュの言葉上の問題に〃答えを出した〃と言ったが、ちょっとごまかしがある。彼は答えを出したと考えたが、当時の人々は、それを真剣に受け止めなかったこともあって、彼の答えに間違いを見つけられなかったのだ。ルッフィーニは死ぬまで、5次方程式が累乗根によって解けないことを証明したと信じていた。その証明に大きな欠陥のあることが明らかとなったのは、彼の死後であった。何ページにも及ぶ複雑な計算の中に潜んだその欠陥は、見過ごされてもしかたのないものだった。彼は気づかぬまま、ある〝自明な〟前提を置いてしまっていたのである。

　どんな本職の数学者も苦い経験から知っているように、はっきり書かれていない前提を置いたことには、まさに書かれていないからこそなかなか気づかないものだ。

　ルッフィーニは、一七六五年に医者の息子として生まれた。一七八三年にモデナ大学へ入学し、医学、哲学、文学、そして数学を勉強した。幾何学はルイジ・ファンティーニから、微積分学はパオロ・カッシアーニから学んだ。カッシアーニがエステ家の広大な地所を管理する職へ移ると、ルッフィーニは、まだ学生だというのにカッシアーニの解析学の授業を引き継いだ。そして一七八八年に哲学、医学、外科学の学位を、一七八九年に数学の学位を取得した。その後まもなく彼は、視力の衰えたファンティーニから教授職を引き継いだ。

パオロ・ルッフィーニ

　彼の研究活動は、さまざまな事件のせいで紆余曲折を歩んだ。一七九六年、ナポレオン・ボナパルトがオーストリアとサルディニアの軍を撃破して、トリノに狙いを定め、ミラノを占領した。続いてモデナも占領され、ルッフィーニは政治に関わらざるをえなくなった。一七九八年には大学へ戻るつもりだったが、宗教上の理由から共和国へ忠誠を誓うことは拒否した。それによって職を失った彼は、研究を進める時間を多く手にし、5次方程式の難問へ取り組むようになったのである。
　ルッフィーニは、誰一人として解を見つけられないのには理由があると確信した。そもそも解がないからだというのだ。すなわち、一般的な5次方程式の解を与えてくれる公式として、累乗根より複雑なものを含まないような式は存在しないということである。一七九九年に出版された全二巻からなる大著『方程式の一般理論』の中で彼は、そのことを証明できると主張した。「4より大きな次数を持つ一般的な方程式を代数的に解くことは、どんな場合にも不可能だ。私が断言できるのだと信じる（間違っていなければ）、極めて重要な定理に注目してほしい。それを証明することが、この巻を世に出した大きな理由だ。不朽の名声を持つラグランジュと、彼の大きな影響が、私の証明の礎となった」。

その証明は、五〇〇ページ以上にも及ぶ見慣れない数学で占められていた。他の数学者たちは、それをちょっと厄介物に思った。今日でさえ何か特別な理由がない限り、その長く技巧的な証明を読み通そうとする者はいない。もしルッフィーニが５次方程式の解を発表していたとしたら、仲間の数学者たちはもちろん努力を惜しまなかっただろう。だが、否定的な結果に何百時間も費やしたくない気持ちは容易に理解できる。

それが間違っているかもしれない場合はなおさらだ。計五〇〇ページに及ぶ数学の本の四九九ページ目に間違いが見つかることほどうんざりすることは、そうそうないだろう。

ルッフィーニは一八〇一年にラグランジュへその本を一冊贈ったが、何カ月も音沙汰がなかったため、次のようなメモを添えてもう一冊送った。「証明に間違いがあったり、私は新たなことだと信じているが実際には新しくないことがあったり、そもそも私が無用な本を書いたということであれば、ぜひ指摘していただきたいと心からお願いする」。それでも返事はなかった。一八〇二年にもう一度同じことをしたが、やはりだめだった。

数年が経過したが梨のつぶてで、ルッフィーニは無礼だと思った。それどころか、〝証明〟に間違いがあるという噂が流れたものの、誰もどこが間違っているか口に出さないので反論のしようもなかった。結局彼は、自分の証明が複雑すぎたと判断し、もっと単純な証明を探しはじめた。そして一八〇三年にそれを見つけ、「今回の論文では、同じ命題を、願わくはより単純な推論と完全な厳密さによって証明することとした」と書き記した。だが、新たな証明もやはり受け入れられなかった。世間は、ルッフィーニの洞察にも、また一八〇八年と一八一三年に出版されたさらに別の証明にも、心構えができていなかったのだ。それでも彼は、自分の成果を数学界に認めてもらおうと努力をやめなかった。天王星の位置を予測したジャン・ドランブルは、一七八九年以降の数学界の状況に関する報告を書き、その中で、「ルッフィーニが、５次方程式を解くのは不可能であること証明しようとしている」と記した。それに対してルッフィーニは即座に、「証明しようとしているだけでなく、実際に証明した」と反論したのだった。
とはいうものの、ルッフィーニの証明に満足する数学者も何人かはいた。その一人がコーシーで、彼は、自作自演でない限り業績は業績として認めよという観点から言うと、さしたる業績は残していない。一八二一年にコーシーは、ルッフィーニに宛てて次のように書いている。「方程式の一般的解法に関するあなたの論文は、数学者たちの注目に値するものと私には思われ、私の判断では、4次より高次の代数方程式を解くのが不可能であることを完全に証明しています」。だが、こうした賛辞も時すでに遅かった。

一八〇〇年頃にルッフィーニは、モデナの軍事学校で応用数学を教えはじめた。また医者としての仕事も続け、貧しい者から富んだ者まで分け隔てなく患者を診察した。一八一四年、ナポレオンが失脚したのちに、彼はモデナ大学の学長となった。政治情勢は未だ混沌を極めていて、彼の学長としての年月は、技量があり、尊敬されていて、誠実という評判にもかかわらず、極めてつらいものだったに違いない。

そのあいだルッフィーニは、応用数学、実地医学、臨床医学を教えた。一八一七年に発疹チフスが流行し、ルッフィーニは患者の治療を続けたが、やがて自らも病に倒れた。死は免れたが完全には回復せず、一八一九年に臨床医学の教授職を辞した。だが科学の研究は諦めず、一八二〇年には、医師と患者としての両方の経験に基づいた発疹チフスに関する科学論文を発表している。一八二二年に世を去ったが、コーシーが5次方程式に関する彼の業績を賞賛してから一年も経ってはいなかった。

ルッフィーニの研究成果があまり好意的に受け止められなかった理由の一つに、その斬新さがあった。彼はラグランジュと同じく、〝置換〟という概念に基づいて考察を進めた。置換とは、何か順番に並んだリストを並び替える方法のことだ。最も身近な例がトランプのシャッフルである。この場合の目的は、ランダムな、つまり予測不可能な順序にすることである。一揃いのカードにおける置換の種類は膨大で、ランダムなシャッフルの結果を予測できる確率は無視できるほど小さい。

置換は、方程式論の中にも姿を現してくる。与えられた多項式に対する複数の根は、一つのリストと見なせるからだ。方程式の持つ基本的な性質のいくつかは、このリストをシャッフルするとどうなるかということと直接関係している。直観的に考えれば、方程式はあなたが根をどういう順番で並べたかを〝知らない〟ので、根に置換を施してもさしたる違いは生じないはずだ。とりわけ、方程式の係数は根に関して完全な対称式であって、根に置換を施しても変化しないに違いない。

だがラグランジュが認識していたとおり、根に関する式の中には、ある種の置換に関しては対称的だが、別の置換に関しては対称的でないものがある。この〝部分対称式〟は、方程式の解の公式と密接に関わっている。ルッフィーニ以外の数学者たちも、置換の持つこの性質のことはよく知っていた。だが、ラグランジュのもう一つのアイデアを体系的に用いるというルッフィーニのやり方は、あまり理解していなかった。そのアイデアとは、二つの置換を連続して施すことでそれらを〝掛け合わせる〟ことができる、というものである。

いま、a、b、cという三つの記号を考えよう。それらの置換には、abc、acb、bac、bca、cab、cbaの六通りがある。そのうちの一つ、例えばcbaを採り上げる。一見したところでは、三つの記号をある順番に並べたものでしかない。だがこれは、もともとのリストabcを並べ替える規則と考えることもできる。この場合は〝順序を逆にせよ〟という規則だ。そしてこの規則は、このリストだけでなくどんなリストにも適用できる。例えばbcaに適用すれば、acbとなる。つまり、$cba \times bca = acb$として考えることもできるのだ。

本書で最も重要なこの考え方は、図を書けばもっとよく分かるだろう。abcをcbaとbcaに並べ替える置換の図を次ページの上の図に示そう。

二つの図を縦に繋げれば、二つの並べ替えを一つに組み合わせることができる。それには、下の図のように二通りのやり方がある。

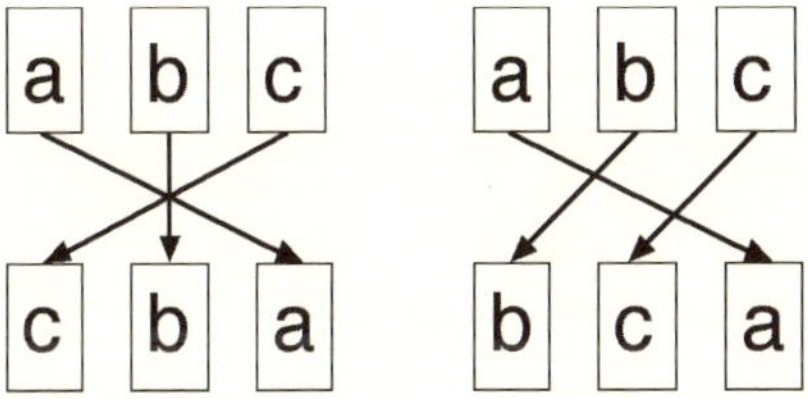

記号a、b、cの2通りの置換

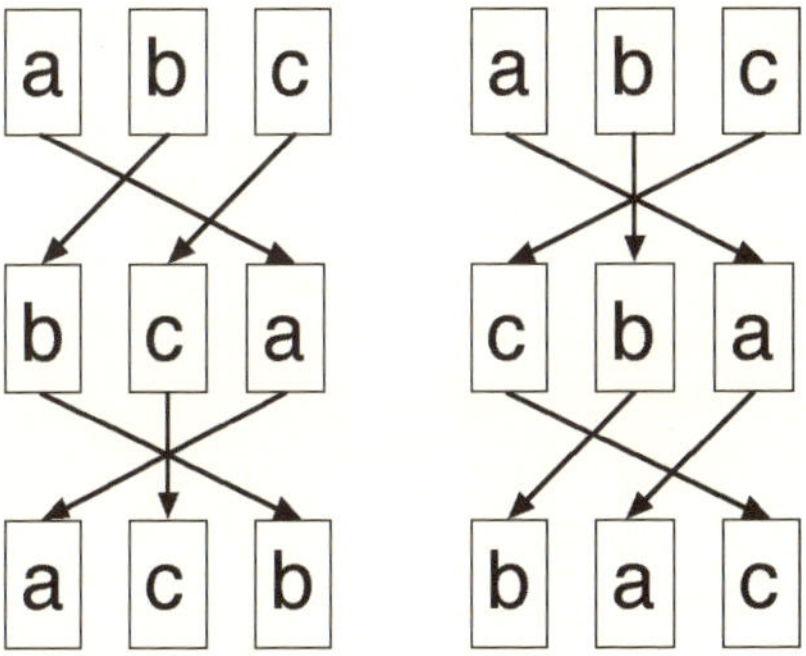

置換の掛け算。どちらを先にするかで結果が違う

一番下の列を書き出せば、二つの置換を〝掛け合わせた〟答えが分かる。左の図ではacbだ。〝掛け算〟をこのように定義すれば（数の掛け算という通常の概念とは違うが）、$cba \times bca = acb$という式も納得できる。約束事として、掛け算の最初に書かれる置換が、図では下に来る。図の上下を入れ替えると結果が違ってくるので、これは重要である。右の図から分かるように、二つの置換を違う順序で掛け合わせると、答は$bca \times cba = bac$となる。

ルッフィーニの証明で一番のポイントは、累乗根を使って根を表現できるような5次方程式が満たすべき条件を導くことだった。もし一般的な5次方程式がそれら条件を満たさないのであれば、その種の根は存在せず、3次や4次でうまくいった方法を自然に拡張しても5次方程式は解けないことになる。

ラグランジュの本に倣ったルッフィーニは、根の対称式とその置換との関係を突き止めた。5次方程式には五つの解があり、五つの記号の置換は一二〇通りある。ルッフィーニが思い至ったのは、もし5次方程式の解の公式が存在するとすれば、この置換の体系はその公式に由来するある決まった構造的特徴を持っていなければならないということだった。もしそうした構造的特徴がないのであれば、そのような公式は存在しえない。まるで、ぬかるんだジャングルの中でトラを見つけるようなものだ。本当にトラがいるとすれば、泥の上にはっきりした足跡を残しているはずだ。足跡がなければトラはいないのである。

この新たな形の掛け算が示す数学的規則性を利用することで、ルッフィーニは、一二〇種類の置換における掛け算の構造が、もし5次方程式が累乗根によって解けるとすれば存在するはずの対称式とは相容れないことを、少なくとも自分では納得のいくような風に証明した。そうして彼は、意義深い事実へ到達した。ルッフィーニが5次方程式に取り組むまで、世界中のほぼすべての数学者が、5次方程式は必ず解けるはずで、問題はその方法だけだと信じきっていた。例外がガウスで、彼は解が存在しないと考えていることを匂わせてはいたが、それはあまり興味深い問題ではないとも書き残している。彼の直観が欺かれた数少ない例である。

ルッフィーニ以後は、5次方程式は累乗根では解けないらしいという雰囲気が広がったようだ。ルッフィーニがそのことを証明したと考える者はほとんどいなかったが、彼の成果によって多くの人が、累乗根によって解けることを疑うようになったのは間違いない。この認識の変化は、残念な副作用ももたらした。数学者たちが、このテーマ全体に対する興味をますます失っていったのだ。

皮肉なことに、のちにルッフィーニの成果には大きな欠陥のあることが明らかとなるが、当時は誰もそれに気づかなかった。当時の人々の疑念が、ある意味で裏付けられたことになる。だが真の画期的進歩は、その手法にあった。ルッフィーニは、正しい戦略は見つけたものの、正しい戦術を使わなかったのだ。この問題には、戦略家でありながら、戦術の細部にも綿密に注意を払える人物が必要だった。そしてそういう人物が登場する。

ノルウェーの貧しく山深い僻地の司祭として、何年にもわたって不平も言わず君主によく仕えたハンス・マシアス・アーベルは、一七八四年、まさにそれ相応の見返りを受けた。ノルウェー南海岸に近くオスロフィヨルドからそう遠くない、イェスタードの教区を任されたのだ。イェスタードもそれほど豊かではなかったが、以前に務めていた地よりはずっと裕福だった。そうして一家の懐は劇的に膨らむこととなる。

アーベル司祭の務めはそれまでと同じく、信者たちに目を掛けて、彼らが幸福で高潔であるよう最善を尽くすことだった。司祭は富裕な家の出身だった。デンマーク人の曾祖父は商人で、ノルウェー軍との取引によって利益を上げた。やはり商人だった父親は、ベルゲンという街の市議会議員だった。ハンスは、自尊心はあるが控えめ、さほど賢いわけではないが愚鈍とは程遠く、そして何を置いても自分の意見を言う人物だった。

そんな彼は、教区の貧しい者たちの助けになればと、自分の農場で新しい種類の植物を栽培した。リネンの原料である亜麻や、とりわけ新たな種類の根菜として、地中のリンゴ、すなわちジャガイモだ。彼は詩を詠んだり、地域の史記を書くために歩き回って情報を収集したりして、また妻のエリザベトとは仲睦まじく暮らした。彼の家は食事がおいしいと評判だったが、アルコールは決して振る舞わなかった。ノルウェーでは飲酒が大きな社会問題となっていたため、司祭は人々の模範になろうと決心したのだ。しかしあるとき彼は、ぐでんぐでんに酔っぱらったまま教会にやってきて、飲みすぎがどれほど恥ずべきものかを教区の人々に見せつけた。ハンスには、娘マルガレータと息子セーレンという、当時としては極めて少ない数の二人の子どもがいた。

マルガレータは平凡な女性で、結婚することなく生涯の大半を両親と過ごした。一方、セーレンはまったく違っていた。頭の回転が速く、聡明で独創的、そして上流社会に興味があった。また、父親の沈着冷静さや責任感に欠けていて、それに悩んでいた。それでも彼は父親の後を継ぎ、牧師補、続いて牧師となって、一家の友人の娘であるアンネ・マリーエ・シモンセンと結婚し、南西岸の町フィネイでの勤めを引き受けた。「このあたりの

ニールス・ヘンリック・アーベル

人々は迷信を信じているが、聖書の知識は豊富だ。彼らは神の権威を誤解して、さまざまな間違った考えを支持している」と彼は書き記している。それでもセーレンは喜んで勤めを果たした。

一八〇一年にセーレンは、友人に宛てて次のように書いている。「最近、家での楽しみが増えた。クリスマスの三日目に妻が健康な息子を授けてくれたからだ」。セーレンの父と同名のハンス・マシアスだった。一八〇二年の夏には、その弟のニールス・ヘンリックも生まれた。ニールスは生まれたときから病気がちで、母親は多くの時間を割いて彼の面倒を見なければならなかった。

ヨーロッパで軍事的緊張が高まり、ノルウェー＝デンマーク連合は、イギリスとフランスという二大国の板挟みになった。ナポレオンは連合を同盟国にさせたがっていたため、イギリスがスウェーデンと協定を結ぶとすぐに、ノルウェー＝デンマーク連合もイギリスの敵と見なされて侵略された。三日後、ノルウェー＝デンマーク連合は降伏し、コペンハーゲンは破壊を免れた。のちにナポレオンの権力が衰えると、彼の側近であるジャン・バティスト・ベルナドッテがスウェーデン国王となった。ノルウェーがスウェーデンに割譲されると、ノルウェーの議会であるストゥーティングは、ベルナドッテを君主として受け入れるよう強いられた。

アーベル兄弟は、一八一五年にオスロの大聖堂学校へ入れられた。数学教師のペーテル・バーデルは、厳しい体罰で生徒のやる気を起こさせるという考えだった。それでも二人の少年はうまくやった。一八一八年にバーデルは、ストゥーティングの議員の息子である一人の生徒を激しく折檻して死なせてしまった。驚くことにバーデルが裁判に掛けられることはなかったが、彼は解雇され、代わりに、応用数学教授クリストッフェル・ハンステーンの助手だったベルント・ホルムボーが数学教師となった。これがニールスの人生にとって大きな節目となる。ホルムボーは生徒たちに、通常の授業内容とは別に、各自が興味を持った問題に挑戦させたのだった。ニールスは、オイラーを含め古典的な教科書を借りることを許された。ホルムボーはのちに次のように記している。「このときから［ニールス・］アーベルは、無我夢中で数学に身を投じ、天才張りの速さでその学問を身につけていった」。

卒業直前にニールスは、5次方程式を解けたと確信した。ホルムボーもハンステーンも間違いを見つけられなかったため、二人はその結果を著名なデンマーク人数学者フェルディナン・デーエンへ送り、デンマーク科学アカデミーから発表してもらおうとした。デーエンもその結果に間違いを見いだせなかったが、経験豊富で一枚上手の彼はニールスに、いくつか具体例について計算してみてほしいと頼んだ。するとすぐにニールスは、何かが間違っていることに気づいた。彼はがっかりしたものの、間違った結果を発表して笑いものにならずに済んだと、胸をなで下ろしたのだった。

ここで、父セーレンの野心と愚鈍さが相まって、厄介な事態を引き起こした。ストゥーティングの二人の議員を、うち一人が所有する製鉄所の管理人を不当に投獄したとして非難する声明を発表したのだ。議員たちの清廉さに対するこの攻撃は、大騒動を巻き起こした。やがてその管理人は信頼できない人物であることが明らかとなったが、セーレンは断固謝罪を拒否した。気落ちした彼は、酒を飲みすぎて命を落とした。セーレンの未亡人となったアンネ・マーリエもまた、夫の葬儀の席で大酒を飲み、お気に入りの使用人をベッドへ連れ込んだ。翌朝に彼女は、愛人と並んだままベッドの中で、見舞いに来た何人もの役人を迎え入れた。叔母の一人は、「かわいそうな子どもたち、気の毒だわ」と書き記している。

ニールスは一八二一年に大聖堂学校を卒業し、クリスティアニア大学（現在のオスロ大学）の入学試験を受けた。算術と幾何学では最高点を上げ、他の数学の科目でも良い成績だったが、それ以外の教科はすべて散々なできだった。貧乏のどん底にあった彼は、住み家と暖炉の薪を無料で提供してくれる奨学生に応募した。ニールスは生活費のためにも奨学金をもらおうとしていたが、そんな彼の類い希なる才能に気づいた何人かの教授が、身銭を切って彼のために奨学金制度を作ってくれた。こうしてニールスは、数学と5次方程式の解法へ没頭し、以前に失敗に終わった試みを成功させようと決心したのだった。

一八二三年にニールスは解析学の一分野である楕円積分を研究し、その成果が、5次方程式の研究をも凌ぐ彼の最大の業績となる。また、フェルマーの最終定理を証明しようともしたが、証明も反証もできなかった。だが、もしこの定理の反例があるとしたら、それには巨大な数が含まれていなければならないことを彼は示した。

その年の夏、ダンスパーティーへ行ったニールスは一人の若い女性を見つけ、彼女をダンスに誘った。二人は何度も踊ろうとしたがうまく踊れず、一緒に大笑いした。どちらも踊り方をまったく知らなかったのだ。女性の名はクリスティネ・ケンプ、軍の政治委員の娘で、周りからは〝クレリー〟と呼ばれていた。ニールスと同じように彼女も貧しく、裁縫から科学に至るまであらゆる家庭教師として生活費を稼いでいた。「美人ではなく、赤毛でそばかすもあるが、素晴らしい女性だ」と彼は記している。そんな二人は恋に落ちたのだった。

こうした出来事によって、ニールスの数学の研究は勢いを増していった。そして一八二三年の末頃には、5次方程式が解けないことを証明した。あと一歩だったルッフィーニとは違い、彼の証明に欠陥はなかった。戦略こそルッフィーニと似てはいたが、戦術に関しては上を行っていたのだ。初めニールスは、ルッフィーニの研究のことを知らなかった。だが、それが不完全であることには触れているので、その後に知ったのは間違いない。ニールスの手法がまさにその欠陥を埋めるのに必要となるのだが、彼でさえ、ルッフィーニの証明のどこに欠陥があるのかを正確に突き止めることはできなかった。

ニールスとクレリーは婚約した。愛する人と結婚するため、ニールスは何か職に就かなければならなかった。すなわち、ヨーロッパを代表する数学者たちに、自分の才能を認めてもらわなければならないということだ。それには、自らの理論を発表するだけでは十分でなかった。敵陣に乗り込んでアピールしてこなければならなかったのだ。そしてそのためには、十分な旅費が必要だった。

努力の末、クリスティアニア大学からパリ訪問に必要な費用を捻出してもらうことになり、彼はその地で世界を代表する数学者たちと出会うこととなった。訪問に備えて彼は、自分にとって最高のできの論文の写しを持っていく必要があると判断した。5次方程式が解けないことの証明にフランスの数学者たちは感心するはずだと信じていたが、残念ながら彼の論文はすべて、無名の雑誌にノルウェー語で発表されていた。そこでニールスは、方程式論に関する自分の研究成果を独自にフランス語で印刷しておくべきだと考えた。タイトルは、『代数方程式に関する論文、5次の一般的な方程式を解くのが不可能であることの証明』であった。

ニールスは、印刷代を節約するため論文を最小限にまで要約し、印刷された版はわずか六ページの長さとなった。ルッフィーニの書いた五〇〇ページに比べるとかなり短いが、数学ではときに、簡潔にすることで内容が曖昧になってしまうことがある。この分野では欠かせない論理的詳細の多くを、切り落とさなければならないからだ。この論文は、証明ではなくその概略だったのである。

その冒頭でニールスは、次のように書いている。「概して数学者たちは、代数方程式を解く一般的方法を見つけるという問題に取り組んでいて、何人もが、それは不可能だということを証明しようと試みてきた。したがって、方程式論に空いたこの空白を埋める目的で書いたこの論文を、数学者たちが好意的に受け入れてくれるだろうと私は期待したい」。その期待はおぼろげなものだった。パリにいる数学者の何人かを訪れ、論文に目を通してくれるよう約束を取り付けることはできたものの、その論証は要約されすぎていて、ほとんどの数学者は理解できなかったに違いない。ガウスも彼の論文をファイルしたが、決して読むことはなかった。ガウスの死後に発見されたとき、そのページにはまだナイフが入れられていなかったのである。

その後、間違いに気づいたのか、アーベルはもっと長い二通りの証明を考え、細部をより詳しく説明した。この頃までにルッフィーニのことを耳にしていた彼は、これらの論文の中で次のように述べている。「一般的な方程式の代数解が不可能であることの証明を最初に試みたのは、数学者のルッフィーニだった。だが彼の論文はあまりに複雑で、その論証が正しいかどうか判断するのは難しい。私には、彼の論法は必ずしも十分でないように思える」。しかしアーベルも他の人と同様、それがなぜかは語っていない。

ルッフィーニもアーベルも、当時の正式な数学の言語を使って論証を書き表したが、必要となる思考の進め方にその言語はあまりそぐわなかった。それまでの数学はもっぱら具体的な特定のアイデアに関するものだったが、方程式論において重要なのは、特定のものではなく、構造や過程といった一般的な事柄として考えることである。彼らの考え方が当時の人々にとってなかなか理解できなかったのは、数学の言語を超越していたからに他ならない。現代の数学者にとっても、当時の用語を使ってしまえば理解は難しいはずだ。

幸いなことに、彼らの論証のエッセンスは、建築に喩えることで理解できる。ルッフィーニによる、あと一歩で証明となった論証、そしてアーベルによる完全な証明について考える一つの方法として、〝塔〟を思い浮かべるというものがある。

この塔には各階ごとに一つの部屋があり、それぞれの部屋は上の部屋と梯子で繋がっている。各部屋には大きな袋が置いてある。袋を開けると、何百万という数の代数式が床じゅうに散乱する。一目見ただけでは、これらの式は特別な構造など何も持ってはおらず、代数学の教科書からランダムに拾ってきたもののように見える。短いものもあれば長いものもあり、単純なものもあれば恐ろしく複雑なものもある。だがよく見てみると、共通した類似点が浮かび上がってくる。一つの袋に入っているそれぞれの式は、共通した特徴を数多く持っているのだ。上の階にある袋には、また違う共通の特徴を持った式が入っている。そして塔を上がれば上がるほど、袋の中の式はより複雑になっていく。

一階の袋には、方程式から係数を取り出してきて、それらを何度も好きなだけ繰り返し足したり引いたり、掛けたり割ったりして得られるすべての式が含まれている。代数式の世界では、係数さえ手に入れれば、それらのあらゆる〝当たり障りのない〟組み合わせもただで付いてくるのである。

上の階へ梯子で上がるには、袋からどれか式を取り出し、それを使って累乗根を作らなければならない。平方根、立方根、5乗根など、何でもよい。だが根号に含まれる式は、その階にある袋の中から取り出さなければならない。その累乗根は、pを素数として、必ずp乗根と置くことができる。素数乗の累乗根から、より複雑な累乗根を作れるからだ。そしてこの単純な事実が、驚くほど役に立つ。

どんな累乗根を取ったにせよ、二階に来れば二つめの袋が目に入るが、そこにはもともと一階の袋と同じ中身が入っている。そこでその袋を開け、先ほど作った新たな累乗根を投げ込む。

すると式たちは繁殖《マルチプライ》する。ノアが方舟をアララト山に上陸させたとき、彼は方舟の中のすべての生き物に、外へ出て子孫を殖やせ《マルチプライ》と言った。袋の中の式はというと、掛け算《マルチプライ》の他に、足し算、引き算、割り算もする。ひとときの大騒ぎののち、二階の袋は、方程式の係数と先ほど作った新たな累乗根から作られうるすべての〝当たり障りのない〟式で膨らんでくる。一階の袋に比べて新たな式がたくさん入っているが、それらはすべて互いに似ていて、先ほど作った累乗根を新たな部品として必ず含んでいる。

三階へ行くにも同じことをする。再び袋の中から一つだけ式を取り出し、その式の（素数乗の）累乗根を作る。その新たな累乗根を持って梯子を登り、三階の袋へ投げ込み、式たちがまぐわいの儀式を済ませるのを待つ。

以下同様だ。各階ごとに新たな累乗根を作り、袋には新たな式がいくつも姿を現す。どの階でできる式もすべて、もとの方程式の係数と、それまでに作られた累乗根から組み立てられている。

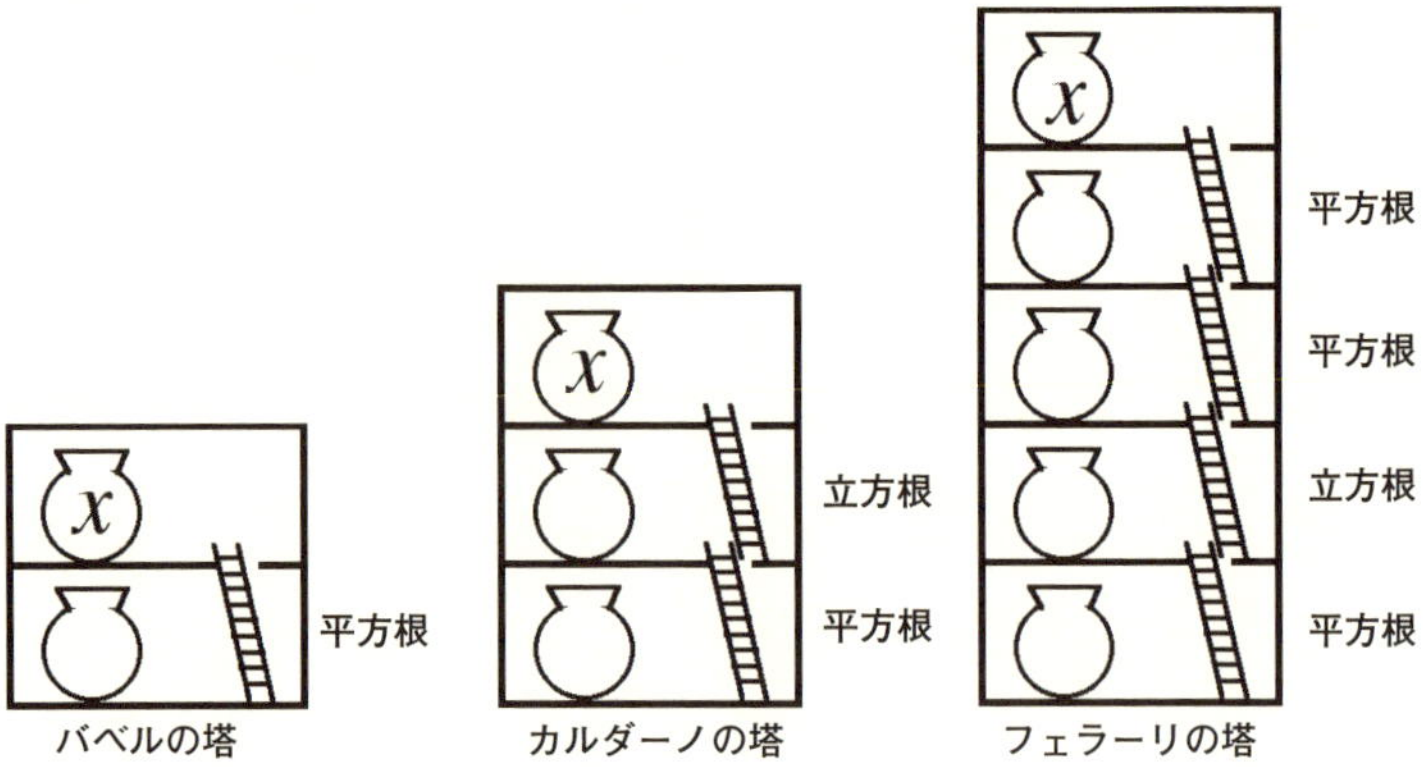

2次、3次、4次方程式を解く

やがて塔の最上階へたどり着く。こうして、もともとの方程式を累乗根によって解く方法の探索は終わる。ただし、最上階の袋の中に、その方程式の根が少なくとも一つ入っていればの話だが。

考えうる塔は何種類もある。どの式を選び、どの累乗根を取るかによって、塔の様子は違ってくるのだ。そのほとんどは無惨に失敗し、求めたい根のヒントさえ見つからない。だが、そもそも解法探しが可能で、そして各階で作った累乗根から組み立てられるいくつかの式が解をもたらしてくれるなら、それに対応した塔は間違いなく最上階にその根を持つ。各階で作った累乗根を繋ぎ合わせてその根を求める方法を、その式が正確に教えてくれるからだ。塔の建て方を教えてくれるとも言えよう。

昔から知られている3次方程式、4次方程式、そしてバビロニアの2次方程式の解も、このような塔に即して解釈しなおすことができる。代表例となる程度には複雑だが、理解できる程度には単純な、3次方程式から見ていくことにしよう。

カルダーノの塔は三階建てだ。

一階の袋には、方程式の係数とそれらのあらゆる組み合わせが入っている。

二階へ繋がる梯子を登るには、平方根が必要だ。一階の袋から取り出した特定の式を使って、ある特定の平方根を作る。すると二階の袋には、この平方根と、方程式の係数から作られる、すべての組み合わせが含まれることになる。

最上階の三階へ繋がる梯子を登るには、やはりある特定の立方根が必要だ。それは、一階から二階へ登るのに使った平方根と、方程式の係数とを含む、ある特定の式の立方根だ。はたしてこうすると、最上階の袋に3次方程式の根が入ってくるのだろうか? 確かにそうで、それがカルダーノの公式である。こうして塔は制覇できた。

フェラーリの塔はもっと高く、五階建てだ。やはり一階には、方程式の係数から作られる式だけが入った袋が置いてある。当たり障りのない組み合わせを作って適切な平方根を取れば、二階へ行くことができる。三階へ行くには、当たり障りのない組み合わせを作って適切な立方根を取ればいい。四階へは、当たり障りのない組み合わせを作って適切な平方根を取れば行かれる。最後に最上階の五階へ登るには、当たり障りのない組み合わせを作って適切な平方根を取ればいい。

すると最上階の袋には、探していた4次方程式の根が確かに入ってくる。フェラーリの公式は、このような塔を正確に建てる方法を教えてくれるのである。

2次方程式を解くためのバベルの塔についてもまた、この比喩が当てはまる。だがこの場合は、わずか二階建てのずんぐりした塔だ。一階の袋には係数の組み合わせだけが入っている。そして、注意深く選んだ一つの平方根だけが、次の最上階へ導いてくれる。その二階の袋の中には2次方程式の根が、実は両方とも入っている。あなたも学校で教わった、2次方程式を解くためのバビロニアの方法が、まさにその根を教えてくれるのである。

では、5次ではどうだろうか?

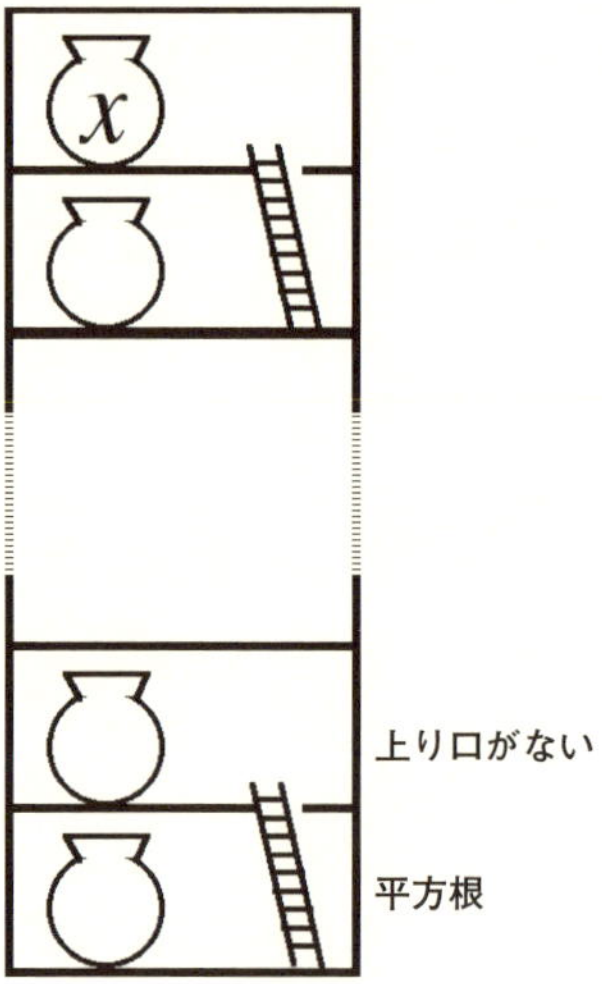

アーベルの塔

はじめに、累乗根を使った五次方程式の解の公式が実際に存在すると仮定しよう。それがどんなものかは分からないが、それについていろいろなことは推測できる。特に、その式は何らかの塔に対応するはずだ。この想像上の塔を、アーベルの塔と呼ぶことにしよう。

アーベルの塔は数百階建てかもしれないし、梯子には19乗根や37乗根といったさまざまな根が関係するかもしれないが、本当のところは分からない。確実に分かっているのは、一階の袋に、方程式の係数からなる何らかの組み合わせが含まれていることだけだ。ここで、雲の上にある最上階の袋にこの5次方程式の根が含まれていると、都合良く想像を膨らませることにする。

この塔の登り方を数学に尋ねると、二階へ登る方法は一つしかないと教えてくれる。ある特定の平方根を取らなければならないそうだ。他に方法はないという。

いや、そんなことはない。他にどんな根でも取ることができて、巨大な塔を建てられる。だがそうした塔は、いま考えている特定の平方根に対応した階がどこかになければ、最上階に方程式の根を持つことはできない。そしてそれより下の階は、最上階へたどり着く助けにはならない。そんな塔を建てるのは、時間と金の無駄なのだ。

だから、分別のある人なら最初に平方根を持ってこようとするはずだ。

さて、三階へ登るには何が必要だろうか？

実は三階へ登る梯子はない。二階へはたどり着けるが、そこで立ち往生してしまうのだ。良さそうだと思って選んだ塔でも、三階へ行けなければ、もちろん最上階へはたどり着けないし、袋の中に根を見つけることもできない。

要するに、アーベルの塔は存在しないのである。存在するのは、二階で立ち往生してしまう塔だけだ。必要のない階をたくさん持つ、もっと複雑な建物もあるにはあるだろうが、結局はまったく同じ理由で同じように立ち往生してしまう。これこそがルッフィーニの証明したことなのだが、そこには一つ技術的な欠陥があった。おおざっぱに言うと、もし累乗根の組み合わせが最上階にあれば、その累乗根そのものも最上階にあるということを、彼は証明しそこなったのである。

ルッフィーニの証明とアーベルの塔は、確かに似ている。だがアーベルは、塔を使うことでルッフィーニの戦術を改良し、彼が残した欠陥を埋めた。二人は、5次方程式の係数からその方程式の根へと登っていけるような累乗根の塔は存在しないことを証明した。累乗根より複雑なものを使わないような5次方程式の根の公式は、ありえないということだ。累乗根を使って5次方程式を解くのは、自分の肩の上に乗っかっていって月へたどり着くようなもので、不可能なことなのである。

一八二八年のクリスマスが近づき、アーベルは、オスロに住む知り合いのカタリーネ・トレスコウとニールス・トレスコウ夫妻の家を出て、フローランに住むクレリーのもとを訪ねるのを楽しみにしていた。だが彼の医師は、健康状態が良くないからと旅行を勧めなかった。カタリーネは、アーベルを息子のようにかわいがっていた、クリストッフェル・ハンステーンの妻ジョアンヌ（コペンハーゲンに滞在）に宛てて、のちの翌年二月に次のような手紙を書いている。「あなたがこの市内にいてくれていたら、あるいは彼も満足して、穏やかな気持ちできっととどまっていたでしょう。でも彼は、本当はどれだけ体調が悪いかを隠そうとしました」。一二月中旬にアーベルは、寒くないよう十分着込んでフローランへ旅立った。一二月一九日に到着したときには、持ってきた服を全部身につけ、さらに腕には靴下をはめていた。咳や寒気がしたが、滞在先のスミス家の応接間で彼の子どもたちに囲まれながら、楽しんで数学の研究を進めた。みんなと一緒にいることが楽しかったのだ。

このときもなおアーベルは、終身の職に就こうと努力していた。オスロ大学での期限付きの職さえも先行きが怪しかったのだ。クリスマスの間じゅう彼は、ベルリン大学での職を手にするため全力を尽くした。舞台裏で奔走した友人のアウグスト・クレレは、数学の研究所を作るよう教育省を説得し、アーベルがその教授の一人として指名されるよう手回ししていた。そして科学界の大物アレクサンダー・フォン・フンボルトの支持を取り付け、ガウスや、アカデミー・フランセーズの主要メンバーであるアドリアン＝マリ・ルジャンドルからの推薦ももらっていた。クレレは教育大臣に、アーベルはベルリンでのポストを受けるつもりだが、彼は他の機関、とりわけコペンハーゲンからも誘いを受けているので、当局はすぐに動くべきだとアドバイスした。

アーベルは一月九日にフローランを離れてオスロへ向かうことになっていたが、咳と悪寒がひどかったため、それまでほとんど部屋に閉じこもっていた。婚約者の家族であるケンプ家の人たちも、とても心配した。出発予定の朝、彼は激しく咳き込んで吐血した。すぐにかかりつけの医者を呼ぶと、安静と二四時間の看護を言い付けられた。看護婦の役をしたクレリーが愛情のこもった世話をして、さまざまな薬を飲ませたため、病状はかなり良くなった。数週間すると、短時間なら椅子に座れるようになった。だが、数学をやるのは我慢しなければならなかった。

ルジャンドルは、楕円関数に関するアーベルの成果にどれほど感銘を受けたかを手紙にしたため、累乗根を使って方程式が解けるための条件を確定するという問題に対する答えを発表するよう、アーベルを急かした。「この新たな理論をできるだけ早く印刷物にするよう、強く忠告します。あなたにとっても大きな栄誉となるし、これまで数学の世界に取り残されていた最大の発見と広く認められることでしょう」。著名な数学者の中には、アーベルの独創的な研究成果が出版されるのを積極的に、あるいは無視によって邪魔する者もいたが、他の人々の間では彼の評判は急速に広まっていった。

一八二九年二月の末が近づき、アーベルの医者は、彼には回復の見込みがないと判断し、病状をできる限り進行させないようにするのがせいぜいだと考えた。そして、アーベルの以前の師であるベルント・ホルムボーに、彼の病状を記した診断書を送った。

……フローラン製鉄所へ到着した直後にかなりの吐血を伴う重い肺感染症を発病したが、吐血はしばらくして収まった。だが、慢性の咳と著しい体力低下によって安静を強いられ、現在でも外出はできない。その上、わずかな気温の変化に身体を曝すことも認められない。

さらに深刻なことに、刺すような胸の痛みを伴う乾いた咳から判断するに、胸の内側と気管支に結核結節を患っているのはおそらく間違いなく、体質もあって肺結核へ進行することも十分に考えられる。

この危険な健康状態ゆえ、……彼が春までにオスロへ戻ることはおそらく不可能だ。たとえ病状が最も望ましい形で回復するとしても、それまでは職場での職務を果たすことはできないだろう。

この悪い知らせをベルリンで聞いたクレレは、アーベルの職を確保するための努力をさらに重ね、大臣に、アーベルをより温暖な場所へ連れて行くのがよいと忠告した。

四月八日にクレレは、弟子に宛てて良い知らせの手紙を送った。

教育省は、君をベルリンへ呼んで任命すると決定した。……どんな仕事を与えられるか、どれほどの給料が支払われるか、私も知らないので言えない。……一番肝心な知らせを急いで聞かせたかっただけだ。安心したことだろう。もう将来を心配することもない。我々の仲間になって、身も固まったんだ。

そうであれば良かったのに。

あまりに病状がひどく、アーベルは移動に耐えられなかった。フローランに留まるしかなかったが、クレリーの看病にもかかわらず彼はどんどん衰弱し、咳もひどくなっていった。ベッドを離れていいのは、シーツを取り替えるときだけだった。数学の研究をしようにも、文字を書くことさえできなかった。過去のことや自分の貧しさをくよくよ考えるようになったが、愛する人に感情をぶちまけることはなく、最期まで温厚で協力的だった。

当然クレリーは、自分の苦しみを婚約者に隠すのがどんどんつらくなっていった。スミス家の娘たちマリエやハンナが、ベッドのそばで彼女に付き添った。咳がひどくなってアーベルは眠ることもできなくなったので、家族はクレリーが一休みできるよう、看護婦を一人雇ってアーベルの面倒を見てもらうことにした。

四月六日の朝、激しい痛みの末、アーベルは息を引き取った。ハンナは次のように書き記している。「四月五日の夜じゅう、彼は最悪の苦しみに耐えた。朝が近づくと静かになってきて、午前一一時、最後の息を吐いた。私の妹〔マリエ〕と彼の婚約者〔クレリー〕は、最期の瞬間に立ち会い、彼が静かに死んでいくのを見つめた」。

五日後にクレリーは、カタリーネ・ハンステーンの姉妹ヘンリエッテ・フリドリヒセンに宛てて、この悲しい知らせをカタリーネに伝えるよう頼む手紙を書いた。「最愛の人。こんなお願いができるのは、何よりそうすべきだからです。ハンステーン夫人にはとてもお世話になったのですから。私は震える手でペンを取り、あなたにお願いするのです。果てなき愛を捧げる、心優しく敬虔な息子さんを失ったことを伝えてもらえるよう」。

「私のアーベルは天国に行きました！　……何もかも失いました。私には何一つ残されていません。ごめんなさい、これ以上は書けません。同封したアーベルの髪の房を受け取ってもらえるかどうか訊いてください。ハンステーン夫人にこのことをできる限り穏やかに伝えてもらえるよう、哀れなC・ケンプからお願いします」。

第7章
不運の革命家

数学者は決して満足しない。

一つの問題が解けても、必ずそこから新たな問題が生まれるからだ。アーベルの死からすぐに、一部の5次方程式は累乗根によって解けないという彼の証明が、人々に受け入れられはじめた。だが、アーベルの成果は出発点でしかなかった。すべての5次方程式を解こうというそれまでの試みはいずれも頓挫したが、一方で、何人かの聡明な数学者が、一部の5次方程式は累乗根によって解けることを証明していた。$x^5-2=0$のような見ただけですぐに分かるものだけでなく、$x^5+15x+12=0$といった意外な方程式も解けるのだが、その解は複雑すぎてここには書き出せない。

ここで一つの問題が浮かび上がってきた。一部の5次方程式が解けて一部の5次方程式が解けないとしたら、はたして両者の違いは何なのだろうか?

この問題に対する答えが、数学、そして数理物理学の道筋を変えることとなる。今から一七〇年以上も前に出された答えだが、いまだに重要な新発見を生み出している。数学の内部の構造に関する何ということのない問題が、これほどまで広範囲にわたる影響を及ぼしたというのは、後から考えても驚くべきことだ。5次方程式が解けたとしても、一見したところ実用的には何も使えなかった。工学や天文学の問題に5次方程式が関係してきても、小数点以下必要な桁数まで解を決定するための数値的方法はいくつもあった。5次方程式が累乗根によって解けるかどうかというのは、数学者しか興味を持たない〝純粋〟数学の典型例だったのだ。

だが、それは大きな間違いだった。

アーベルは、累乗根を使ってある種の5次方程式を解く際に、何が障害になるのかを発見した。そして、まさにその障害のせいで少なくとも一部の5次方程式の解法が存在しないということを、彼は証明した。本書の話を大転換させる次のステップを進めたのは、人の行為にけちをつける誰かが発した、大きな問題が解かれたとき数学者なら訊かずにいられないたぐいの問いであった。「それは見事だ。……だが、どうしてそうなるんだ?」

かなり後ろ向きな態度に思えるが、それに価値があることは何度も繰り返し証明されてきた。その根底には、数学の問題の大半は難しすぎて誰にも解けないはずだという考えがある。だから、先人たちを困らせてきた問題を誰かが解いても、その偉大な答えを褒め称えるだけでは満足できない。解決した人が幸運だったのでないとしたら(数学者はその手の幸運は信じない)、解くことができた特別な理由が何かあるはずだ。そして、もしその理由を理解できることが分かれば、他の数多くの問題も同じような方法で攻略できるかもしれない。

アーベルが〝すべての5次方程式は解けるのか〟という特定の問題を片付けて〝ノー〟という明快な答えを導いていた一方で、もっと深く物事を考える人たちは、さらにずっと一般的な問題に取り組んでいた。どのような方程式は累乗根によって解くことができて、どのような方程式は解けないのか、という問題だ。言っておくが、アーベルもそういう方向へ考えを巡らせはじめていて、もし肺の病気にかかっていなければその答えを見つけていたかもしれない。

数学と科学の道筋を変えることになるその人物こそ、エヴァリスト・ガロアである。彼の人生の物語は、数学の歴史の中でも最もドラマチックで、最も悲劇的だ。そして彼の偉大な発見は、あやうく完全に失われるところだった。

もしガロアが生まれていなかったとしても、あるいはもし彼の研究成果が本当に失われていたとしても、やがては誰かが間違いなく同じ発見をしていただろう。数多くの数学者がその同じ分野を探検していて、その偉大な発見をあと少しのところで逃していた。どこか別の宇宙では、ガロアの才能と直観を備えた誰か別の人物（おそらくは肺の病気にかかるのがあと何年か先だったニールス・アーベル）が、やがて同じ考え方を看破していたことだろう。しかしこの宇宙では、それはガロアだったのである。

ガロアは、一八一一年一〇月二五日、パリ郊外にある、当時は小さな村だったブール＝ラ＝レーヌで生まれた。オー＝ド＝セーヌ県に属するこの村は、今ではハイウェイN二〇号線とD六〇号線の交わる住宅地になっている。そしてそのD六〇号線は、ガロア通りと呼ばれている。一七九二年にブール＝ラ＝レーヌは、当時の政治的混乱とイデオロギーの影響を受けてブール＝レガリテと改称された。〝女王の街〟が〝平等の街〟となったわけだ。一八一二年に再びブール＝ラ＝レーヌに戻されたが、革命はまだ終わっていなかった。

共和主義者だった父親のニコラ＝ガブリエル・ガロアは、〝平等の街の自由〟という、君主制廃止を信条とする村の自由党のリーダーを務めていた。一八一四年の偽りの妥協によってルイ一八世が王位に就くと、ニコラ＝ガブリエルは村長となったが、彼のような政治志向を持つ者にとって決して居心地の良い地位ではなかったはずだ。

母親のアドレード＝マリは、デマント家の出身だった。彼女の父親は法学者で、弁護士に対して訴訟に関するアドバイスをしていた。アドレード＝マリはラテン語をすらすら読むことができ、その古典の知識は息子にも受け継がれた。

エヴァリストは一二歳まで家にいて、母親に勉強を教わっていた。一〇歳のときランスにあるコレージュへ入

エヴァリスト・ガロア

学するよう勧められたが、母親は、家を離れるにはまだ幼すぎると考えたようだ。だが彼は、一八二三年一〇月、進学予備校であるコレージュ・ド・ルイ＝ル＝グランへ通いはじめた。エヴァリストが入学してまもなく、生徒たちが学校の教会で賛美歌を歌うことを拒否すると、若きガロアは革命の末路をその目で目撃した。一〇〇人あまりの生徒が即座に退学させられたのである。数学にとっては不幸なことに、この教訓が彼を思いとどまらせることはなかった。

　はじめの二年はラテン語で最優秀賞を取ったが、その後は授業に退屈するようになった。結果、成績を上げるため留年するよう学校から迫られたが、当然ながらますます退屈になって、状況はさらに悪くなっていった。ガロアを凋落の道から救ったのが数学で、その知的内容は彼の興味を留めさせるのに十分だった。だが、数学なら何でもよいというわけではなかった。ガロアは初めから、古典であるルジャンドルの『幾何学概論』に当たったのだ。それはまるで、今の物理の学生が最初にアインシュタインの専門書を読むようなものだった。しかし数学という学問では、ある種の閾値効果、すなわち知的な転換点があるものだ。最初の難関をいくつか乗り越え、その分野に特有の表記法を克服し、進歩するには単なる丸暗記でなく考え方を理解するのが一番だということを納得できさえすれば、自分より少しだけ鈍い学生が二等辺三角形の幾何学でもたついている間に、ハイウェイを陽気に飛ばし、さらに難解で挑戦的な考え方へと向かうことができるのである。

　ルジャンドルの独創的な著作を理解するのにガロアがどれだけ苦労したか、それはいまだ議論が絶えないが、ともかくガロアがくじけることはなかった。そしてルジャンドルやアーベルの専門的論文も読みはじめた。当然ながら彼ののちの研究は、二人が興味を持った分野、とくに方程式論に重点が置かれることとなる。ガロアが本当に関心を寄せたのは、方程式だけだったのかもしれない。そして数学の偉人たちの業績へ傾倒すればするほど、正規の学業のほうは疎かになっていった。

学校ではだらしがなく、その癖は決して治らなかった。〝過程を示さずに〟頭の中で問題を解くという彼のやり方に、教師たちは頭を抱えた。数学教師のこうしたこだわりは、今日でも多くの有能な若者たちを苦しめている。毎試合ゴールを決める新進気鋭のサッカー選手が、コーチに、戦術的ステップの流れを正確に書き出さなければゴールは無効だと言われたら、果たしてどうだろうか。そんな流れなんてない。この選手は、守備の穴を見て、ゲームの進め方を理解する人なら誰でも分かる場所へボールを進めているだけだ。

才能ある若い数学者も同じである。

野心家のガロアは、目標を高いところに定めた。フランスで最も権威ある大学の一つで、フランスの数学を育む土壌となっている、エコール・ポリテクニークで勉強を続けたいと考えたのである。だが彼は、数学教師の忠告を無視した。体系的な形で推論を進め、過程を示すようにして、試験官が自分の推論の道筋を追いかけられるようにすべきだというアドバイスだった。完全な準備不足で自信過剰のエヴァリストは、入学試験を受け、そして落ちたのだった。

二〇年後、影響力を持つフランス人数学者で、一流の学術雑誌の編集長を務めるオルリー・テルケムが、なぜガロアは入試に落ちたのかを次のように説明している。「受験生が優れた知性を持っていても、知性に劣る試験官たちには勝てない。相手が理解してくれなければ、こっちがバカになってしまうのだ」。コミュニケーション技術の必要性にもっと注目する現代の解説者なら、優れた知性を持つ学生は劣った連中に配慮しなければならないとして、こうした批判を加減することだろう。ともかく、断固たる態度を取ったところで、ガロアには役に立たなかったのである。

そうしてガロアはルイ=ル=グランに留まったが、そこでめったにない幸運に巡り会った。ルイ=ポール・リシャールという名の教師に才能を認められ、リシャールの指導のもと上級の数学クラスへ入ったのである。才能溢れるガロアは無試験でエコール・ポリテクニークへの入学を認められるべきだ、そうリシャールは考えるようになった。きっと、もしガロアが試験を受けたらどうなるかを見通していたのだろう。しかし、リシャールが自分の考えをエコール・ポリテクニークへ伝えた証拠はない。もしそうしていたとしても、相手にはされなかったはずだ。

一八二八年にはガロアは、彼にとって初めての研究論文となる、連分数に関するまずまずだがぱっとしない論文を発表していた。だが、発表していない研究成果はもっと野心的で、方程式論に対する重要な貢献を果たすものだった。彼はいくつかの結果を論文に書き上げ、雑誌に掲載してもらえないかとフランス科学アカデミーへ送った。当時も今も、発表のために提出された論文は、その分野の専門家である査読者に送られ、査読者は新規性、価値、重要性に関して勧告意見を述べることになっている。このときは、おそらくフランスを代表する数学者であったコーシーが査読者となった。コーシーはガロアの論文に近い分野で論文を発表していたので、もっともな人選だった。

アウグスティン=ルイ・コーシー

しかし残念ながら、コーシーはとても多忙だった。コーシーはガロアの原稿を紛失した、という作り話がある。また、腹を立てて投げ捨てたのではないかという噂もある。しかし、真実はもっと平凡だったようだ。コーシーは、一八三〇年一月一八日付でアカデミーに送った一通の手紙の中で、〝若きガロア〟の論文について報告ができないことを詫びるとともに、〝体調が悪くて家にいる〟と説明し、また自分の論文についても触れている。

この手紙からいくつものことが分かる。一つが、コーシーはガロアの原稿を捨ててはおらず、提出から六カ月も手元に置いていたことだ。二つめが、コーシーは間違いなくその原稿を読み、アカデミーが注目すべき重要な論文だと判断したことである。

だが、コーシーが次の会合へ姿を現したとき、彼は自分の論文を発表しただけだった。ガロアの原稿はいったいどうなったのだろうか？

フランス人歴史家のルネ・タトンは、ガロアのアイデアにコーシーは感銘を受け、おそらく少々感心しすぎたくらいだったのではないかと論じている。そのためコーシーは、初めの考えどおり彼の論文をアカデミーに報告するのでなく、ガロアに、この理論をもっと包括的に拡張し、大きな栄誉である数学グランプリへ応募するよう勧めたというのだ。この説を裏付ける文書は残っていないが、一八三〇年二月にガロアが、まさにそのような論文をグランプリへ提出したことは分かっている。

その論文に何が書かれていたのか正確に知りようはないが、現存するガロアの文書からその大まかな内容は推測できる。もし彼の研究の幅広い影響力が正しく評価されていたら、歴史が大きく違っていたのは間違いない。だが実際には、その原稿はどこかへ消えてしまったのである。

その理由を教えてくれるかもしれない一つの記述が、一八三一年、新キリスト教社会主義運動を進めるサン゠シモン主義者が出版する雑誌《世界》に掲載されている。その記事は、ガロアが人々の面前で国王の命を脅かしたとして告発された裁判について報じ、次のように述べている。「この論文は……ラグランジュが失敗したいくつかの難問を解決していて、賞に値する。コーシーは、このテーマに関して著したこの人物に最高の賛辞を贈っていた。それからどうなったのか？　論文は失われ、この若き学者が選考対象にされないまま、賞は決まったのである」。

ここでの大きな問題は、この記事がどんな事実に基づいているのかである。コーシーは一八三〇年九月に、知識人に対する革命派の弾圧から逃れようとフランスを去っていたので、この記事が彼の発言に基づいているはずはない。それどころか、まるでガロア本人から聞いたかのような書きようだ。実はガロアは、オーギュスト・シユヴァリエという親友に、サン＝シモンの共同体へ加わるよう誘われたことがあった。当時ガロアは起訴されていてそれどころではなかったので、この記事はシュヴァリエの報告によるものではないかと思われる。もしそうであれば、話の出所はガロアだったに違いない。彼がすべてをでっち上げたか、そうでないとしたら、コーシーが実際に彼の成果を褒め称えたのである。

時計の針を一八二九年に戻そう。数学の最前線に立ったガロアは、数学界が自分を評価できないらしいことに苛立ちを募らせるようになった。そして、彼の私生活も瓦解しはじめる。

ブール＝ラ＝レーヌの村でも、すべてがうまくいっているわけではなかった。村長であるガロアの父ニコラは、醜い政治的争いに巻き込まれ、村の司祭を憤らせた。司祭は、ニコラの親族に関する悪意に満ちた文書を書き、そこにニコラのサインを偽造してばらまくというむごい手段に出た。絶望したニコラは、自分の首を絞めて自殺したのだった。

この悲劇が起こったのは、ガロアがエコール・ポリテクニークの入学試験に通る最後のチャンスのたった数日前だった。結果、試験には失敗した。話によると、ガロアは試験官の顔面に黒板消しを投げつけたという。木の塊ではなく布きれだったのだろうが、そうだとしても試験官が好印象を持ったはずはない。一八九九年にJ・ベルトランが当時の状況を詳しく語ったところによれば、ガロアは予想もしなかった質問をされ、冷静さを失ったらしい。

理由はどうあれ、ガロアは入学試験に落ち、窮地に立たされた。尊大な若者だった彼は試験に受かる自信満々だったので、唯一代わりに受けられるエコール・プレパラトワールの入学試験の準備などしてはいなかったのだ。エコール・ノルマルと改称されている今でこそポリテクニークより名声がある大学だが、当時は二流校だった。

ガロアは大急ぎで必要な知識を詰め込み、数学と物理では見事良い成績を収めたが、文学ではへまをして、しかしともかく合格した。そして一八二九年末に科学と文学の資格を得た。

すでに述べたように、一八三〇年二月にガロアは、方程式論に関する論文をグランプリへの応募のためアカデミーに提出した。会員で事務局長のジョゼフ・フーリエは、それを自宅へ持って帰ってざっと目を通した。ガロアの人生に付きまとう不運が、ここでも邪魔をした。間もなくフーリエが世を去り、論文は読まれることなく残されたのである。さらに悪いことに、フーリエの書類の中にその原稿は見つからなかった。選考委員会のメンバーとしては他に、ルジャンドル、シルベストル＝フランソワ・ラクロワ、ルイ・ポワンソーの三人がいた。おそらくこのうちの誰かが無くしたのだろう。

ガロアは当然ながら激怒し、凡人たちが共謀して天才の努力を踏みにじったのだと決めつけた。そしてすぐに、その怒りを向ける矛先を見つけた。圧制を敷くブルボン体制だ。その体制の破壊に一役買いたい、そうガロアは思った。

六年前の一八二四年、シャルル一〇世がルイ一八世の後を受けてフランス国王となったが、評判はさっぱりだった。一八二七年の選挙で自由主義を掲げる反対勢力が躍進し、一八三〇年にはさらに勢力を増して過半数を獲得した。退位を余儀なくされる差し迫った事態となり、シャルルはクーデターを企てた。七月二五日、報道の自由を停止する勅令を発したのだ。だが彼は、大衆の意向を見誤っていた。人々は反旗を翻し、三日後に、シャルルがオルレアン公爵ルイ＝フィリップに王位を譲ることで決着を見たのだった。

ガロアが入学を望んでいたエコール・ポリテクニークの学生たちは、パリの街頭でデモをおこない、一連の出来事に大きな役割を果たした。この重大な時期に、反王制論者の急先鋒であるガロアはいったいどこにいたのだろうか？　仲間の学生たちとともに、エコール・プレパラトワールの構内に閉じ込められていたのだ。学長のギニョーが、安全策を採ることにしたのである。

歴史における活躍の場を奪われて怒り心頭のガロアは、雑誌《ガゼット・デゼコール》に宛てて、ギニョーに対する辛辣な非難文を書いた。

> ギニョー氏が昨日リセに掲示した、貴殿の雑誌の記事に関する文書は、極めて不適切であると私には思われる。この男の化けの皮を剥がすどんな方法も、貴誌は大歓迎するだろうと考えた。
>
> ここに、四六人の学生から裏付けを取れる事実を示そう。
>
> 七月二八日の朝、エコール・ノルマルの学生何人もが争いに加わりたがっていたとき、ギニョー氏は彼らに二度も、警察を呼んで大学の秩序を守る権限があると告げた。七月二八日に警察をだ！
>
> 同じ日にギニョー氏は、いつもの学者ぶった口調でこう言った。「どちらの側にも勇敢に戦う者が大勢いる。もし私が軍人だったら、どう決断すべきか悩むだろう。自由と法律、どちらを犠牲にすべきか」。
>
> その男が翌日、三色旗のばかでかい記章［共和主義者のシンボル］を帽子に付けていた。これがこの学校の自由主義なのだ！

編集者はこの手紙を、筆者の名を伏せて掲載した。だが学長は直ちに、匿名の手紙を書いたかどでガロアを退学処分にした。

ガロアは復讐のため、共和国主義者の巣くう準軍事組織、国民衛兵砲兵隊へ入隊した。一八三〇年一二月二一日、間違いなくガロアを含むこの部隊が、ルーヴル宮の近くに陣を構えた。四人の元大臣が裁判に掛けられていて、人々は険悪な雰囲気にあった。四人の処刑を求め、叶えられなければ暴動を起こすつもりでいたのだ。だが判決が下される直前に、国民衛兵砲兵隊は、正規の国民衛兵と国王に忠誠を誓う兵士たちによって撤退させられた。実刑判決が発表されて暴動は回避され、一〇日後にルイ＝フィリップは、国民衛兵砲兵隊を危険分子として解散させた。ガロアは、数学者としてのみならず、共和主義者としても成功しなかったのである。

いまや、政治よりも現実問題が急を要するようになった。生計を立てなければならなかったのだ。ガロアは数学の塾講師となり、四〇人の学生と高度な代数学の講義をする契約を結んだ。ガロアが文章を使った説明に不得手だったことが分かっていて、授業もやはりいい出来ではなかったと推測できる。おそらく政治的な話がちりばめられていた彼の講義は、普通の人間にはあまりに難解すぎたに違いない。ともかく、在籍者は急速に減っていった。

ガロアはまだ数学者としての人生を諦めておらず、三度目の論文を『累乗根によって方程式が解ける条件に関して』というタイトルでアカデミーに提出した。コーシーはパリを脱出していたので、シメオン・ポワソンとラクロワが査読した。しかし何の音沙汰もないまま二カ月が経過し、ガロアは手紙で経過を問い合わせた。それでも返事はなかった。

一八三一年春には、ガロアの奇行はますますひどくなっていた。一八〇四年に研究を始めたときガウスを大いに感心させた数学者のソフィー・ジェルマンは、この年の四月一八日、ギローム・リブリに宛てた手紙の中でガロアについて次のように述べている。「彼は完全に気が違ってしまうだろうとみんなが言っている。私もそうなるのを恐れている」。正気とは程遠いガロアは、完全な偏執症の一歩手前にいたのだ。

その月、当局は、ルーヴル宮の事件に関連して砲兵隊の一九人のメンバーを逮捕して騒乱罪で起訴したが、陪審は彼らに無罪を言い渡した。五月九日、砲兵隊はヴァンダンジュ・デ・ブルゴーニュというレストランで祝宴を開き、そこにおよそ二〇〇人の共和主義者が参加した。ルイ＝フィリップの退位を望む者ばかりだった。その場に居合わせた作家のアレクサンドル・デュマは、次のように書き記している。「庭園の上に延びる一階の細長いホールへ午後五時に再結集した連中以上に、政府に敵意を露わにする者を二〇〇人見つけるのは、パリじゅうを探してもきっと難しかっただろう」。会が盛り上がり、ガロアは、片手にグラスを、もう一方の手に短剣を持っていた。その場にいた者たちは、国王を威嚇する身振りだと解釈して心から同調し、ついには表に出て踊りはじめた。

祝宴には警察の密偵が潜んでいたらしく、翌朝ガロアは母親の家で逮捕され、国王の命を脅かしたとして起訴された。このときだけは政治感覚を身につけていたようで、公判では一点を除いてすべてを認めた。ルイ＝フィリップに祝杯を挙げようとしたのであって、「もし国王に裏切られたなら」と付け加えながら短剣を掲げたのだと主張した。そして、この肝心の言葉が大声に掻き消されたことを嘆いて見せた。

だがガロアは、ルイ＝フィリップはきっとフランス国民を裏切るだろうと断言した。検事に「国王の側が法律を無視すると思うのか」と尋ねられると、ガロアは、「今はそうでないとしても、間もなく裏切り者に変わるだろう」と答えた。そしてさらに、「政府の動向を見ると、今はそうでなくても、ルイ＝フィリップはいつか裏切るだろうと思われる」と念を押した。そんな言葉にもかかわらず、陪審は彼に無罪を言い渡した。きっと彼と同じように感じていたのだろう。

六月一五日、ガロアは釈放された。三週間後、アカデミーが彼の論文に関して報告をおこなった。ポワソンはこの論文が〝理解できなかった〟のである。報告には次のように記されている。

ガロアの証明を理解しようと、あらゆる努力をした。彼の論法は十分に明快でなく、十分に練られてもおらず、我々には正否を判断できなかったため、本報告では何の見解も示せない。著者は、この論文の重要な目的である命題は、さまざまに応用できる一般的な理論の一部であると謳っている。理論の各部分は互いに相補って明快となるもので、別々よりも一緒に考えたほうが理解しやすいものだろう。そこで我々は、明快な見解を出すため、研究成果全体を出版するよう著者に勧告する。だが、その一部のみをアカデミーに提出している現状では、論文の承認は提案できない。

この報告で最も残念なのは、おそらく完全に理にかなっていたことだろう。査読者たちは次のように指摘している。

〔この論文には、〕タイトルが示しているように、累乗根を使って方程式が解ける条件は記されていない。たとえガロア氏の命題が正しいとしても、そこから、与えられた素数次の方程式が累乗根によって解けるかどうかを判断する優れた方法は何一つ導けない。なぜなら、まずその方程式が既約であるかどうかを、次にその根のそれぞれが他の二つの根の有理分数として表現できるかどうかを、確かめなければならないからだ。

この最後の部分は、ガロアの論文で最も重要な、累乗根を使って素数次の方程式を解けるかどうかを判断するための基準のことを指している。確かに、どのようにしてこの判断法を特定の方程式へ適用すればいいかはっきりしない。判断法を適用する前に、方程式の根を知る必要があるからだ。だが、公式がないのに、どうして根を〝知る〟ことができるだろうか？「ガロアの理論は期待に応えていなかった。斬新すぎて容易には受け入れられなかったのだ」とジャン＝ピエール・ティノールは述べている。査読者たちは、解けるかどうかを判断するための、係数に関する条件のたぐいが欲しかった。だがガロアは、根に関する条件を示した。査読者たちは道理に合わないことを望んだことになる。係数に基づく判断基準は今でも見つかっていないし、きっとこれからも見つからないだろうからだ。後からどうこう言っても、ガロアが救われるわけではないのだが。

七月一四日の革命記念日、ガロアと友人のエルネスト・ドゥシャトレは、共和主義者のデモ行進の先頭にいた。ガロアは、解散させられた砲兵隊の制服を着て、短刀と何丁ものピストルと弾が込められたライフルを持っていた。だが、その制服を着ることも、武装することも、法律で禁じられていた。二人はポン＝ヌフの上で逮捕され、ガロアは、制服を不法に着用したとして軽犯罪で起訴された。裁判まで二人は、サント＝ペラジーの監獄へ収監された。

ドゥシャトレは独房の壁に、ギロチンの隣に国王の頭が転がっている絵を描き、説明まで付けた。それがどうやら、二人の裁判を悪い方へ向かわせたらしい。

先にドゥシャトレが法廷に立ち、次がガロアの番だった。一〇月二三日、裁判が開かれて彼は有罪判決を受けた。そして一二月三日には控訴が棄却された。すでに四カ月以上監獄で過ごしていた彼に、さらに六カ月の刑が下された。しばらくは数学の研究をしていたが、一八三二年のコレラの流行により病院へ移送され、のちに仮釈放された。自由を手にしたガロアは、ある女性とたった一度の恋に落ちた。彼の走り書きで〝ステファニー・D〟と称される女性だ。

ここから先は記録がわずかしか残されていないため、さまざまな推測が必要となる。かなりの間、ステファニーの名字も、彼女がどんな人物だったかも、まったく分かっていなかった。それがかえって、彼女のロマンチックなイメージを膨らませたのだ。ガロアはある文書に彼女のフルネームを記していたが、のちにその上から落書きをしたため判読できなくなっていた。その文書を入念に調べた歴史家のカルロス・インファントッツィによって、この女性はステファニー＝フェリシエ・ポトラン・デュ・モテルと判明した。父親のジャン＝ルイ・アウグスト・ポトラン・デュ・モテルは、ガロアが生涯最後の何カ月かを過ごしたフォルトゥリエ家の住み込み医師だった。

ジャン＝ルイが二人の関係をどう考えていたか分からないが、過激な政治観と犯罪歴を持ち、一文無しで無職、そして危険なまでに感情的な若者が娘に言い寄ってくることを許したとは思えない。

ステファニーがどう思っていたか少しは分かっているが、それも、ガロアがおそらく彼女の手紙から書き写した走り書きに基づいている。その後の出来事に重大な意味を持ってくるこのエピソードを巡っては、多くの謎がある。どうやらガロアは彼女にふられてひどく落ち込んだようだが、実情は知りようがない。決して叶わない恋のことで頭がいっぱいだったのは、はたして彼の方だけだったのだろうか？　それとも、ステファニーの方が彼をその気にさせ、そして怖じ気づいたのだろうか？　自分の父親を寄せ付けなさそうな性格にこそ、彼女は惹かれたのかもしれない。

少なくともガロアにとっては、間違いなく真剣な付き合いだった。五月、彼は親友のシュヴァリエに、「一人の男が持ちうる最高の幸せを一カ月で使い果たし、私はどうすればいいのだろうか?」と書き送っている。ある論文の裏には、ステファニーから送られた二通の手紙の一部分が書き写されている。その一つには、「どうかこのことは終わりにしましょう」と、破局をほのめかすことが書かれている。だがそれに続いて、「今までもこれからもありえないことは、考えないでください」とあって正反対の印象を受ける。そしてもう一つの書き写しには、次のような文章が含まれている。「あなたの言うとおり、今まで……あったことを……考えました。ともかく、あなた、これ以上はありえなかったはずだと納得してください。あなたは間違った思いこみをしているのですから、がっかりする理由などありません」。

すべてがガロアの勘違いで、彼の想いは決して叶えられなかったのか。あるいはそうでなく、初めは何らかのアプローチをされたものの、その後になってふられたのか。どちらにしても、ガロアはこれ以上ないほどの片思いに苦しんだように思える。いや、もっとひどい状況だったのかもしれない。ステファニーと別れたか、あるいはガロアが破局したと思いこんだかした直後、ある人物が彼に決闘を挑んできた。表向きの理由は、ガロアがこの若い女性に言い寄ったことにこの人物が腹を立てたことだったが、ここでも実情は謎に包まれている。

政治的な陰謀だったというのが、従来語られてきた説だ。エリック・テンプル・ベルやルイス・コルロスといった作家曰く、ガロアの政敵たちが、デュ・モテル嬢との色恋を理由にすれば〝決闘〟をでっち上げて敵を消せると気づいたのだという。また、別のかなり突飛な説によれば、ガロアは警察のスパイに殺されたのだそうだ。

今ではこうした説は、信憑性に乏しいとされている。作家のデュマは『回想』の中で、ガロアは仲間の共和主義者ペシュー・デルバンヴィユに殺されたとしていて、その人物のことを「絹のリボンを繋げた絹紙の火薬筒を作る、魅力的な若者である」と評している。今ではクリスマスにお馴染みの、クラッカーの原型である。デルバンヴィユは小作人階級にとっての英雄で、政府転覆を共謀したとして起訴されたが無罪放免となった一九人の共和主義者の一人だった。マール・コシディエールが一八四八年に警察長官となったとき、警察のスパイ全員をリストに記しており、それによればデルバンヴィユがスパイでなかったのは間違いない。

この決闘に関する警察の報告書によれば、相手はガロアの革命の同士で、決闘はまさに滞りなくおこなわれたという。この説は、ガロア自身の次のような言葉に基づいている。「憂国の士と友人たちには、祖国のため以外に命を落としたと責めないようお願いする。私は、忌まわしいあばずれ女の犠牲となって死ぬ。この命は惨めな痴話喧嘩で絶たれる。何てことだ！　こんなにつまらないことで、こんなに卑しいことで死ぬなんて！　……私を死へ追いやった連中を許してやってほしい。彼らも誠意ある人間だから」。政治的陰謀の犠牲となることに彼が気づかなかったのかもしれないし、そもそも陰謀などなかったのかもしれない。

決闘の少なくとも直接の原因がステファニーだったのは、間違いないようだ。決闘へ赴く前、ガロアはテーブルの上に最後の走り書きを残している。そこには〝一人の女性〟という言葉が含まれているが、その後半部分は乱暴に消されている。だが真の原因は、他の事柄と同じく霧の中に包まれたままだ。

数学の話はもっとはっきりしている。決闘前日の五月二九日、ガロアはオーギュスト・シュヴァリエに宛てて、自らの発見の概要を書き送った。その手紙は、後日シュヴァリエによって《ルヴュ・アンシクロペディク》で発表された。そこには群と多項式との繋がりについて大まかに述べられていて、累乗根を使って方程式が解けるための必要十分条件が記されている。

ガロアは他に、楕円関数や、代数関数の積分について、そして意味不明で何のことか判別できない事柄についても記している。余白に走り書きされた「時間がない」という言葉は、ガロアが決闘前夜に数学の発見を大急ぎで書き連ねたという、もう一つの作り話を生んだ。だがこのフレーズに続いて「（筆者のメモ）」と書かれていて、そういった情景とはなかなか相容れない。さらにこの手紙は、却下されて余白にポワソンによるメモが付けられた三回目の原稿に対する、補足説明となっている。

決闘にはピストルが使われた。検死報告では二五歩の距離で引き金が引かれたとされているが、実際にはもっと危険なものだったかもしれない。新聞《ル・プレキュルスル》の一八三二年六月四日の記事には、次のように記されている。

六月一日、パリ——昨日の悲しむべき決闘により、大いに期待された一人の若者の精密科学が奪われた。その世に知られた早熟さは、このところ政治活動によって影が薄くなってはいたが。若きエヴァリスト・ガロアは、……同じく人民の友の会の一員で、やはり政治裁判で名を上げたことで知られる、自分と似た一人の旧友と闘った。色恋沙汰が戦いの原因であったと言われている。武器にはピストルが選ばれたが、二人は古くからの友人だったため目を合わせるのに耐えられず、決着は運命にのみ委ねられた。二人は至近距離でピストルを抜き、引き金を引いた。弾が込められていたのは片方だけだった。ガロアは相手の発射した弾に撃ち抜かれ、コシャン病院へ運ばれたが、およそ二時間後に息を引き取った。二二歳だった。相手のL・Dはわずかに年下である。

〝L・D〟とは、ペシュー・デルバンヴィユのことを指しているのだろうか？　おそらくそうだろう。当時は綴り方にぶれがあったため、Dは問題ない。一方、Lは多分間違いだろう。この記事は細かい点で信用できない。決闘の日付も、ガロアが死んだ日と年齢も間違っているのだ。だからイニシャルもきっと間違っているのだろう。

宇宙論学者で作家のトニー・ロスマンは、もっと説得力のある説を提唱している。この記述にぴったり合う人物は、デルバンヴィユではなく、ガロアとともにポン＝ヌフの上で逮捕されたドゥシャトレだというのだ。ガロアの伝記作家ロベール・ブルニュとジャン＝ピエール・アズラはドゥシャトレの洗礼名を〝エルネスト〟としているが、そのことが間違いなのか、あるいはやはりイニシャルのLが間違っているのだろう。ロスマン曰く、「二人の旧友が同じ女性に恋をして、ロシアンルーレットのようなぞっとする手段で決着を付けようとしたという、かなり辻褄が合っていて信用できそうな結論に達した」。

この説は、最後のぞっとする展開とも辻褄が合う。ガロアは、ほぼ確実に致命傷となる腹部を撃たれた。もし至近距離で撃たれたのなら、たいして驚く説ではない。もし二五歩の距離で撃たれたのであれば、彼の祟られた運命を物語る最後の出来事と言えよう。

ガロアは、《ル・プレキュルスル》が報じているように二時間後に死んだのではなく、翌日の五月三一日にコシュン病院で息を引き取った。死因は腹膜炎で、司祭による葬儀は彼自身が拒否した。一八三二年六月二日、ガロアの遺体はモンパルナス墓地の共同埋葬溝に埋められた。

シュヴァリエへの手紙は、次のような言葉で締めくくられている。「ヤコビかガウスに、これら定理の真偽ではなく重要性について、公式に見解を尋ねてほしい。のちに誰かが才能を発揮して、この書き散らかしたものをすべて解読してくれることを望んでいる」。

さて、ガロアは実際に何を成し遂げたのだろうか？　最後の手紙にある〝書き散らかしたもの〟とは、いったい何を指しているのだろうか？

その答えこそが本書の話の中心をなしていて、それは数行でたやすく語れるものではない。ガロアは、数学に新たな視点を導入し、数学の中身を書き換え、そして必要ではあるが馴染みの薄いステップを抽象化した。ガロアの掌の中で数学は、算術、幾何学、そしてそこから発展した代数や三角法といった、数や形の学問ではなくなった。構造の学問となったのだ。対象の学問だったものが、過程の学問になったのである。

この変化を起こした手柄は、ガロアだけに帰すべきではない。彼は、ラグランジュ、コーシー、ルッフィーニ、そしてアーベルが起こした波に乗っていたのだ。だがその乗り方があまりにうまく、その波を我がものにしてしまった。数学の問題は、さらに抽象的な思考領域へ移すことでときに最も良く理解できるということを正しく認

ジョゼフ=ルイ・リューヴィル

識した、最初の人物だったのである。

ガロアの研究の持つ美しさと価値が数学者の意識へ広く浸透するには、しばらく時間がかかった。むしろ、それは失われる一歩手前のところだった。それを救ったのは、ジョゼフ＝ルイ・リューヴィル、ナポレオン軍の司令官の息子で、コレージュ・ド・フランスの教授となった人物である。ガロアの三編の論文を紛失したか、あるいは却下した、まさにそのアカデミー・フランセーズで、一八四三年夏、リューヴィルは講演した。「累乗根による解が存在するか否かという、この美しい問題に対する深遠かつ正確な答えをエヴァリスト・ガロアの論文の中に発見したことに、アカデミーは関心を持っていただきたい……」。

もしリューヴィルが、不運の革命家の書き散らかした紛らわしい原稿を苦労して読み通さなかったら、そしてもし彼が、かなりの時間と労力を費やしてその筆者の意図を読み解かなかったら、その原稿はごみ箱に投げ捨てられ、群論は、のちに同じ考え方が再発見されるまで日の目を見なかったに違いない。ゆえに数学は、リューヴィルに計り知れない恩を負っていることになる。

ガロアの手法が理解されるにつれ、新たに強力な数学的概念が生まれた。群である。群論と呼ばれる対称性の論理体系が数学の一分野として誕生し、その後、数学の隅々まで広がっていったのだ。


ガロアは、対象のリストを並べ替える方法、すなわち置換の群を研究した。この場合、その対象は代数方程式

	I	**U**	**V**	**P**	**Q**	**R**
I	*I*	*U*	*V*	*P*	*Q*	*R*
U	*U*	*V*	*I*	*R*	*P*	*Q*
V	*V*	*I*	*U*	*Q*	*R*	*P*
P	*P*	*Q*	*R*	*I*	*U*	*V*
Q	*Q*	*R*	*P*	*V*	*I*	*U*
R	*R*	*P*	*Q*	*U*	*V*	*I*

3次方程式の根に対する6通りの置換における掛け算の表

の根だった。興味深い中でも最も単純な例が、a、b、cという三つの根を持つ一般的な3次方程式だ。これら記号を並べ替える方法は六通りあって、ラグランジュとルッフィーニが見いだしたように、二つの置換を順次当てはめればそれらを掛け算できるのだった。例えば前に述べたように、$cba \times bca = acb$である。このように計算していけば、六通りの置換すべてに対する〝掛け算の表〟を作ることができる。ここでそれぞれの置換に$I=abc$、$R=acb$、$Q=bac$、$V=bca$、$U=cab$、$P=cba$と名前を付けておけば、計算を追いかけるのが容易になる。そして掛け算の表は上のようになる。

この表では、**X**行**Y**列に書かれているのが積XYであり、〝まずYを施して、次にXを施す〟という意味になる。

ガロアは、この表の持つ至極単純で当たり前の特徴が極めて重要だと考えた。どれか二つの置換の積もやはり置換であって、表にはI、U、V、P、Q、Rの記号しか現れないという特徴だ。もっと少数の置換からなる集まりのいくつかも、同じ〝グループとしての性質〟を持つ。すなわち、その集まりに含まれるどの二つの置換を掛け合わせた結果も、やはりその集まりに含まれるということだ。ガロアは、こうした置換の集まりを〝群〟と名付けた。

例えば［I, U, V］という集まりからは、もっと小さな掛け算の表ができる。

	I	U	V
I	I	U	V
U	U	V	I
V	V	I	U

3通りの置換からなる部分群における掛け算の表

そしてこの表には、これら三つの記号しか現れない。このように別の群の一部をなしている群を、〝部分群〟という。

　他の部分群、すなわち［I, P］、［I, Q］、［I, R］は、置換を二つしか含まない。さらに、Iだけを含む［I］という部分群もある。三つの記号に対するすべての置換がなす群の部分群は、いま挙げた六つだけであり、そのことは証明できる。

　ここでガロアは、ある3次方程式を選ぶと、その対称変換――根どうしの代数的関係をすべて保つような置換――について考えることができると論じた。例えば、根aとbの間に$a+b^2=5$という代数的関係があったとしよう。このとき、置換Rは対称変換だろうか？　先ほどの定義をチェックしてみると、Rはaをそのままにしてbとcを交換するので、$a+c^2=5$という条件も成り立っていなければならない。もし成り立たなければ、Rは対称変換でない。もし成り立つ場合、根の間に実際成り立っている他の代数的関係をチェックし、Rがすべての条件に合格すれば、Rは対称変換である。

　ある与えられた方程式に対してどの置換が対称変換であるかをはじき出すのは、専門的で困難な作業だ。だが、計算などしなくても確実に分かることが一つある。与えられた方程式の持つすべての対称変換の集まりは、必ず、その根のすべての置換が作る群の部分群となっているのだ。

　なぜか？　例として、PもRも、根どうしのすべての代数的関係を保存するとしよう。その中からどれか一つの関係を採り上げ、それにRを施せば、実際に成り立っている関係が得られる。それにさらにPを施しても、やはり実際に成り立っている関係が得られる。ここで、まずRを施し、次にPを施すというのは、PR

を施すのと同じことである。したがって、PRもまた対称変換である。言い換えると、対称変換の集まりは、群としての性質を持っているのだ。

この端的な事実が、ガロアの研究全体の土台をなしている。どんな代数方程式にも一つの群が対応していて、その対称群は今では、発案者に敬意を表して〝ガロア群〟と呼ばれている。そして、ある方程式のガロア群は必ず、その根のすべての置換が作る群の部分群となっている。

この重大な洞察が、問題攻略のための自然な道筋の出発点となった。どのような状況でどのような部分群が生じてくるのかを考えてみよう。特に、もし方程式が累乗根によって解けるのであれば、その方程式のガロア群には、内部構造としてそのことが反映されているはずだ。ということは、どのような方程式が与えられたとしても、そのガロア群をはじき出してそれが必要な構造を持っているかどうかを調べれば、それが累乗根によって解けるかどうかを判定できることになる。

こうしてガロアは、問題全体を違う角度から捉えなおした。梯子付きの塔を建てるのではなく、木を育てたのである。

アーベル本人がカルダーノの塔などとは言っていないのと同じく、ガロアもそれを木と呼んだわけではないが、ガロアのアイデアは、中心の幹から繰り返し枝分かれしていくプロセスとして思い描くことができる。その幹が、方程式のガロア群に相当する。そして枝や葉が、さまざまな部分群だ。

累乗根を取ったときに方程式の対称性がどのように変化するかを考えれば、自然と部分群が導かれてくる。群はどのように変化するのか？　ガロアが示したように、もしp乗根を取れば、対称群はすべて同じ大きさを持つp個のブロックへ分かれる（ここでは、アーベルが示したように、pは必ず素数であると仮定できる）。したがって、例えば一五通りの置換から構成される群は、三つの要素からなる群五個か、五つの要素からなる群三個に分かれることになる。そしてこれらブロックは、いくつかの極めて明確な条件を満たさなければならない。とりわけブロックのうちの一つは、〝指数pの正規部分群〟と呼ばれる特別な部分群を形作らなければならない。木の幹がp本の枝に分かれ、その一つが正規部分群に対応すると考えればいい。

三つの記号に対する六通りすべての置換が作る群の正規部分群は、もともとの群［I, U, V, P, Q, R］、先ほど表に示した部分群［I, U, V］、そしてたった一つの置換しか含まない部分群［I］である。二つの置換を含む残り三つの部分群は、正規ではない。

例えば、一般的な5次方程式を解きたいとしよう。根は五つあるので、その置換には五種類の記号が関わってくる。そうした置換は一二〇通り存在する。方程式の係数は完全に対称的で、これら一二〇通りの置換をすべて含んだ群をなす。この群が木の幹となる。それぞれの根は完全に非対称的で、たった一つの置換、すなわち自明な置換を含む群をなす。したがって、この木には一二〇枚の葉が茂ることになる。我々の目的は、幹から葉まで枝によって繋げていくことだ。しかしここで、いま累乗根を使って表現できると仮定している根の公式の、各構成部品を作るときに出てくるさまざまな量の対称性が、その枝の構造には反映されていなければならない。

論証を進めるため、公式の第一段階は5乗根を取ることだと仮定しよう。すると一二〇の置換からなる群は、それぞれ二四の置換を含む五つの部分に分かれることになる。そして木も五本の枝を生やす。厳密には、この枝分かれに対応して指数5の正規部分群が一つ存在しなければならない。

だがガロアは、単なる置換の計算によって、そのような正規部分群は存在しないことを証明した。

まあいい。きっとこの解は、たとえば7乗根から始まるのだろう。すると、一二〇通りの置換を同じ大きさの七つのブロックに分けなければならないが、一二〇は七で割り切れないのでそれは無理だ。だから7乗根ではない。一二〇の素因数は二、三、五だけなので、平方根、立方根、5乗根以外の素数乗の累乗根は対象外だ。そのうち、五である可能性は先ほどなくなった。

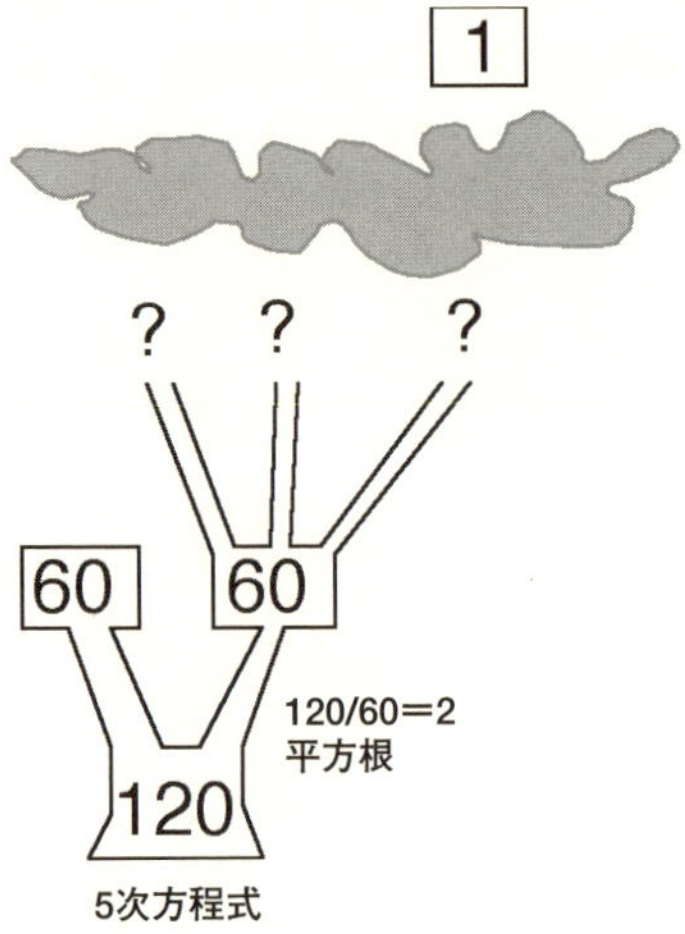

ガロアによる、5次方程式が解けないことの証明

それでは立方根からスタートするのか？　残念ながらそうではない。一二〇の置換からなる群は、指数3の正規部分群を持たないのである。

残ったのは平方根だけだ。はたして一二〇通りの置換からなる群は、指数2の正規部分群を持つのだろうか？　確かにたった一つ持っている。六〇の置換を含むそれは、〝交代群〟と呼ばれる。したがってガロアの群論から、一般的な5次方程式の解の公式は平方根からスタートしなければならず、そこからは交代群が導かれなければならないことが証明できた。幹の最初の枝分かれでは、二本だけ枝が生えることになる。だが葉は一二〇枚あるので、さらに枝分かれしなければならない。どのようにして枝分かれさせていけばいいのか？

六〇の素因数もまた、同じく二と三と五である。したがって新たな枝はそれぞれ、二本か三本か五本の小枝に分かれるはずだ。つまり、再び平方根か、立方根か、5乗根を取らなければならないことになる。しかしそれは、この交代群が指数2か3か5の正規部分群を持っていなければ不可能だ。

はたしてこの交代群は、そのような正規部分群を持っているのだろうか？　それを解き明かすには、五種類の記号に関する置換について考えなければならない。ガロアはそのような置換を分析して、この交代群は（その群自体と自明な部分

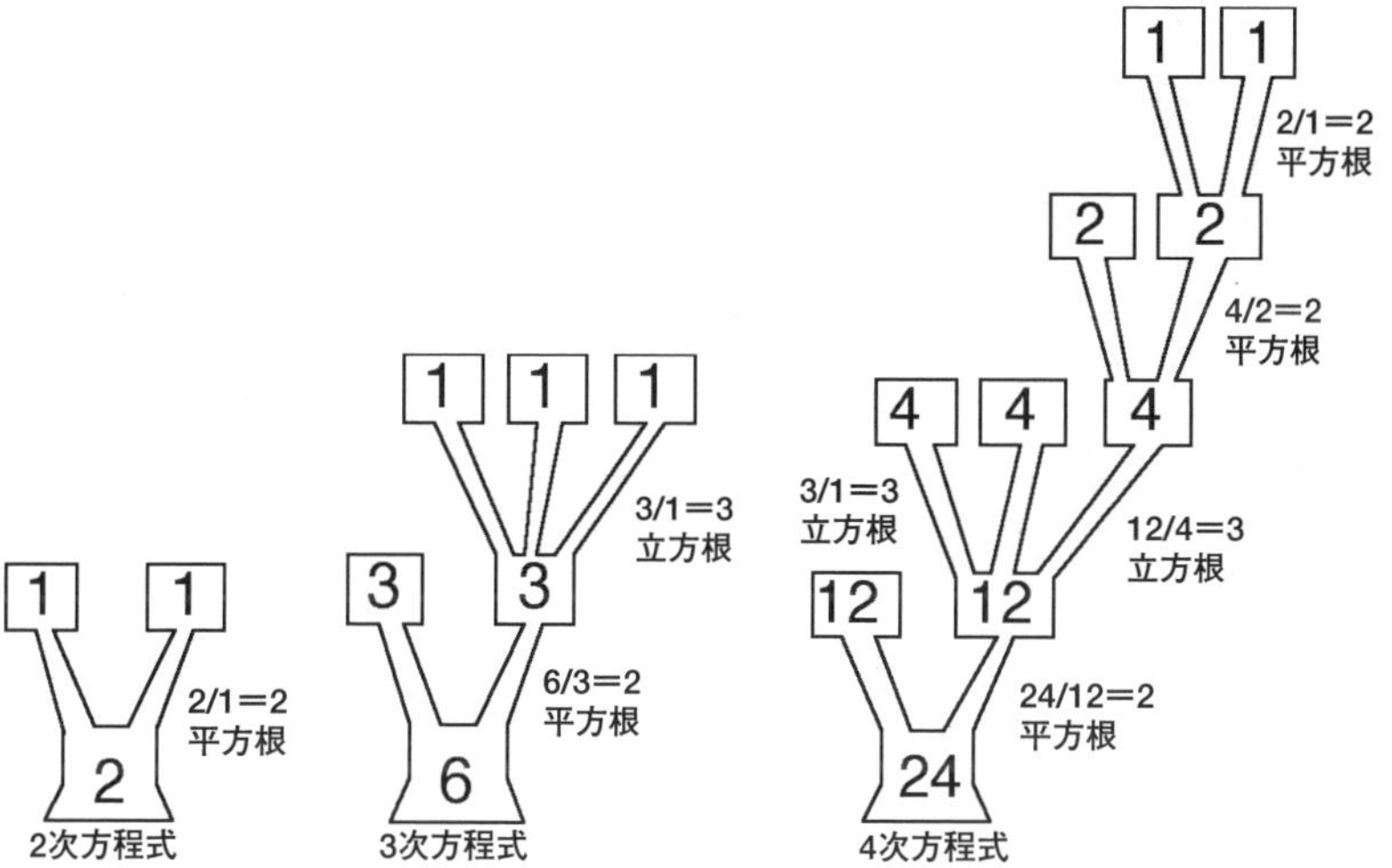

群を使って2次、3次、4次方程式を解く

群［I］を除いて）正規部分群をまったく持たないことを証明した。この交代群は、あらゆる群を作る基本部品の一つである〝単純群〟だったのだ。

各ステップで素数本に枝分かれしていくことで幹と葉を繋ぐ正規部分群は、あまりに限られている。そのため、累乗根によって5次方程式を解くプロセスは、平方根を取る最初のステップの次で不意に立ち行かなくなる。道は他に一つもないのだ。幹から葉まで登っていける木は一本もなく、したがって、累乗根を使ってその根を表す公式もまた存在しないのである。

同じ考え方が、6次、7次、8次、9次と、5より大きいどんな次数の方程式にも当てはまる。そうなると逆に、なぜ2次、3次、4次は解けるのかが不思議に思えてくる。どうして2次、3次、4次は例外的なのだろうか？ 実は、2次、3次、4次方程式をどのように解けばいいかを、群論は正確に教えてくれる。ここでは専門的な内容を省き、木だけを見せることにしよう。これらの木は、昔から知られている公式とぴたり対応するのである。

ガロアのアイデアがいかに美しいものかを、ここから見ていくことにしよう。彼のアイデアは、一般的な5次方程式に累乗根による解が存在しないことを証明するだけでなく、なぜ一般的な2次、3次、4次方程式が累乗根による解を持つのかも説明してくれるし、それがどのようなものかまでおおざっぱに教えてくれるのだ。さらに考察を進めれば、それがどのようなものかを正確に教えてもくれる。しかも、解ける5次方程式と解けない5次方程式の判定もしてくれて、解けるものはどのようにして解けばいいかまで教えてくれるのである。

　ある方程式のガロア群は、その方程式の解について知りたいことをすべて語ってくれる。ではなぜ、ポアソンやコーシーやラクロアといった専門家たちは、ガロアの成し遂げたことを知ったときに飛び上がって喜ばなかったのだろうか？

　ガロア群には、とんでもない秘密が隠されているのである。

　その秘密とは次のようなものだ。ある方程式の群を導き出すには、その方程式の根の性質を使うのが一番簡単だ。だがもちろん、普通はその根がどんなものか分からない。その方程式を解こうとしている、つまり根を見つけようとしているのだから。

　いま、ある特定の5次方程式、例えば

$x^5-6x+3=0$ や $x^5+15x+12=0$

が与えられ、それが累乗根によって解けるかどうかを、ガロアの手法を使って見極めたいとしよう。問題そのものは理にかなっているように見える。

　だが真実は恐るべきもので、ガロアが使うことのできた手法では、この問題に答える術はないのだ。この方程式に伴う群に一二〇通りすべての置換が含まれることは、ほぼ間違いなく言いきれる。そしてもしそうであれば、その方程式は解くことができない。だが、一二〇通りの置換がすべて実際に存在するとは断言できない。五つの根が何か特別な条件に縛られているかもしれないからだ。さて、それはどうしたら分かるのだろうか？

ガロアの理論は確かに美しいものの、致命的な限界を持っている。係数でなく根に対して通用するのだ。要するに、既知数ではなく、未知数に対する理論なのである。

今では、方程式を入力すればそのガロア群を計算してくれる、まさにうってつけの数学のウェブサイトがある。それを使えば、先ほどの最初の方程式は累乗根によって解くことができず、二番目の方程式は解けることが分かる。私が言いたいのは、コンピュータがどうこうということではなく、この問題を解く上で取るべきステップを誰かが発見しているということだ。ガロア以後この分野が大きく進歩したことで、与えられた任意の方程式のガロア群をどのようにして計算するかが、今では明らかとなっている。

しかし、ガロアはそのような技法を持っていなかった。ガロア群を機械的に計算できるようになるまでには、さらに一世紀の年月がかかったのだ。だが、その技法が存在しなかったからこそ、コーシーやポアソンは救われたとも言えよう。与えられた方程式が累乗根によって解ける条件を決定するという問題が、ガロアのアイデアでは解決できないではないかと、まさに筋が通った形の批判ができたからだ。

彼らが見逃したのは、ガロアの手法を使うと、これとは少しだけ違う問題を解決できることだった。その問題とは、根がどんな性質を持てば方程式は解けるのか、というものだ。この問題に対しては、簡潔で、そして奥の深い答えが与えられた。だが、コーシーたちがガロアに解いてもらいたかった問題についてはどうかというと、……残念ながら適切な答えは期待できなかった。解くことのできる方程式を、容易に計算できる係数の性質をもとに選り分ける手頃な方法など、存在しないのである。

ここまでは群を対称性として解釈してきたが、それは多かれ少なかれ喩え話のようなものだった。ここからはもっと正確な解釈が必要だが、そのためには幾何学的な観点が求められる。ガロアの後を継いだ者たちはすぐに、群と対称性との関係は幾何学を使うともっと容易に理解できると気づいた。この分野を教える際の導入部には、通常それが使われている。

群と対称性との関係をおおざっぱに理解するために、私が好んで使っている正三角形の対称群についてざっと見ていくことにしよう。そしてここでようやく、対称性とは正確に何なのか、という極めて基本的な質問をすることができる。ガロアより前、この質問に対するどんな答えも、漠然としていて内容がなく、均衡の美といったような特徴に訴えるものだった。筋道立てて数学を進めていけるような概念ではない。だがガロア以降、そして数学界が彼の特定の応用法に隠された一般的な考え方を理解して以降は、疑う余地のない単純な答えが姿を現した。第一に、〝対称性〟という言葉は、一つ二つと数えられるものとして解釈し直さなければならない。物体は単に対称性を持つだけでなく、いくつもの異なる対称性、対称変換を持ちうるのである。

それでは、対称変換とはいったい何だろうか？　ある数学的物体の対称変換とは、その物体の構造を保存するような変換のことである。この定義についてはすぐに分かりやすく説明するが、初めに気づくのは、対称変換がものではなくプロセスだということだ。ガロアの論じた対称変換は（方程式の根の）置換であって、それはものを並べ替える方法のことである。厳密に言うと、並べ替えそのものではなく、並べ替える際に適用させる規則のことだ。料理ではなく、そのレシピだと言えよう。

些細な違いに思えるが、全体としてはきわめて重要である。

対称性の定義には、〝変換〟、〝構造〟、〝保存〟という三つのキーワードが含まれる。正三角形の例を使って説明しよう。正三角形は、三つの辺がすべて同じ長さで、三つの角がすべて六〇度に等しい三角形と定義される。こうした性質ゆえ、それぞれの辺を区別するのは困難で、〝最も長い辺〟などという言葉は意味をなさない。同じく角も区別できない。このようにそれぞれの辺や角を区別できないのは、正三角形の対称性のためである。というより、それが正三角形の対称性を定義するのだ。

では、三つのキーワードについて一つ一つ考えていこう。

変換：正三角形はいろいろいじることができる。原理的には、折り曲げたり、ある角度で回転させたり、くしゃくしゃに丸めたり、ゴムのように引き伸ばしたり、ピンク色に塗ったりと、さまざまな風にいじれる。だがここでは、次のキーワードにあるように、もっと限られたいじり方をする。

構造：正三角形の構造は、重要と見なされる数学的特徴から構成される。三角形の構造には、〝三つの辺を持つ〟、〝辺は直線である〟、〝一つの辺の長さは七・三二センチメートル〟、〝この位置で平面上に乗っている〟などといった事柄が含まれる（数学の別の分野では、また違う特徴が重要かもしれない。例えば位相幾何学（トポロジー）では、三角形が一つの閉じた経路を作っていることが重要だが、三つの頂点のことや辺が直線であるかどうかは重要でない）。

保存：変換後の物体の構造は、もともとの構造と一致しなければならない。変換後の三角形も三つの辺を持っていなければならないので、くしゃくしゃに丸めるのは規則違反だ。辺はまっすぐのままでなければならないので、折り曲げることも許されない。一つの辺は長さ七・三二センチメートルでなければならないので、引き伸ばすのも禁止だ。位置も同じでなければならないので、横に一〇メートルずらすことも認められない。

色は構造としてはっきりとは挙げられていないので、三角形をピンク色に塗るのは問題ない。規則違反ではなく、幾何学の目的には何の関係もないのだ。

だが、三角形をある角度回転させると、構造の少なくとも一部が保存される。厚紙で正三角形を作ってテーブルの上に置き、それを回転させても、やはり三角形に見える。三つの辺があって、どれもまっすぐのままで、長さも変わってはいないからだ。だが、どれだけの角度回転させたかによって、平面上での三角形の配置は違って見えるかもしれない。

例えば九〇度回転させると、見た目は最初と違ってくる。それぞれの辺が違う方向を向くからだ。回転させるときに目をつぶっていても、その後で目を開ければ、三角形が動いたことはきっと分かる。

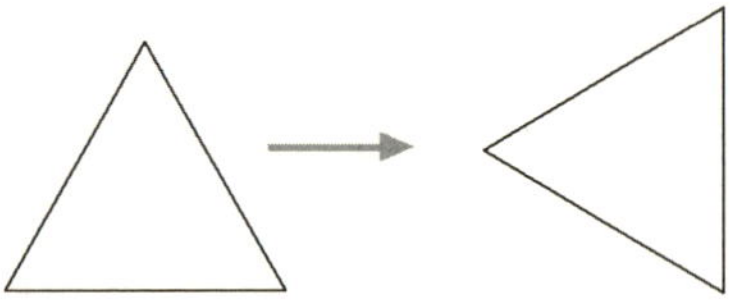

90度の回転は正三角形の対称変換ではない

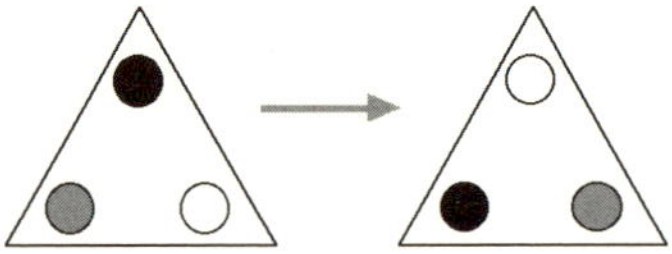

120度の回転は正三角形の対称変換である

しかし三角形を一二〇度回転させると、〝回転前〟と〝回転後〟の違いは分からないだろう。どういう意味か説明するために、各頂点にそれぞれ違う種類の点を打ち、どこへ動いたかが分かるようにしておこう。これらの点は単なる目印で、保存される構造の一部ではない。点が見えず、三角形がユークリッド的な図形のように特徴のないものであれば、回転させた三角形は初めと同じに見えるのだ。

要するに、〝一二〇度の回転〟は正三角形の対称変換の一つだ。構造（形と位置）を保存する変換（〝回転〟）なのである。

実は正三角形は、六つの異なる対称変換を持っている。二つめは〝二四〇度の回転〟だ。さらに三つ、鏡映という対称変換があって、これは、一つの頂点を固定して残り二つの頂点の位置を入れ替えるように裏返しさせるというものだ。残った六つめの対称変換は何か？　〝何もしない〟である。三角形をそのままにしておくということだ。何の面白みもないが、対称変換の定義には当てはまる。実はこの変換は、どんな物体を考えたとしても、どんな構造を保存させたいとしても、必ず対称変換の定義に一致する。何もしなければ何も変わらないからだ。

この自明な対称変換は、〝恒等変換〟と呼ばれる。無意味に思われるかもしれないが、これがないと数学は大混乱に陥ってしまう。0という数を考えずに足し算をおこなったり、1とい

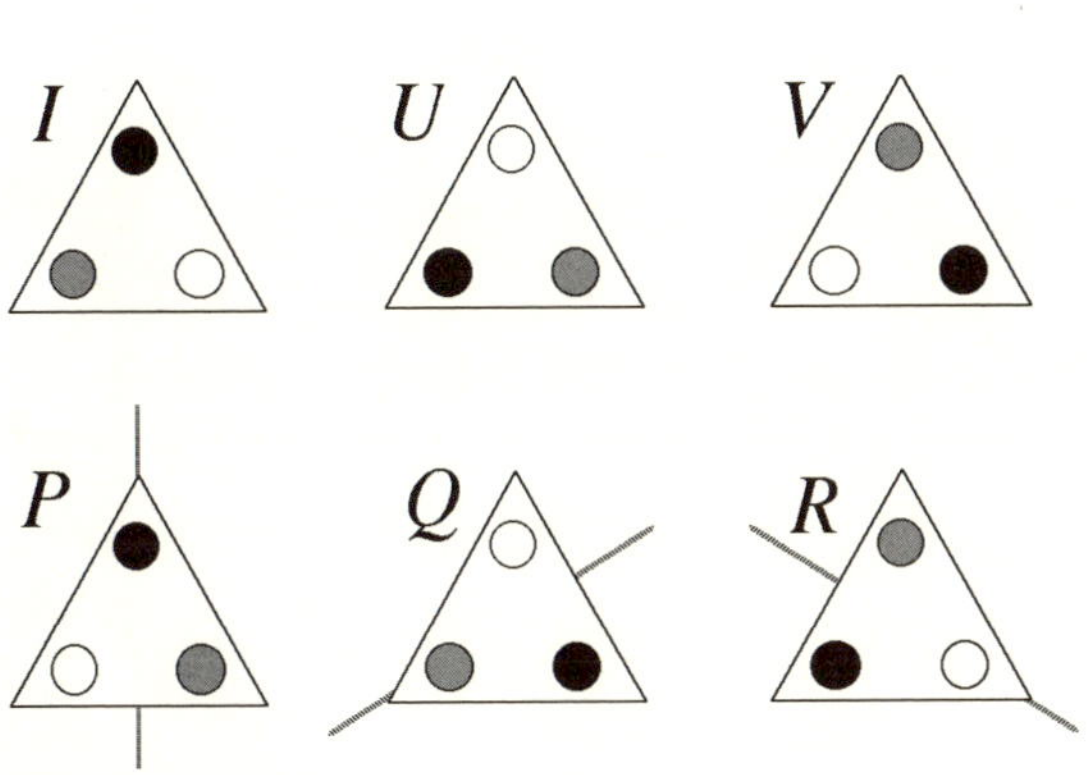

正三角形の六つの対称変換

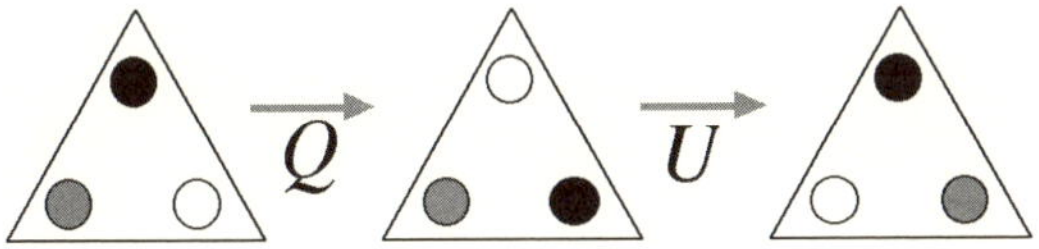

対称変換の掛け算

う数を考えずに掛け算をおこなったりするようなものだ。恒等変換を考慮に入れておけば、すべては美しく整然とした姿を保つのだ。

正三角形の場合、恒等変換は0度の回転と考えることができる。上の図に、正三角形に六種類の対称変換を施した結果を示した。厚紙で作った三角形を動かして元と同じ向きに置く方法は、この六通りだけである。正三角形の外の線は、鏡映を施すにはどこへ鏡を置けばいいかを表している。

ここで、対称変換が代数学の一部であることを説明したいと思う。そこで、代数学者なら誰でもやっていることをしよう。何でも記号で表すということだ。この六種類の対称変換に、図のようにI、U、V、P、Q、Rと名前を付けることにする。恒等変換がI、二つの回転がUとV、三つの鏡映がP、Q、Rだ。先ほど述べた3次方程式の根の置換において使ったのと同じ記号である。同じ記号にしたのには理由があって、それはすぐに分かる。

ガロアは、置換の持つ〝群としての性質〟を

カミーユ・ジョルダン

大いに活用した。二つの置換を順番に施せば別の置換が得られる、という性質だ。この性質からは、正三角形の6種類の対称変換をどう料理すればいいのかについても大きなヒントがもらえる。二つを〝掛け算〟して、どうなるかを見るのだ。思い出してほしいが、約束事として、XとYを二つの対称変換とすると、積XYとは、初めにYを、続いてXを施すことを指す。

　例えばVUを計算したいとしよう。これは、三角形にまずUを施し、続いてVを施すことを意味する。Uは三角形を一二〇度回転させ、Vはさらに二四〇度回転させる。したがってVUは、三角形を一二〇度＋二四〇度＝三六〇度回転させることになる。

しまった、この変換を入れるのを忘れていた。

　いや、そんなことはない。三角形を三六〇度回転させれば、すべて出発点へ戻る。そして群論では、最終結果だけが問題で、そこへ至るルートは関係ない。対称変換を扱う言語では、物体に対して最終的に同じ効果を及ぼす二つの対称変換は同じものと見なされるのだ。VUは恒等変換と同じ効果を及ぼすので、$VU=I$ということになる。

　二つめの例として、UQはどんなものだろうか？　この変換は前ページの図のようになる。ご覧の通り、最終結果はPだ。したがって$UQ=P$となる。

　六通りの対称変換からは三六通りの積を作ることができて、その結果は掛け算表に表すことができる。そしてそれは、3次方程式の根における六つの置換から作った表とまったく同じなのだ。

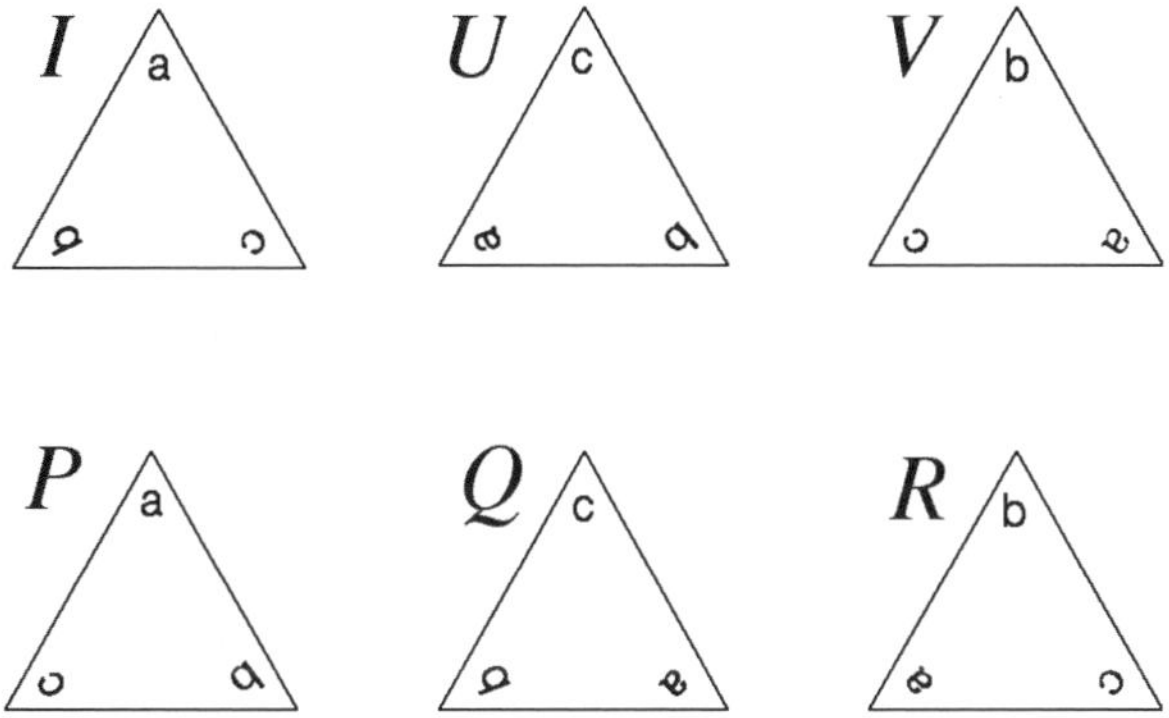

正三角形の対称変換と置換との対応関係

この偶然に思える一致は、実は群論全体の中でも最も強力な手法の実例となっている。それに初めて気づいたのはカミーユ・ジョルダンで、彼は群論を、累乗根を使った方程式の解を解析するためだけの手段から、れっきとした一つの分野へ変えたのだと言えよう。

一八七〇年頃にジョルダンは、現在では〝表現論〟と呼ばれているものに関心を持った。ガロアにとって群とは、置換、すなわち記号を並べ替える方法から構成されるものだった。しかしジョルダンは、もっと複雑な、空間を並べ替える方法について考えはじめた。数学において最も基本的な空間は多次元空間で、その最も重要な特徴は、直線が存在することである。そのような空間を変換する自然な方法とは、直線を直線のまま保つというものだ。曲げてもいけないし、ねじってもいけない。その種の変換は、回転、鏡映、拡大縮小といくつもあり、それらは〝線形変換〟と呼ばれる。

イギリスの法律家で数学者でもあったアーサー・ケイリーは、どんな線形変換も〝行列〟と関連づけられることを発見した。行列とは、数を正方形の形に並べた表のことだ。例えば、3次元空間における線形変換はすべて、実数が3行3列に並んだ表を書き下すことで特定できる。したがって、変換は代数の計算へと還元できるのだ。

表現論のおかげで、線形変換でないものから構成される群を、線形変換から構成される群へ置き換えることができる。ふつうの群を行列の群へ置き換えるのが好都合なのは、行列代数が極めて深遠で強力なためであって、それを最初に見抜いたのがジョルダンであった。

三角形の対称変換を、ジョルダンの視点から見てみよう。三角形の各頂点には、点を打つ代わりに、一般的な3次方程式の根と同じくa、b、cという記号を書くことにする。すると、三角形の各対称変換もこれら記号の置換に他ならないことがよく分かる。例えば回転Uは、abcをcabに変えることになる。

三角形の六種類の対称変換は、根a、b、cの六通りの置換と自然な形で対応する。さらに二つの対称変換の積も、それらに相当する置換の積と対応する。しかも、平面内での回転や鏡映は線形変換であって、直線を直線のまま保存する。置換群が、線形変換の群、つまり行列の群として解釈し直された——表現された——というわけだ。この考え方がやがて、数学と物理学に重大な影響を及ぼすこととなるのである。

第8章

平凡な技術者と超人的な教授

もはや対称性は、規則的であるといった曖昧な印象や、美しいといった芸術的な感想ではなくなった。論理的に厳密に定義される、明快な数学的概念となったのだ。対称変換は計算することができ、それに関する定理も証明できる。〝群論〟という新たな分野が生まれたわけだ。対称性を追い求める人類の探求は、ここで大きな転換点に達した。その進歩に必要なチケットは、さらに概念的に考えようとする意志だった。群は抽象的な概念であって、数や幾何学的な形といったそれまでの実体からは何段階もかけ離れていたのである。

すでに群は、5次方程式が解けるかどうかという長年の難問を解決することで、自らの存在価値を証明していた。それに続いて、同じ考え方を使えば他にいくつもの問題を片付けられることも明らかとなった。いつでも群論そのものが必要というわけではなかったが、少なくとも、アーベルやガロア、そして彼らの後継者たちに倣った考え方をする必要はあった。そして群を使わずに考えているときでさえ、その裏にはしばしば群が潜んでいた。

ギリシャの幾何学者たちが後世に託した数々の未解決問題の中でも、角の三等分、立方体の倍積化、円の正方形化という三つが悪名を轟かせていた。角の三等分と円の正方形化は今日でも無数のアマチュア数学者の注目を惹いているが、彼らは、数学者が言う〝不可能〟という言葉の意味を分かっていないようだ。一方で立方体の倍積化は、同じような魅力は持っていないらしい。

これらの問題はよく〝古代の三大問題〟と呼ばれているが、この言い方は大げさである。歴史的に重要な難問、例えば三五〇年以上にわたって解かれなかったフェルマーの最終定理と肩を並べるような物言いだ。だがこの最終定理は、かつて未解決の問題としてはっきり認められていたものであり、それが初めて示された数学の文献も特定できる。数学者なら誰しも、問題そのものだけでなく、予想されたその答え、そしてその問題を最初に提起した人物が誰であるかも知っていたのである。

だがギリシャの三つの問題は、それとは趣を異にする。ユークリッドの著作でも、注目すべき未解決問題として列挙されているわけではない。暗黙のうちに存在していたようなものなのだ。肯定的な結果を素直に拡張したものではあったが、何らかの理由でユークリッドはそれには触れなかったのである。なぜか？ 誰もその解決法を知らなかったからだ。はたしてギリシャ人たちは、これら問題に答えが存在しないかもしれないと考えたことがあったのだろうか？ もしそうであれば、誰もそれほど大騒ぎはしなかったはずだ。アルキメデスのような人たちは間違いなく、直定規とコンパスによる解法が存在しないことに気づいていた。代わりの手法を編み出しているからだ。だがアルキメデスも、作図可能性という問題そのものを重要と考えることはなかったようだ。

のちになって、それこそが重要となった。これらの問題に解が見つからないという事実から、幾何学や代数学に対する人間の理解にぽっかり穴が空いていることが分かったのだ。そうしてこれらの問題は〝伝説の問題〟として知れわたり、いわば文化的にじわじわ浸透していきつつ、専門家の知るところとなった。やがてそれが解決される頃には、歴史的にも数学的にも重厚な雰囲気を醸し出していた。特に円の正方形化に関して、その解決は大きな突破口として受け止められた。そして三つの問題に対して、答えはどれも同じ、〝不可能〟だった。直定規とコンパスといった従来の道具を使うという条件下では。

かなり否定的な結論に思える。ほとんどの立場の人は、どんな手段を使ってでも答えを見つけたり困難を克服したりしようとするものだ。技術者は、レンガと漆喰で高い建物を建てられなければ、鉄骨や鉄筋コンクリートを使う。レンガでは力不足であることを証明したところで、何の名声も得られない。

数学はまったくそういうものではない。道具の限界は、その道具で成し遂げられることと同じく重要であることが多い。ある数学の問題が重要かどうかは、答えそのものではなく、なぜその答えが正しいのかによって決まる。古代の三大問題もそうなのだ。


角の三等分に挑む者たちに根こそぎ災難をもたらした人物は、一八一四年にパリで生まれた。その名はピエール・ローラン・ワンツェル。父親は、軍の将校を務めたのち、エコール・スペシァル・デュ・コメルスの応用数学の教授となった。ピエールは幼いうちから才能を見せつけた。彼を知るアデマール・ジャン・クロード・バレ・ド・サン゠ヴナンは、次のように書き残している。「この少年は、数学に対する驚くべき素質を見せつけ、数学の本を興味津々で読んだ。すぐに教師さえも追い抜き、教師が難しい測量の問題に直面すると、九歳でありながら呼び出されるほどだった」。

一八二八年にピエールは、コレージュ・シャルルマーニュを受験して見事入学した。一八三一年にはフランス語とラテン語で最優秀賞を獲得し、また、エコール・ポリテクニークと、現在のエコール・ノルマル理学部に相当する学校の入学試験でどちらも一番を取るという、前代未聞の快挙を成し遂げた。そんな彼は、数学、音楽、哲学、歴史と、何にでも興味を持ち、何より有意義で激しい議論を好んだ。

一八三四年、ピエールは工学へ心変わりし、エコール・デ・ポンゼショセへ入学した。だが間もなく友人たちに「自分は人並みの技術者にしかなれない」とこぼすようになり、ぜひとも数学の教官になりたいと決心して大学を休学した。進路変更はうまくいった。一八三八年にエコール・ポリテクニークの解析学の講師となり、一八四一年には母校であるエコール・デ・ポンゼショセの応用数学の教授にも就任した。サン゠ヴナンは言っている。

「ピエールはたいてい夜に研究をして、深夜まで床には就かず、そのあと読書をしては数時間だけ仮眠をして、コーヒーとアヘンを代わる代わる使い、結婚するまでは食事も不規則だった」。結婚相手は、以前教わったラテン語教師の娘だった。

ワンツェルは、ルッフィーニ、アーベル、ガロア、ガウスの著作を学び、方程式論に強い興味を持つようになった。一八三七年、彼の論文『ある幾何学問題が直定規とコンパスで解けるかを確認する方法について』が、リユーヴィルの主宰する《純粋応用数学誌》に掲載された。この論文によってワンツェルは、作図可能性の問題を、ガウスが立ち往生した地点から引き継いだ。ワンツェルは一八四八年に三三歳で世を去ったが、おそらく過剰な教務と運営業務から来る過労死だったと思われる。

ワンツェルによる角の三等分と立方体の倍積化が不可能であることの証明は、正多角形に関するガウスの偉大な成果と似てはいるが、理解するのはもっとずっと簡単である。まずは極めて簡潔に表現できる、立方体の倍積化の問題から説明しよう。この問題は、長さ$\sqrt[3]{2}$の直線を直定規とコンパスで作図する方法はあるか、と表現できる。

ガウスによる正多角形の分析の基になったのが、あらゆる幾何学的作図は一連の2次方程式を解くことに還元できるという考えである。直線と円の持つ性質から代数学的に導かれるこの事実を、ガウスは至極当然のことと捉えた。作図可能な量の〝最小多項式〟、すなわちその量が満たす最も単純な方程式は、どのような場合でも2の累乗の次数を持つことが、比較的簡単な代数学的論証から示される。方程式は、1次になる場合もあれば、2次、4次、8次、16次、32次、64次、……になる場合もあるが、いずれの場合も次数は2の累乗となる。

それに対して$\sqrt[3]{2}$は3次方程式$x^3-2=0$を満たし、これが最小多項式となる。その次数は3であり、2の累乗ではない。直定規とコンパスで立方体を倍積化できるという前提を置くと、3は2の累乗であるという結論がまったく論理的に導かれてしまうのだ。もちろんそれは正しくない。したがって背理法から、そのような作図法は存在しえないことになる。

角の三等分が不可能であるのも同様の理由によるが、その証明はもう少し入り組んでいる。

第一に、いくつかの角度は正確に三等分できる。良い例が一八〇度で、この三等分は六〇度、正六角形を作ることで作図できる。したがって、角の三等分が不可能であることを証明するには、まずそういった角度とは違う角度を採り上げ、それが三等分できないことを証明しなければならない。ここでは最も単純な角度として、六〇度を採り上げる。そして、この三分の一である二〇度が直定規とコンパスで作図できないことを示すことになる。

ここでは厳密に考えなければならない。角度を測る分度器を思い浮かべてほしい。一〇度や二〇度といった角度が忠実に刻まれている。だが、それらの角度は正確ではない。何よりも、インクで記された線には幅があるからだ。建築や工学の製図に耐える精度で二〇度という角度を書くことならできる。だが、ユークリッド的手法を使って二〇度を完璧に作図することはできない。それがいまから証明することである。

この難題を解決する鍵となるのが、角度を定量的に扱う手法、三角法である。まず、半径1の円に内接する正六角形を考える。そこには六〇度という角度がある。もし六〇度を三等分できるとしたら、次ページの図に太線で示した線分を作図できなければならない。

いま、この線分がxという長さを持つとしよう。三角法より、このxは方程式$8x^3-6x-1=0$を満たすことが分かる〔$x=\cos 20^\circ$で、$\cos(3\times 20^\circ)=4\cos^3(20^\circ)-3\cos(20^\circ)$。左辺は$\cos(60^\circ)=1/2$〕。立方体の倍積化の場合と同じく、これも3次方程式であり、やはりこれがxの最小多項式である。だが、もしxが作図可能であれば、その最小多

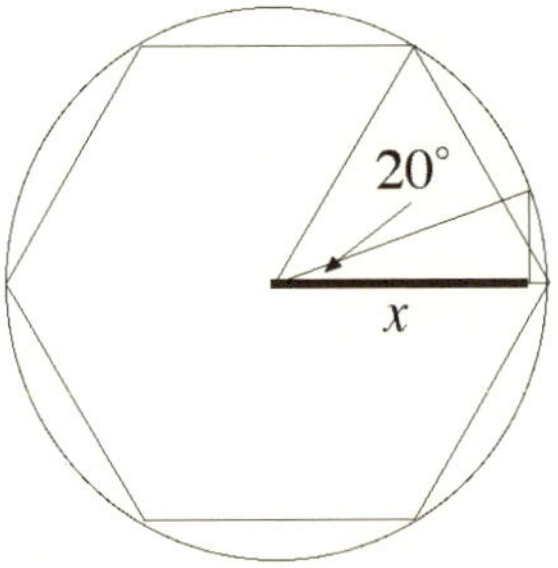

角度60度を三等分するのは、xと記した長さの線分を作図することに相当する

項式の次数は2の累乗でなければならない。先ほどと同じ矛盾が生じ、先ほどと同じ結論が得られた。この作図は不可能なのだ。

いま説明した証明法は、もっと奥深い構造を隠し持っている。より抽象的な見方をすれば、これら二つの古典問題に対するワンツェルの答えは、対称性に関する議論へと突き詰められるのだ。つまり、その幾何学問題に対応する方程式のガロア群は、直定規とコンパスによる作図にはふさわしくない構造を持っているということである。ワンツェルはガロア群に精通していて、一八四五年には、いくつかの代数方程式が累乗根によって解けないことに対する新たな証明を導いた。その証明はルッフィーニとアーベルを踏襲しているが、より単純かつ明快なものとなっている。その導入部でワンツェルは次のように記している。

> ［アーベルの］証明は最終的には正しいが、あまりに複雑かつ漠然とした形で表現されているため、広く受け入れられてはいない。それより何年も前にルッフィーニが、……同じ問題をさらに漠然とした形で取り扱っている。……私は二人の数学者の研究を深く考察する中で、方程式論におけるこの重要な部分からあらゆる疑念を取り除けるような、厳密な形の証明へたどり着いた。

古代の問題で唯一取り残されたのが円の正方形化だったが、この問題は要するに、長さが正確にπに等しい線分を作図することに他ならない。それが不可能であることを証明するのは、実はもっとずっと難しかった。なぜか？　πは、不適切な次数の最小多項式を持つのでなく、最小多項式そのものを持たなかったからだ。有理数を係数とする代数方程式でπを根とするものは、存在しないのだ。πに好きなだけ近づけることはできるが、正確にπを導くことは決してできないのである。

一九世紀の数学者たちは、有理数と無理数の区別をもっと役に立つよう精密化できると考えた。無理数にはいくつもの種類がある。$\sqrt{2}$のような比較的〝素直な〟無理数は、分数、つまり有理数そのものとしては表現できないが、有理数を使って表現することならできる。有理数を係数とする方程式、この例であれば$x^2-2=0$を満たすということだ。このような数は、〝代数的数〟と名付けられた。

だが数学者たちは、代数的数とは違う、有理数との繋がりがもっとずっと間接的な無理数が原理的には存在するかもしれないことに気づいた。そうした数は、有理数の世界を超越しているのである。

第一の問題は、そのような〝超越数〟が実際に存在するかどうかであった。ギリシャ人たちはすべての数が有理数ではないかと考えていたが、ヒッパソスがその幻想を打ち壊したことで、激高したピタゴラスに彼は溺れさせられたと言い伝えられている（おそらく本当は、ピタゴラス学派から除名されただけだろう）。一九世紀の数学者たちも、すべての数が代数的数だなどと考えていると再び悲劇が起こるだろうことは分かっていたが、それでも何年ものあいだヒッパソスに相当する人物は現れなかった。すべきことはただ一つ、ある特定の実数――その最有力候補がπ――が代数的数でないことを証明することだった。しかし、割り算すればπ（あるいは何らかの数）を与えるような二つの整数の組が存在しないことを示し、πが無理数であることを証明するだけでも、相当難しい。ましてや、ある数が代数的数でないことを証明するには、仮想上の整数の組に代えて、あらゆる次数を持つすべての方程式を考え、そこから矛盾を導かなければならない。とんでもない話だ。

こうした事態を初めて大きく進展させたのは、一七六八年、ドイツ人数学者で天文学者のヨハン・ランベルト

ヨハン・ランベルト

であった。超越数に関する論文の中でランベルトは、πが無理数であることを証明し、その手法がその後の布石を敷いたのである。彼は、微積分の考え方、とくに〝積分〟の概念を大いに利用した（ある関数の積分とは、その変化率がもとの関数であるような関数のことだ）。ランベルトは、πがある分数と正確に等しいという前提から出発し、この目的のためだけに考案した、多項式だけでなく三角関数をも含む極めて複雑な積分を計算すればいいと考えた。その積分を計算するには、二つの異なる方法がある。一つは0という答を与える。そしてもう一つからは、答は0でないことが示される。

もしπが分数でないとしたら、どちらの方法も適用できないので何も問題は起こらない。しかしもしπが分数であれば、0は0と等しくないことになってしまう。とんでもない話だ。

ランベルトの証明は、詳細こそ専門的だが、その進め方だけでもいろいろなことを教えてくれる。まず初めにπをもっと単純な数と関連づける必要があるが、そこでは三角法が助けになる。次の問題は、もしπが有理数であれば何か困ったことが起こるような仕掛けを作ることだ。その際に、多項式と、そして積分をするという巧妙な考え方が役割を果たす。その後の証明は、積分を計算する二つの方法を比較して、それぞれ異なる答えを与えることを示すだけだ。この部分は面倒で難解だが、専門家にとっては朝飯前である。

ランベルトの証明は大きな一歩となったが、作図できる無理数などいくつもあって、中でも最も分かりやすいのが、辺の長さを1とする正方形の対角線として作図できる$\sqrt{2}$だ。したがって、πが無理数であることを証明しても、πが作図不可能であることを証明したことにはならない。ランベルトの証明は、πを表す正確な分数を見つけようとする努力はどれも無駄だ、という意味になるが、それは本来の目的とはまったく違うものだったのである。

ここで数学者たちは、かつてないジレンマに直面した。彼らは、代数的数と超越数の区別をこしらえ、それを重要なものと信じていた。しかし、そもそも超越数が存在するかどうかは分からなかった。実際的な観点から言えば、この区別は無意味なのかもしれなかったのだ。

ようやく一八四四年、超越数の存在が証明された。この大きな進展は、以前、ゴミの山の中からガロアの研究成果を救ったリューヴィルによってなされた。リューヴィルは、超越数を一つ作ることに成功したのである。それは

0.110001000000000000000001000……

という姿をしていて、1で区切られた0の列がどんどん長くなっていくというものだ。0のブロックの長さが急速に大きくなっていくというのが、重要なポイントである。

この種の数は〝ほぼ有理数〟である。0のブロックがあるために、有理数による極めて良い近似値を持つという意味だ。例えば、上に示した数は0が17個並んだ長いブロックを持っているので、それより左側の部分、つまり0.110001は、このリューヴィル数に対するかなり良い近似値（ランダムな小数と比較して）であることが分かる。そして0.110001は、あらゆる有限小数と同じく有理数で、110001/1000000に等しい。これは、小数点以下6桁どころか、23桁まで正確だ。次に現れる0でない数字は、小数点以下24桁目の1だからである。

リューヴィルは、有理数でないどんな代数的数も、分数によってかなり悪くしか近似できないことに気づいていた。そうした数は単に無理数であるだけでなく、その良い近似値を得るには非常に大きな数の分数を取らなければならないということだ。そこでリューヴィルはわざと、有理数によって極めて良く近似できるような数を定

義した。あまりに良く近似できるので、代数的数ではありえない。したがって、それは超越数であるはずだ。

この巧妙なアイデアに対して唯一批判できるとすれば、リューヴィル数は極めて人工的なものである。この数は、数学のどんな概念とも明確な結びつきを持たない。そして、有理数によってとても良く近似できるというだけの理由で、どこからともなく選び出された。そんな取るに足らないはずの数だが、唯一、超越数かもしれないという大きな特徴を持っているのだ。こうして数学者たちは、超越数が確かに存在することを知ったのである。

興味深い超越数が存在するかどうかというのはまた別の問題だが、少なくとも超越数の理論には何らかの中身があった。次にすべきは、それに興味深い中身を与えることだった。中でも重要なのが、πは超越数か、という問題だった。もしそうだとすれば、古くから続けられてきた円の正方形化の試みは崩れ去ることになる。作図可能な数はすべて代数的数であり、超越数はすべて作図不可能だ。したがって、もしπが超越数であれば、円の正方形化は不可能だということになる。

πがよく知られた数であるのは、円や球と関係があるからだ。だが、数学には他にも注目すべき数があって、中でも一番——もしかしたらπよりさらに——重要な数が、eと呼ばれるものだ。小数で表すと2.71828と近似でき、πと同じく無理数である。対数が誕生して間もない一六一八年に生まれたこの数は、複利預金において預金期間をどんどん短くしていった場合の利率を決定する。ライプニッツが一六九〇年にホイヘンスに宛てて書いた手紙の中では、bと記されていた。eという記号は一七二七年にオイラーが導入し、一七三六年に出版された彼の著書『力学』の中で活字となった。

オイラーは、複素数を用いることでeとπの驚くべき関係を発見した。彼が証明した$e^{i\pi}=-1$という式は、数学の中でも最も美しい公式とされている（この公式は直観的に説明できるが、それには微分方程式が必要となる）。

リューヴィルの発見から、πが超越数であることの証明に至る次のステップまでには、さらに二九年の年月がかかった。それはeに関する発見であった。一八七三年にフランス人数学者のシャルル・エルミートが、eは超越数であることを証明したのである。エルミートの経歴はガロアと驚くほど似ていて、彼はルイ＝ル＝グランへ通い、リシャールに師事し、5次方程式が解けないことを証明しようとして、エコール・ポリテクニークで勉強したいと望んだ。だがガロアと違い、彼は首の皮一枚で合格した。

エルミートのもとで学んだ有名な数学者のアンリ・ポアンカレは、エルミートの思考は奇妙な形で働いていたと言っている。「エルミートを論理的人間と呼ぶこと！　この言葉以上に真実と相反することはないと、私は思う。解法は決まって、彼の頭の中から何か謎めいた形で生まれてくるように思えた」。この独特さは、eが超越数であることを証明する際にもうまく働いた。その証明は、ランベルトによるπが無理数であることの証明を巧妙に一般化したものだった。やはり微積分法を使い、積分を二通りで計算し、もしeが代数的数であれば、一方が0でもう一方が0でないというように答が食い違う。中でも難しいのは、目的にふさわしい積分を見つけることだった。

シャルル・エルミート

実際の証明は活字にして二ページほどだが、これは何とも驚くべき二ページだ。あなたが一生涯探しても、これほどまでにふさわしい積分を見つけることはできないだろう。

eという数は、数学という学問の中である意味〝自然な〟存在である。数学の至る所に姿を現し、複素解析や微分方程式論では絶対不可欠だ。エルミートは、πの問題こそ攻略できなかったものの、少なくともリューヴィルによるかなり人工的な例を改良した。そうして数学者たちは、ありふれた数学演算によって、実は超越数であるかなりの数を生み出せることを知った。そして間もなく一人の人物が、エルミートのアイデアを使って、その一つがπであることを証明する。

カール・ルーイ・フェルディナント・フォン・リンデマンは、一八五二年、語学教師のフェルディナント・リンデマンとその学校の校長の娘エミリエ・クルシウスの間に生まれた。その後フェルディナントは仕事を変え、ガス製造所の管理者となった。

一九世紀後半の多くの学生と同じく、息子リンデマンも、ゲッティンゲン、エルランゲン、ミュンヘンといくつもの大学を渡り歩いた。エルランゲンでは、フェリックス・クラインの指導のもと、非ユークリッド幾何学の研究により博士号を取得した。続いてオックスフォードやケンブリッジへ行き、その後パリへ渡ってエルミートと出会った。一八七九年に大学教員資格を取ると、フライブルク大学の教授となった。その四年後、リンデマンはケーニヒスベルク大学へ移り、教師の娘で女優のエリーザベト・キュスナーと出会って結婚した。そして一〇年後にはミュンヘン大学の正教授となった。

カール・ルーイ・フェルディナント・フォン・リンデマン

パリ滞在ののち、ケーニヒスベルクへ赴任する前の一八八二年にリンデマンは、エルミートの手法をどのように拡張すればπが超越数であることを証明できるのかを見いだして名を上げた。歴史家の中には、リンデマンは幸運だっただけで、エルミートの壮大なアイデアを適切に拡張する方法をたまたま見つけた凡人にすぎなかったという者もいる。しかし、かつてゴルファーのゲーリー・プレーヤーが言ったように、「いいプレーをすればするほど、それだけ運が付いてくる」ものだ。きっとリンデマンの場合もそうだったのだろう。誰でも運を掴めていたとしたら、どうしてエルミートではなかったというのか？

のちにリンデマンは数理物理学へ転向し、電子に関する研究をおこなった。彼の研究生で最も有名となったのが、ダーフィト・ヒルベルトである。

リンデマンによるπが超越数であることの証明には、ランベルトが切り開いてエルミートが発展させた手法が使われた。すなわち、適切な積分を書き出し、それを二通りの方法で計算して、もしπが代数的数であれば答が食い違う、というものだ。用いられた積分はエルミートのものとかなり密接に関係していたが、もっとずっと複雑だった。ところで、eとπはオイラーの発見した美しい関係によって結びついている。もしπが代数的数であったとしたら、eは、代数的数と似てはいるがそれとは違うという、かつてない驚くべき性質を持っていなければならないところだった。リンデマンの証明で中心的な役割を果たしているのは、πではなくeである。

数学史におけるこの一幕は、リンデマンの証明によって初めて意義深い結論へ到達した。円の正方形化が不可能であることなど、露払いでしかなかった。もっとずっと重要なのは、それはなぜかを理解することだったのだ。そうして数学者たちは超越数の理論を発展させられるようになり、いまではそれは、活発に研究される、そして極めて難解な分野となっている。超越数に関する一見当たり前でもっともらしい予想でさえ、その多くがいまだに解決されていないのだ。

すでにアーベルとガロアの洞察によって理論武装できているので、正多角形を作図するという問題について再び考えることができる。nがいくつのときに、正n角形は直定規とコンパスで作図できるのか？　その答は驚くべきものだ。

ガウスは『整数論』の中で整数nの必要十分条件を挙げているが、証明を与えたのは十分条件の方だけだった。それが必要条件でもあることを証明していると主張はしたが、彼の多くの研究成果と同じく、それは決して発表されなかった。ガウスは実際にその証明の厄介な部分を完成させていたが、証明に欠けていた細部は、ワンツェルが一八三七年の論文で埋め合わせたのだった。

ガウスの結果について考えるきっかけとして、正一七角形について簡単に振り返っておこう。正一七角形が作図可能であるためには、一七という数がどんな性質を持っていなければならないのか？　なぜその性質は、一一や一三といった数には当てはまらないのか？

これら三つの数はどれも素数である。簡単に示せるように、もし正n角形が作図可能であれば、nを割り切る素数をpとして、すべてのpについて正p角形もまた作図可能である。頂点をn/pおきに取っていけばいいからだ。例えば、正一五角形の頂点を三つおきに取っていくと正五角形ができる。そこで、まず辺の数が素数であるような正多角形について考え、その素数に対する結果を使って完全な答えに近づいていくのがうまいやり方だろう。

一七は素数なので、出発点としてふさわしい。ガウスがこの問題を解析する上で土台としたのは、現代風に定式化しなおすと、方程式$x^{17}-1=0$の解が複素平面上で正一七角形の頂点を形作るという事実である。この方程式は、一つ自明な根として$x=1$を持つ。残り一六個は16次多項式の根であり、それは$x^{16}+x^{15}+x^{14}+\cdots\cdots+x^2+x+1=0$と表される。正一七角形は一連の2次方程式を解くことで作図できるが、実はそれは、16が2の累乗、すなわち2^4だからなのだ。

もっと一般的にいうと、同様の議論から、pを奇素数として正p角形が作図可能であるのは、$p-1$が2の累乗の場合だけである。このような奇素数は、フェルマーが初めて研究したことからフェルマー素数と呼ばれている。ギリシャ人たちは、正三角形と正五角形の作図法を知っていた。$3-1=2$も$5-1=4$も2の累乗だ。つまり、ギリシャ人の得た結果はガウスの判定基準に合致していて、3と5が初めの二つのフェルマー素数である。一方、

$7-1=6$は2の累乗でないので、正七角形は作図不可能ということになる。

ここからもう少し論を進めれば、ガウスの得た結果にたどり着ける。すなわち、正n角形が作図可能なのは、nが2の累乗である場合か、もしくは、2の累乗と、一つあるいは互いに異なる複数のフェルマー素数との積の場合だけである、ということだ。

ここで、フェルマー素数にはどんなものがあるのかという疑問が残る。3と5に続くのは、ガウスが発見した17だ。次は257で、その次はかなり大きくなって65537。フェルマー素数として現在知られているのはこれだけである。これ以上フェルマー素数が存在しないことも、逆に存在することも、証明されてはいない。言えるのは、人類が未だ知らない巨大なフェルマー素数がもしかしたら存在するかもしれない、ということだけだ。現在の知識では、その数は少なくとも$2^{33554432}+1$で、実はこれが次のフェルマー素数なのかもしれない（33554432という指数自体が2の累乗である（2^{25}）。知られているフェルマー素数はすべて、2の（2の累乗）乗＋1という形をしている）。これは一〇〇〇万桁以上の数だ。せっかくガウスが大発見を成し遂げたというのに、どの正多角形が作図可能なのかいまだ完全には分かっていない。それを解き明かすために欠けている知識は、とても大きいフェルマー素数が存在するかどうかだけなのだ。

ガウスは、正一七角形が作図可能であることを証明したものの、その作図法を実際に示すことはなかった。ただ、

$$\frac{1}{16}\left[-1+\sqrt{17}+\sqrt{34-2\sqrt{17}}+\sqrt{68+12\sqrt{17}-16\sqrt{34+2\sqrt{17}}-2(1-\sqrt{17})(\sqrt{34-2\sqrt{17}})}\right]$$

（ガウスによる正一七角形の作図法を決定する式）

の長さの線分を作図することが重要なポイントだとは述べている。

平方根は必ず作図できるので、この驚くべき数には正一七角形の作図法が暗に示されていることになる。その作図法を初めて明確に示したのは、一八〇三年、ウルリッヒ・フォン・フゲニンだった。そして一八九三年には、H・W・リッチモンドがもっと簡単な作図法を発見した。

一八三二年にF・J・リヒェロットが、正二五七角形の作図法を論じた一連の論文を発表した。タイトルは『代数方程式$x^{257}=1$の解について、あるいは、角の二等分を七回繰り返すことにより円周を二五七の等しい円弧へ分割することについて』。その多角形の辺の数よりも印象的な題名である。

真偽の程は疑わしいが、正六五五三七角形の作図法を博士論文のテーマとして与えられた、ある熱心すぎる大学院生が、二〇年後にその答えを携えて再び姿を現したという噂がある。事実もまた、これに負けず劣らず奇っ怪だ。リンゲン大学のJ・ヘルメスが一〇年を掛けてその作図法に取り組んで一八九四年に完成させ、その成果は発表されることなくゲッティンゲン大学に保管されている。しかし皮肉なことに、現代になってその論文に目を通したただ一人の数学者であるジョン・ホートン・コンウェイは、その結果が間違っているのではないかと疑っているという。

第9章

酔っぱらいの破壊者

ウィリアム・ローワン・ハミルトンは、アイルランドが生んだ最も偉大な数学者である。彼は一八〇五年八月三日から四日へ日付が変わる瞬間に生まれ、どちらを自分の誕生日とするかずっと決められなかった。たいていは三日としていたが、晩年になって感情的な理由から四日に変えたため、墓石にはその日付が刻まれている。ハミルトンは言語学に秀で、数学の天才で、そして酒浸りだった。彼は3次元の代数学を作り上げようと乗り出したが、一瞬の閃きから代わりに4次元の代数学に甘んじなければならないことを悟り、橋に公式を刻み込んだのだった。そして、代数学、空間、時間に対する我々の見方を永遠に様変わりさせたのである。

ウィリアム・ローワン・ハミルトン

ウィリアムは、商才にも長ける法律家のアーチボルト・ハミルトンの三男として、裕福な家庭に生まれた。ウィリアムにはエリザという姉がいた。父親は三男だけを特別かわいがったので、しばらくは彼もいい思いをしていたが、やがてばつの悪さを募らせるようになった。アーチボルトは言いたいことをはっきりと言い、知性が高く、信仰心が厚い人物で、そうしたおもだった性格と、そして何より酒好きを、一番下の息子のウィリアムに受け継がせた。学者一家の出身であるウィリアムの母親サラ・ハットンは夫よりさらに聡明だったが、彼女が若きウィリアムへ与えた遺伝子以外の影響は、少年が三歳のとき父親に、叔父のジェームズのところで勉強していて、こいと家を追い出されたときに途切れてしまった。補助司祭であったジェームズはもろもろの言語に長けていて、そんな彼の興味がウィリアムの教育を方向づけたのだった。

その結果は、確かに目覚ましいがあまりに偏ったものだった。ウィリアムは五歳までに、ギリシャ語、ラテン語、ヘブライ語を使いこなせるようになった。八歳にはフランス語とイタリア語も話せるようになった。その二年後にはアラビア語とサンスクリット語、さらにペルシャ語、アラビア語のシリア方言、ヒンズー語、マレー語、マラーティー語、ベンガル語を習得した。ジェームズは少年に中国語も教えようとしたが、適当な教科書がなく諦めた。ジェームズは、「ウィリアムのためにロンドンからあれこれ取り寄せるには大金がかかるが、それだけの価値があってほしい」と言っていた。数学者で歴史学者〝気取り〟(そう呼ぶのは、話の筋を通すためなら都合の悪い事実を無視してしまうからだ)のエリック・テンプル・ベル(E・T・ベルのことで、『数学をつくった人びと』(早川書房)の著者)は、「いったい何のためだったのか」と疑問を呈している。

科学や数学にとっては幸いなことに、ウィリアムは、アメリカ人の計算の天才ゼラー・コルバーンと出会ったとき、世界中の何千という言語を次々に極めていくという人生から救われた。コルバーンは人間電卓とも言える不思議な人間で、計算を素早く正確におこなう才能を持っていた。彼に「1,860,867の立方根は?」と尋ねれば、一息つく間もなく「123」と答えたに違いない。

単語の綴りがうまくても優れた作家になれるわけではないのと同じように、こうした才能は数学の能力とは別物だ。ノートや原稿に大規模な計算を無数に残したガウスを除けば、偉大な数学者で、しかも電光石火で計算ができた者はほとんどいない。確かにほとんどの数学者は、当時としては計算能力に長けてはいたが、公認会計士に優るほどではなかった。今日でもコンピュータが、紙と鉛筆による計算、あるいは頭の中でおこなう計算に完全に取って代わっているわけではない。手で計算したり記号をあちこち動かしたりすることで問題の答えを見通せるようになることも、よくあるものだ。だが、ほとんどが数学者によって作られた適切なソフトを手に入れれば、一時間も練習するだけで誰でもコルバーンに勝つことができる。

しかし、そんなことをしてもガウスに近づくことはできない。

コルバーンは、自分が使う小手先の技や便法の理屈を完全には理解しておらず、もっぱら丸暗記に頼っていることを自覚していた。彼がハミルトンと接触したのは、若き天才ならそれら謎めいた手法に光を当ててくれるのではないかと期待したからだった。ウィリアムはその期待に応え、さらに発展までさせた。コルバーンが去るまでにハミルトンは、自らの驚くべき頭脳にふさわしいテーマを見つけていたのだった。

一七歳までにハミルトンは、数学界の偉人たちの著作を数多く読み、また数理天文学を十分に身につけて日食の継続時間を計算できるまでになった。いまだ数学より古典に多くの時間を割いていたが、本当に熱中するのは数学のほうになっていた。そんな彼が、やがて新たな発見をおこなう。ガウスが一九歳で正一七角形の作図法を発見したように、若きハミルトンもまた、力学と光学の類似性――数学的同一性――という空前無比の大発見を成し遂げたのだ。彼ははじめこのアイデアを暗号にして姉のエリザへ送ったが、のちにいとこのアーサーへ送った手紙から、その内容についてはかなりのことが分かる。

それは驚くべき発見だった。力学は運動する物体の学問であって、放物線を描いて飛んでいく砲弾、規則的に往復運動する振り子、あるいは太陽の周りを楕円を描いて動く惑星といったものを扱う。光学は、光線の幾何、反射や屈折、虹やプリズム、そして望遠鏡のレンズに関する学問である。この二つが関連しているというだけでも驚きなのに、同じというのはまさに信じられないことなのだ。

だが、確かにそうなのだ。そしてこの同一性からは、今日の数学者や数理物理学者が力学や光学だけでなく量子力学にまで使っている、ある形式的な道具が生まれた。ハミルトン形式である。その大きな特徴は、ある力学系の運動方程式を、現在ではハミルトニアンと呼ばれている、総エネルギーというたった一つの量から導けることだ。その導かれた方程式には、系の各部分の位置だけでなく、それがどれだけの速さで運動しているか、すなわち系の運動量も含まれる。しかもその方程式は、座標系の選び方に左右されないという美しい性質を持っている。少なくとも数学においては、美は真だ。そしてこの物理学は、美でも真でもあるのだ。

幼い頃からそのたぐいまれな才能を広く認められたという点で言えば、ハミルトンはアーベルやガロアより幸運だった。それを考えると、一八二三年にアイルランド随一の大学であるトリニティー・カレッジ・ダブリンへの入学を認められたのも、その一〇〇人の志願者の中で一番だったのも、驚くことではなかった。トリニティーでハミルトンは、あらゆる賞を総なめにした。そして何より重要なことに、彼は光学に関する名著の第一巻を書き上げた。

一八二五年春にハミルトンは、キャサリーヌ・ディズニーという女性の魅力に気づいた。しかし彼は浅はかにも、その思いを詩の中にだけ閉じ込めてしまったため、彼女はやがて、一五歳年上で、女性に対して言葉でなく直接アプローチする裕福な聖職者と結婚してしまった。ハミルトンは打ちひしがれ、敬虔な信者だというのに、大罪である入水自殺を図ろうかとも考えた。だが思いとどまり、その失望を別の詩に託すことで慰めを得たのだった。

ハミルトンは詩を愛し、友人には名だたる文学者もいた。ウィリアム・ワーズワースとは親友になり、また、サミュエル・テイラー・コールリッジなどさまざまな作家や詩人とも付き合った。ワーズワースはハミルトンに、君の才能は詩の世界にあるのではないと穏やかに諭した。「君がくれた詩のシャワーを、僕は喜んで受け取った……でも、それで君が科学の道から外れてしまいはしないか恐れている……あえて君の考えに任せよう。君の本性の中で詩的な部分が、散文の世界の中にもっとふさわしい場所を見つけないかどうか……」。

ハミルトンは、自分にとって真の詩は数学であると答え、賢明にも科学へと身を翻した。一八二七年、まだ大学生のうちに彼は、クロインの主教となるために辞職するジョン・ブリンクレーの後任として、トリニティーの天文学教授へ全会一致で選出された。手始めにハミルトンは、光学に関する著書を出版した。ほぼあらゆる天文観測装置の設計において基礎となる、天文学者にとってまさに重要な分野である。

力学との繋がりは、未完成な形で示されただけだった。この本の中心テーマは、いわば光線の幾何、すなわち、鏡で反射したりレンズで屈折したりするとどのように向きを変えるかだった。〝光線光学〟はのちに、光を波動として考える〝波動光学〟へ道を譲る。波動はさまざまな特別な性質を持っているが、その中でも際立っているのが回折だ。波動どうしが干渉すると、投影像の縁がぼやけたり、光が物体の角を曲がってくるように見えたりすることもある。いずれも、単なる光線にはできない芸当である。

光線の幾何は新しいテーマではなく、フェルマーや、さらにはギリシャの哲学者アリストテレスといった初期の数学者によって詳細に研究されていた。しかしハミルトンは、ルジャンドルがまさに力学において成し遂げたこと、つまり幾何学を排して代数学と解析学に置き換えることを、光学に対しておこなった。要するに、図に基づく明らかに幾何学的な論証を、記号を用いた計算に取って代わらせたのである。

これは大きな進歩だ。不正確な図が厳密な解析に置き換えられたからだ。のちの数学者たちは、ハミルトンの歩んだ道を逆にたどり、視覚的な考え方を再び導入しようと奮闘する。しかしそれまでに、形式的な代数学的立場は、数学的思考の中心として、もっと視覚的な論証と自然に相容れるものとなっていた。形式という歯車は一周して元に戻ったことになるが、螺旋階段のように一つ上のレベルへたどり着いたわけである。

ハミルトンは光学に対して、統合化という大きな貢献を果たした。すでに知られていたさまざまな結果を集め、それらをすべて一つの基本的な手法へ還元したのだ。そして光線の系の代わりとして、その系の〝特性関数〟という一つの量を導入した。それによって、どんな光学的配置でもたった一つの方程式で表現できるようになった。さらに、この方程式はどれも同じ手法で解くことができ、光線の系とその振る舞いを完全に記述してくれる。その手法は、たった一つの基本原理に基づいている。すなわち、鏡やプリズムやレンズから構成されるどんな系を通過する光線も、最終地点に最短時間で到達できるような経路を取る、という原理だ。

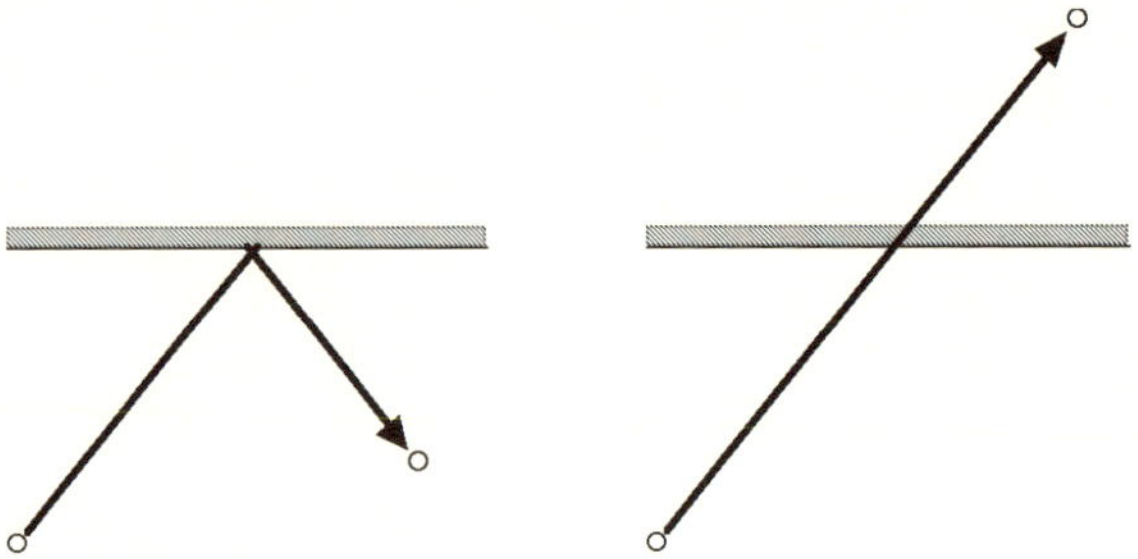

最短時間の原理から反射の法則を導く

フェルマーはすでにこの原理をいくつか特別な場合において発見していて、それを最短時間の原理と呼んでいた。最も分かりやすい例が、光が平面鏡で反射する場合だ。左側の図は、光線がある一点から出て鏡で反射し、第二の点に到達する様を表している。光学の歴史の初期になされた大発見の一つが、反射の法則という、光線の二つの部分は鏡と等しい角度をなすというものである。

フェルマーは、ある巧みな芸当を思いついた。右側の図のように、光線の第二の部分と到達点を鏡で折り返すというものだ。ユークリッド幾何学ゆえ、〝角が等しい〟という条件はこの折り返した図でも変わることがなく、出発点から到達点までは直線となる。そしてユークリッドは、二つの点を結ぶ最短経路は直線であることを証明していた。空気中での光速度は一定なので、最短経路は最短時間と同じだ。折り返しを〝元に戻して〟左側の図に戻しても、同じことが成り立つ。つまり論理的に言って、角度が等しいという条件は、光線が出発点から到達点まで、途中で鏡に当たりつつも最短時間で到達することと同等なのである。

それに関連した原理であるスネルの屈折の法則は、光線が空気中から水中へ、あるいはある媒質から別の媒質へ入るときにどのように屈折するかを教えてくれる。光が空気中より水中において遅く伝わることを考えに入れれば、この法則も同様の方法によって導ける。ハミルトンはさらに突き詰めて、この最短時間の原理はあらゆる光学系に当てはまると断言し、その考え方を特性関数というたった一つの数学的対象として捉えたのである。

その数学自体が驚くべきものだったが、ハミルトンの手によって、まもなく実験的にも成果を上げた。自らの手法に基づくと、一本の光線がある適当な結晶に当たると円錐状の光線が作られる、〝円錐屈折〟という現象が予想されることに、ハミルトンは気づいたのだ。光学に携わる誰もを驚かせたこの予想は、一八三二年にハンフリー・ロイドによって、アラゴナイトという鉱物の結晶を使って劇的に証明された。一夜にしてハミルトンは、科学界の有名人となったのである。

一八三〇年になるとハミルトンは、そろそろ身を落ち着けようと、エレン・デ・ヴェレという女性との結婚を考えるようになり、ワーズワースには「彼女の心に夢中だ」と言っていた。しかしハミルトンはまたも詩を贈ることばかりに訴え、いよいよプロポーズしようとすると、故郷のクラーグを離れることはできないと彼女に言われた。ハミルトンはうまい言い訳だと解釈したが、それは正しかったのかもしれない。一年後、エレンは別の人と結婚して引っ越していったからである。

結局ハミルトンは、天文台の近くに住むヘレン・ベイリーと結婚した。彼はヘレンのことを「ぜんぜん賢くない」と書き記している。新婚旅行は散々だった。ハミルトンは光学の研究を続け、ヘレンは病で床に伏していたからだ。一八三四年に、息子のウィリアム・エドウィンが生まれた。しかしその後ヘレンは、ほぼ一年中家を空けるようになった。二人目の息子アーチボルド・ヘンリーが一八三五年に生まれたが、結婚生活は崩壊していった。

後世の人々は、ハミルトンの見いだした力学と光学との類似性を、彼の最大の発見と捉えている。だが彼自身は、自分の名声はまったく違うもの、すなわち4元数のために取っておこうという思いに死ぬまで取り憑かれていた。

4元数は、複素数と密接に関係した代数構造である。ハミルトンは、それが物理学の核心へたどり着く鍵になると考え、晩年にはさらに、それはほぼ万物の鍵を握っていると信じた。だが歴史はそれを否定したらしく、次の世紀になると4元数は人々の頭から徐々に消え、抽象代数の中でも重要な応用法をほとんど持たないものとして、発展から取り残されていった。

しかし最近になって、4元数は再び復活を見せている。ハミルトンの期待には決して応えられていないが、意義深い数学的構造の源としてますます重要視されている。実は4元数はとても特別な代物であって、現代の物理理論が求めていたとおりのものだったのだ。

4元数が初めて発見されたとき、それは代数学に大革命を引き起こした。代数学の重要な規則を一つ破ったからである。それから二〇年のうちに、代数学のほぼあらゆる規則が順々に破られていき、ときには大きな恵みがもたらされ、ときには不毛な行き詰まりへと導かれていった。一八五〇年代中頃の数学者が侵すべからずものと考えていた規則の数々は、実は代数学者の人生をシンプルにするための単なる便宜上の前提であって、より深遠な数学の要求に必ずしも応えるものではなかったのである。

ガロア以後の華やかな世界では、代数学はもはや、単に方程式の中で数の記号を扱うだけのものではなくなっていた。数だけでなく、過程、変換、対称変換といった、方程式の深遠な構造を扱うものとなったのだ。こうした根本的な変化は、数学の姿を一変させた。数学を、より抽象的、より一般的で強力なものにした。そして数学全体が、奇妙でときに不可解な美を手にしたのである。

ルネッサンス期のボローニャの数学者たちが、−1も意味のある平方根を持ちうるのではないかと考えるようになるまで、数学に登場する数はすべてただ一つの体系に含まれていた。今日でも、数学と現実との関係について昔から綿々と続く混乱の名残として、この体系は〝実数〟と呼ばれている。残念な呼び名だ。まるで、それらの数は宇宙の織物に何らかの形で含まれているものであって、それを理解するために人間が作り出したのではないかのような名前だからだ。実際にはそうではない。過去一五〇年にわたって人間の創造力が作り出してきた他の〝数体系〟より、実数のほうがより現実的だということはない。しかし、新たな体系の大半と比べれば、現実とより直接的な関係にはある。測定を理想化した概念と、極めて密接に関係しているということだ。

　実数とは、要するに小数のことである。小数という表記法そのものは計算に適した便利な方法でしかなく、ここでは、小数の持つもっと奥深い性質のことを指している。実数は、もっと単純で何ということのない祖先から生まれた。初めに人類は、0，1，2，3，4、……という〝自然数〟の体系へと、つまずきながらも近づいていった。〝つまずきながら〟と言ったのは、古代、これらの数のうち多くが数とは認められていなかったからだ。一時期、古代ギリシャ人たちは、2はあまりに小さいので〝多数性〟としてはふさわしくないとして、数と認めようとしなかった。そして数は3から始まるとしていた。やがて2も3、4、5と同様に数として認めたが、次は1を認めることにためらった。〝何頭かの牛〟を持っていると言い張る人物が、実は一頭の牛しか持っていなかったら、その人は誇大表現をしたとして非難された。〝数〟は当然ながら〝複数性〟を意味するとされていて、単数性は除外されていたのである。

　だが記数体系が編み出されると、1ももっと大きな数と同じく計算体系の一部であることが当然と見なされるようになった。こうして1も、極めて小さい特別なものではあるが、一つの数になった。数は1から始まるので、ある意味1は最も重要な数だった。1をいくつも足し合わせればどんな数でも作ることができて、実際、一時期の記数法は、〝7〟をそのまま七本の線として|||||||のように記すものであった。

　時が下り、インドの数学者たちは、1の前にもっと重要な数があることに気づいた。結局1は、数の出発点ではなかった。数は0から始まったのだ。さらにその後、負の数、つまり〝無より小さい〟数を一緒にすると役に立つことが分かった。こうして負の整数が体系に取り込まれ、人類は、……、−3、−2、−1、0、1、2、3、……と続く整数を考え出した。しかしそれで終わりではなかった。

問題は、役に立つ量の多くを整数では表現できないことだった。例えば穀物農家なら、1袋と2袋のあいだの量を表したいと思うかもしれない。もし二つの中間なら、$1\frac{1}{2}$袋ということになる。もう少し少なければ$1\frac{1}{3}$袋、もう少し多ければ$1\frac{2}{3}$袋かもしれない。こうして、さまざまな形で表記される分数が考案された。分数が整数と整数のあいだに挟み込まれたのだ。バビロニア人の算術に関して説明したように、十分に複雑な分数を使えば、整数に空いた隙間を細かく埋めていくことができる。そして当然ながら、どんな量も分数で表現できると考えられていた。

ここでピタゴラスと、彼の名を冠した定理が登場する。その定理から直接導かれる結論として、一辺の長さが1である正方形の対角線の長さは、2乗すると2に等しくなる。つまり、その対角線は2の平方根に等しい長さを持つ。正方形を書けばもちろん対角線が存在し、その対角線は長さを持っているはずだから、そのような数は存在しなければおかしい。だがヒッパサスが気づいて後悔したように、2の平方根が何であれ、それは正確な分数ではありえない。整数比では表せないのだ。こうして、分数の体系に空いた見えざる隙間を埋めるために、さらに多くの数が必要となったのである。

やがて、こうした流れは終わったかに思われた。ギリシャ人たちは数による体系を捨てて幾何学を奉じていたが、そんな中の一五八五年、フランドルのブルージュに住むシモン・ステヴィンという名の数学者兼技士が、ウィレム一世に、息子であるナッサウのマウリッツの個人教師として任命された。そして、堤防検査官、陸軍の主計総監、大蔵大臣へと出世した。これらの職務、とりわけ最後の二つによって彼は適切な簿記の必要性を痛感し、イタリアの書記システムを借用した。さらに彼は、インド＝アラビアの位取り記数法が持つ融通性と、バビロニアの60進法が持つ正確さを兼ね備えた分数の表現法を探し、バビロニアの60進法に似た10進法を思いついた。それが小数である。

ステヴィンは、この新たな記数体系を小論として発表した。彼はこの小論を売り込むために抜かりなく、「このアイデアを徹底的に試した実務者たちは、それがあまりに有用であることを知り、自分たちの考案した便法を進んで放棄してこの新たな手法を採り入れた」という文章を含めた。さらに、「この10進体系は、実務で出くわすあらゆる計算を、分数の助けを借りることなく整数だけでおこなう方法を教えてくれる」とも主張した。

ステヴィンの記数法は現代のように小数点を使うものではなかったが、それと直接に関係してはいる。我々が3.1416と書くところ、ステヴィンは3⓪1①4②1③6④と書いたのだ。⓪という記号は整数を、①は10分の1を、②は100分の1を指し示している。人々がこの体系に慣れると、①や②などは省かれるようになり、⓪だけが残った。そしてこれが小数点へ姿を変えたのである。

2の平方根を実際に小数で書き下すのは、どこかでやめようとしない限り不可能だ。また、$\frac{1}{3}$という分数を小数で書き出すこともやはり無理だ。$\frac{1}{3}$は0・33に近いが、0・333にはもっと近く、0・3333にはさらに近い。その〝正確な表現〟を得るには、3が無限に続く様を受け入れなければならない。しかしもしそれが受け入れられるなら、原理的には2の平方根も正確に書き下せるはずだ。その数字の並びにはっきりしたパターンはないが、十分な桁数を取れば、2乗して2に好きなだけ近くなるような数を得ることができる。そして概念上は、すべての桁を取れば、2乗して正確に2になる数が得られることになる。

〝無限小数〟を受け入れることで、実数体系は完成した。それによって、実務家や数学者が必要とする数を好きな精度で表現できるようになった。そして、考えうるあらゆる測定結果を小数として表せるようになった。負の数が役に立つときも、小数体系ではそれを容易に扱うことができた。だが、それ以外の種類の数はおそらく必要なかった。埋めるべき隙間はもうなかったのである。

ところがそうではなかった。

カルダーノの導いたあの忌まわしい3次方程式の公式が何かを語りかけてきているようだったが、何であれそれはひどく曖昧模糊としたものだった。根が分かっているような、一見したところ当たり障りのない3次方程式から出発しても、この公式からその答えがはっきりとは出てこなかった。その代わり、複雑な値の立方根を必要とする複雑な方法が示され、その複雑な値を得るには、負の数の平方根を取るという不可能なことが要求された。ピタゴラス学派の人々は2の平方根を無視したが、負の数の平方根はそれよりさらに不可解なものだった。

−1の平方根に意味を持たせられるかどうかという可能性は、何百年ものあいだ数学者たちの意識に上っては消えていた。しかし誰一人として、そうした数が存在するかどうかについて、何一つ考えにはたどり着かなかった。そんな彼らも、そういった数がもし存在すれば、それは極めて役に立つだろうと気づくようにはなってきた。

ジョン・ウォリス

初めのうちそうした〝虚〟の量には、答えを持たない問題を記述するというたった一つの使い途しかなかった。2乗して−1になる数を見つけたいと思っても、〝−1の平方根〟という形式的な解は実在しない虚であって、したがってこれには答えは存在しない。他ならぬルネ・デカルトは、まさにこの点を力説した。一六三七年に彼は〝実数〟と〝虚数〟を区別し、虚数が導かれることは解が存在しないことを指し示していると主張したのだ。ニュートンもまた同じことを言った。だがどちらの偉人も、何世紀も前に虚数が解の存在を指し示すことに気づいたボンベリのことは、念頭になかった。しかし、解が存在することを指し示すシグナルは、容易に解読できるものではない。

一六三七年、ケント州にある私の故郷から一五マイルほど離れたアシュフォード出身のイギリス人数学者ジョン・ウォリスが、あるとん

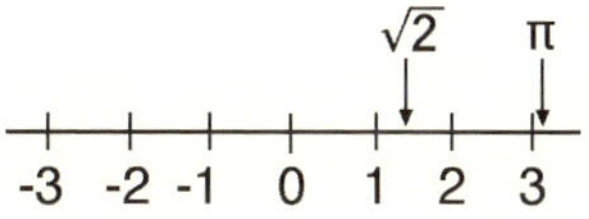

実数直線

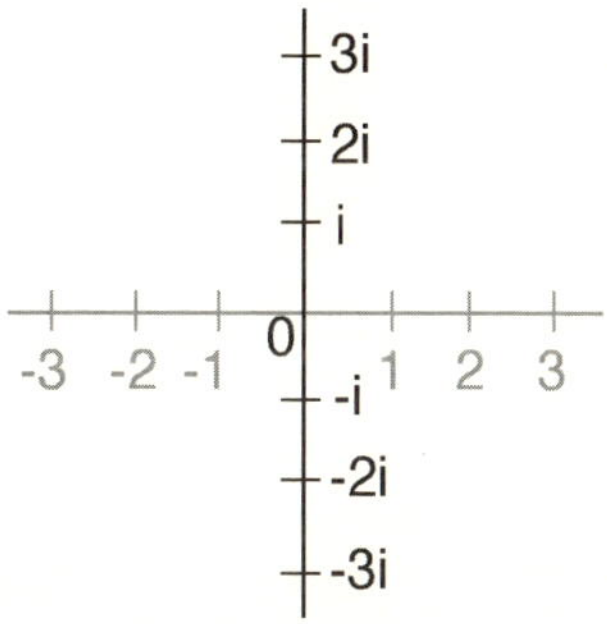

互いに垂直に置いた2本の数直線

でもない大発見をした。虚数、そして実数と虚数を組み合わせた〝複素数〟を平面上の点として表現する、単純な方法を発見したのだ。その第一段階は、今では馴染み深い実数の〝数直線〟、すなわち両方向に無限に伸びた定規のようなもので、中心に0、右側に正の実数、左側に負の実数が並んだものである。

どんな実数も、この数直線上に位置づけることができる。小数点以下の桁数が増えるにつれ、1単位の長さを10分の1、100分の1、1000分の1と等分していかなければならないが、それは問題ではない。$\sqrt{2}$といった数も、1と2のあいだ、1・5の少し左に、好きなだけ正確に置くことができる。πは3の少し右である。

だが、$\sqrt{-1}$はどこに来るのだろうか? 実数直線上には居場所はない。正でも負でもないので、0の右側でも左側でもありえないのだ。

そこでウォリスは、それを別のところに置いた。iの倍数である虚数を含む第二の数直線を導入し、それを実数直線と直角に引いたのだ。まさに〝垂直思考〟である。

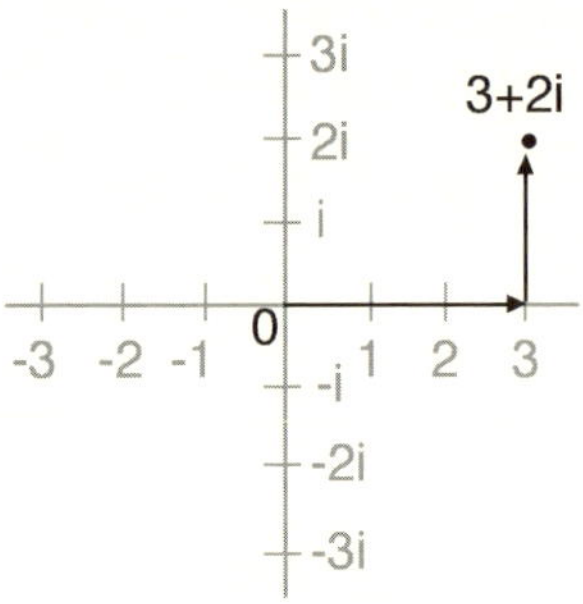

ウォリスによる複素平面

実数と虚数の二つの数直線は、0で交わる。至極簡単に証明できるように、虚数に意味を持たせるには$0 \times i = 0$でなければならず、実数直線と虚数直線の原点は一致するからだ。

複素数は、実部と虚部という二つの部分からできている。ウォリスは、この数を平面上に位置づけるには、水平の〝実軸〟上を実部のぶんだけ進み、そこから垂直に、つまり虚軸と平行に虚部のぶんだけ進めればいいと説いた。

この提案によって、虚数や複素数を意味づけるという問題は完全に解決された。単純だが明白で、まさに天才のなせる業だった。

だがそれは完全に無視された。

人々には認められなかったが、ウォリスの大発見は数学者の意識に浸透していったに違いない。複素数直線というものは存在せず、複素平面が存在するのだという、ウォリスの基本的なアイデアと直接結びついた描像を、数学者たちは無意識に使いはじめたからである。

数学の目的が広がるにつれ、数学者たちはますます複雑なものを計算しようと試みるようになった。一七〇二年、ある微積分の問題を解こうとしていたヨハン・ベルヌーイは、複素数の対数を求める必要性に気づいた。その後一七一二年まで、ベルヌーイとライプニッツが、負の数の対数とは何かという重要な問題を巡って論争を繰り広げた。もしそれが解決されれば、複素数の対数を求めることができる。ある数の平方根の対数はもとの数の対数の半分なので、iの対数は−1の対数の半分ということになる。だが、−1の対数とは何なのか？

単純な問題だった。ライプニッツは、−1の対数は複素数であるはずだと信じていた。ベルヌーイは、実数に違いないと言った。ちょっとした微積分の計算がベルヌーイの主張の根拠だったが、ライプニッツは、その手法も答えも意味がないと反論した。そして一七四九年にオイラーがライプニッツに有利な判定を下し、この論争に決着を付けた。ベルヌーイは何かを忘れていた、そうオイラーは指摘した。彼の微積分の計算は、〝任意定数〟の足し算が含まれるたぐいのものだった。ベルヌーイは、複素数の積分に情熱を示すあまり、暗黙のうちにその定数を0と仮定していたのだ。しかし実際にはそうではなく、この定数は複素数であった。ベルヌーイの答えとライプニッツの答えの食い違いは、こうして説明されたのである。

数学の〝複雑化〟のペースは勢いを増していった。もともと実数の研究に基づいていたアイデアが、次々と複素数へ拡張されていったのだ。一七九七年、カスパー・ヴェッセルという名のノルウェー人が、複素数を平面上の点として表現する手法を発表した。カスパーは牧師の一家の出身で、一四人兄弟の六番目だった。当時ノルウェーには大学がなく、ノルウェーはデンマークと連合を組んでいたため、彼は一七六一年にコペンハーゲン大学へ入学した。彼と兄のオーレは法律を学び、オーレはその傍ら測量士としても働いて家計を助けた。のちにカスパーはオーレの助手となった。

測量士として働いていたとき、カスパーは、平面の幾何、とくに平面上の直線とその方向を複素数によって表現する方法を考案した。逆に考えるとこれは、複素数を平面の幾何として表現する方法とも捉えることができる。彼はこの成果を、数学に関する最初で最後の研究論文として、一七九七年にデンマーク王立アカデミーへ発表した。

一流の数学者の中でデンマーク語を読める者はほとんどいなかったため、一世紀のちにフランス語へ翻訳された。

るまで、この論文は読まれることなく無視されていた。その間の一八〇六年にフランス人数学者のジャン＝ロベール・アルガンが、同じアイデアを独立に思いついて発表した。一八一一年にはガウスがやはり独立に、複素数は平面上の点として捉えられることに思い至った。こうして、〝アルガン図〟、〝ヴェッセル平面〟、〝ガウス平面〟といった言葉が広まるようになった。みな、自分の国籍によってそれぞれ異なる呼び方を使った。

最後のステップを踏んだのが、ハミルトンだった。カルダーノの公式によって〝虚数〟が役に立つかもしれないことが分かってからほぼ三〇〇年後の一八三七年、ハミルトンは、幾何学的要素を取り除き、複素数を純粋代数へ還元した。彼のアイデアは単純だった。それは、ウォリスの提案や、ヴェッセル、アルガン、ガウスのアイデアでも暗に示されていたものだった。しかし、誰もそれを明確に示すことはなかったのである。

ハミルトン曰く、平面上の一点は、代数学的に言うと実数のペア、すなわち座標 (x, y) と同一視できる。ウォリス図（あるいはヴェッセル、アルガン、ガウスの図）を見ると、x は複素数の実部、y は虚部であることが分かる。複素数 $x+iy$ は、〝本当に〟実数のペア (x, y) そのものにすぎないのである。こうしたペアの足し算や掛け算の規則を決めることもでき、それには、i がペア $(0, 1)$ に対応するので $(0, 1) \times (0, 1)$ は $(-1, 0)$ に等しくなければならないということに注目すればいい。ガウスは、ハンガリー人幾何学者ヴォルフガング・ボーヤイに宛てた手紙の中で、実は自分も一八三一年に同じアイデアを思いついていたと打ち明けている。またもキツネは、自分の進んだ道を完全に覆い隠し、何も見えなくしてしまっていたのだ。

こうして問題は解決した。複素数は実数のペアに他ならず、単純な規則の短いリストに従って扱えるのだ。実数のペアは、もちろん一個の実数と同じく〝実〟だ。実数も複素数も等しく現実と密接に関連していて、〝虚〟というのは誤解だったのである。

現在での見方はかなり違っていて、〝実〟のほうが誤解だとされている。実数も虚数も、等しく人間の想像力の産物なのだ。

三〇〇年前からの謎をハミルトンは解決したわけだが、それに対する反応はかなり弱かった。数学者たちはすでに複素数の概念を首尾一貫した強力な理論へまとめ上げていたので、複素数が存在するかどうかは大したことではなかったのだ。とはいえ、ハミルトンが実数のペアを利用したのは極めて意義深いことだった。複素数の問題が興奮を巻き起こすことはもはやなかったが、古い数体系から新たな数体系を作り上げるこのアイデアは、数学者たちの意識にしっかりと植え付けられたのである。

　複素数は、代数学だけでなく基本的な微積分でも役に立つことが分かった。流体の流れ、熱、重力、音など、数理物理学のほぼあらゆる分野における問題を解くための、強力な方法となったのだ。だが、一つだけ大きな限界があった。2次元空間での問題は解いてくれるが、我々の住む3次元空間の問題は解いてくれないのである。ドラムの皮の動きや薄い流体層の流れといった問題は2次元へ還元できるので、悪い話ではない。しかし、複素数を用いた解法を平面から3次元空間へ拡張できないことに、数学者たちはどんどん苛立ちを募らせていった。

　3次元へ拡張された、未発見の数体系があるのだろうか？　複素数を実数のペアとして定式化するというハミルトンの方法をもとに、この問題に対するあるアイデアが出てきた。それは、(x, y, z) という三つ組に基づく数体系を考えるというものだ。問題は、誰も三つ組の代数を編み出せていないことだった。それならやってみよう、そうハミルトンは決心した。

　三つ組の足し算は簡単だ。複素数からヒントを得て、対応する座標をそれぞれ単に足し合わせればいい。今では〝ベクトルの加法〟として知られているこの種の算術は、かなり満足できる規則に従う、ただ一つ理にかなったやり方である。

　悩みの種は掛け算だった。複素数でも、掛け算は足し算のようにはいかない。実数のペアを二つ掛け合わせるとき、第一の要素と第二の要素を別々に掛け合わせるようなことはしない。そうすればいろいろ都合がよいが、実は極めて困ったことが二つ起こるのである。

その一つが、−1の平方根が意味を持たなくなることである。

二つめは、ゼロでない二つの数を掛け合わせてゼロになる場合があることだ。こうした〝ゼロの約数〟の存在は、方程式の解法など、通常使われる代数学的手法に大きな打撃を加えることになる。

ハミルトンが実際おこなったように、複素数については、掛け算にもっと複雑な規則を選ぶことでこの障害を克服できた。だが数の三つ組に同様の芸当を試みたところ、彼はとんでもない衝撃を受けた。どんなに工夫しても、いくつもの致命的な欠陥を避けることができなかったのだ。−1の平方根を導入するには、どうしてもゼロの約数が必要だった。どんな手を尽くしても、ゼロの約数をなくすのはまったく不可能のように思われたのである。


5次方程式を解こうという試みにちょっと似ているなと思われたのなら、いいところに気づかれたと言えよう。何人もの有能な数学者が挑戦して失敗したのであれば、それは不可能なのかもしれないと考えるのが自然だ。数学が教えてくれる大事なことが一つあるとすれば、それは、多くの問題には解がないということである。2乗して2になる分数を見つけることはできない。直定規とコンパスで角を三等分することはできない。累乗根を使って5次方程式を解くことはできない。数学にはいくつもの限界があるのだ。望むような優れた性質を持つ3次元代数も、きっと構築できないのだろう。

確かにそうなのかどうかを真剣に明らかにしようとすれば、研究計画を一つスタートさせなければならない。まず、3次元代数が持つべき性質を特定する必要がある。次に、それら性質から導かれる帰結を解析しなければならない。この研究計画から十分な情報が得られたところでようやく、そうした代数が存在するならそれはどんな特徴を持っていなければならないか、そしてなぜそれは存在しないのか、それを探ることができるのだ。

少なくとも現代では、そういった手順を踏むことになる。だが、ハミルトンの進め方はそこまで体系的ではなかった。まず、その代数は都合の良い性質を〝すべて〟持っていると暗黙のうちに仮定し、そこから思索を進めていって突然、そのうちの一つはどうしても放棄しなければならないようだと気づいたのである。そして何より彼は、3次元代数が存在しようのないことを悟った。手にできる最も近いものは、4次元だった。三つ組ではなく、四つ組だったのである。

代数学の難解な規則へと話を戻そう。代数計算をする際には、記号を体系的に並べ替えることをする。前に述べたように、アラビア語の〝アル＝ジャブル〟は、〝移項〟、すなわち〝項の符号を変えて方程式のもう一方の辺へ移動させること〟を意味していた。数学者たちがそうした操作に隠されている規則を明確に列挙し、他の規則をそこからの論理的帰結として導いたのは、ここ一五〇〇年のことである。代数学に対するこの公理的取り組みは、ユークリッドが幾何学に対しておこなったのと同じことに相当するが、数学者たちがそのアイデアを思いつくまでには二〇〇〇年もかかったことになる。

詳しく説明するために、いずれも掛け算に関係する三つの規則に話を絞ろう（足し算は似てはいるがもっと単純で、事がうまくいかなくなるのは掛け算においてである）。九九の表を勉強している子どもは、やがて二重の努力をしていたことに気づく。3×4は12だが、4×3もまた12である。二つの数を掛け合わせるとき、どちらを先にしても同じ答えが出るのだ。この事実は〝交換則〟と呼ばれていて、記号で表せば、〝任意の数aとbに対して$ab=ba$〟となる。この規則は、拡張した複素数の数体系でも成り立つ。ペアの掛け算に関するハミルトンの公式を調べれば、それを証明できる。

もっと分かりにくいのが〝結合則〟で、これは、三つの数を同じ順序で掛け合わせるとき、どこから掛け算を始めても違いはない、というものだ。例として、2×3×5を計算したいとしよう。まず2×3を計算して、その答え6に5を掛けてもいい。代わりに、まず3×5を計算して、その答え15に2を掛けてもいい。どちらの方法でも結果は同じ30だ。結合則とは、いつでもこのようになるという規則で、記号で表すと$(ab)c=a(bc)$となる。括弧は二通りの掛け算のしかたを表している。この規則もまた実数と複素数の両方で成り立ち、ハミルトンの公式を使えばそれを証明できる。

最後に、極めて役に立つ規則がある。私はそれを〝除法則〟と呼ぶことにしたいが、教科書には〝乗法の逆演算の存在〟と記されている。これは、どんな数もゼロでない任意の数で割ることができる、というものだ。ゼロで割ることが禁じられているのには、もっともな理由がいくつもある。中でも大きな理由が、ほとんどの場合に意味を持たないことである。

先ほど、〝単純な〟形の掛け算を使えば三つ組の代数を作れると述べた。その体系は、交換則と結合則は満たす。だが除法則には従わないのだ。

不毛な探求と計算を何時間も続けた末にハミルトンがたどり着いた偉大な考えとは、次のようなものだった。結合則と除法則の両方を満たす新たな数体系を作るのは可能だが、それには交換則を犠牲にしなければならない。だがそれでも、実数の三つ組で数体系を作ることはできない。四つ組を使わなければならないのだ。〝意味のある〟3次元代数は存在しないが、4次元代数ならかなりいいものがあるということだ。そういったものはただ一つしかなく、理想と比べると、交換則が成り立たないという一点だけが欠けている。

それは問題なのだろうか？　ハミルトンがなかなか考えを進められなかった最大の原因は、どうしても交換則を外せないと考えていたことだった。すべてが一変したのは、何ものかに霊感を受け、四つ組の掛け算のしかたを突然理解したときだった。一八四三年一〇月一六日のことだった。ハミルトンはアイルランド王立アカデミーの会議へ向かうため、ダブリンを流れるロイヤル運河沿いの道を妻と一緒に歩いていた。彼は無意識のうちに、3次元代数の問題をあれこれ考えていたに違いない。そこで突然閃いた。のちの手紙に彼は次のように書き記している。「そのときそこで、思考の電流回路が繋がったように感じた。そこから降ってきた火花はi、j、kのあいだの基本方程式で、それは以後使ってきたのとまったく同じものだった」。

圧倒されたハミルトンは、その公式を即座にブルーム橋（彼は〝ブルーアム〟と呼んだ）の石組みに刻み込んだ。橋は現存していて、記念の銘板も掲げられているが、刻まれた文字そのものは残っていない。だが、公式は今でも生き残っている。

$$i^2=j^2=k^2=ijk=-1$$

いくつもの対称性を持つ見事な公式だ。しかし、読者はきっと不思議に思われていることだろう。四つ組はどこだ、と。

複素数は（x, y）というペアとしても書き下せるが、通常は、$i=\sqrt{-1}$として$x+iy$と書かれる。同様に、ハミルトンが思いついた数は、（x, y, z, w）という四つ組としても、また$x+iy+jz+kw$という組み合わせた形としても書ける。ハミルトンの公式は二番目の表記法を用いている。だが形式を好む人なら、四つ組のほうを使いたがるだろう。

ハミルトンは、この新たな数を〝4元数〟と名付けた。そして、それが結合則と、のちに重要となる除法則に従うことを証明した。しかし交換則には従わない。4元数の掛け算の規則によれば、$ij=k$だが、$ji=-k$なのだ。

四元数の体系には、$x+iy$という形で複素数が含まれている。ハミルトンの公式によれば、-1の平方根はiと$-i$の二つだけではない。j、$-j$、k、$-k$もまた-1の平方根である。実は4元数の体系では、-1の平方根は無限にあるのだ。

したがって、交換則に加え、2次方程式には二つの解があるという規則も失われたことになる。幸いにも、4元数が発明された頃には、代数学という分野の焦点は方程式の解法から別のところへ移っていた。4元数の利点は、その欠点を大きく上回っていたのだ。慣れるのは必要だったが。

一八四五年、トーマス・ディズニーがハミルトンのところへ、彼が子どもの頃に好きだった娘のキャサリンを連れてきた。彼女は、最初の夫を亡くして再婚していた。再会によって心の古傷が開き、ハミルトンのアルコール依存症はますます悪化した。あるときダブリンで開かれた科学者の夕食会で醜態をさらし、それから二年のあいだは馬車で出かけて水しか飲まないようにしていた。だが、天文学者のジョージ・エアリに禁酒していることをなじられると、再び酒をがぶ飲みしはじめた。それ以来ハミルトンは慢性アルコール中毒となった。

二人の叔父が亡くなり、同僚の友人が自殺した。そしてキャサリンが彼に手紙を送ってくるようになり、さらにハミルトンの心は沈んだ。まもなく彼女は、自分がやっていることは人の妻としてふさわしくないと悟り、半ば本気で自殺を図った。そして夫と別れ、母親と住むようになった。

ハミルトンは、彼女の親戚を通じてキャサリンに手紙を送りつづけた。キャサリンも一八五三年に再び文通を始め、ハミルトンにちょっとした贈り物をした。しかしその二週間後に彼女が亡くなり、ハミルトンは悲しみに打ちひしがれた。生活はますます荒み、一八六五年に痛風と飲み過ぎのために亡くなると、そこには食べ残しの食料と数学の原稿が一緒くたに散乱していたという。

ハミルトンは、4元数は代数学と物理学の聖杯であって、複素数を高次元に正しく一般化したそれが、空間の幾何学と物理学の鍵になると信じていた。もちろん空間は3次元で、4元数は4次元だが、ハミルトンは、その体系の中に3次元の部分が自然な形で含まれることを見いだした。〝虚4元数〟と呼ばれる $bi+cj+dk$ である。幾何学的に考えると、記号 i、j、k は空間内で互いに直交する三つの軸に関する回転と解釈できるが、いくつか微妙な点は残る。一周を三六〇度ではなく七二〇度とする幾何学を考えなければならないのだ。この点を脇に置けば、なぜ幾何学と物理学に役立つとハミルトンが考えたのか理解できよう。

別扱いされた〝実4元数〟は、まさに実数のように振る舞う。虚4元数から出発して代数計算をおこなうと必ず実4元数が現れてくるので、それを除外することはできない。もし虚4元数の領域だけに留まることができれば、それが意味のある3次元代数となり、ハミルトンの探求は成功していたはずだ。4元数の4次元体系は次善の策であり、その内部にきれいに埋め込まれた3次元体系が、純粋な3次元代数と同じく役に立ったのである。

ハミルトンは残りの生涯を4元数に捧げ、その数学を発展させて物理学への応用を推し進めた。それを信奉した後継者も何人かいた。彼らは4元数学派を打ち立て、ハミルトンが亡くなると、その手綱はエディンバラのピーター・テートとハーバードのベンジャミン・パースに受け継がれた。

しかし、多くの人は4元数を毛嫌いした。人為的だからということもあったが、もっと良いものが見つかっているのに、と考えていたことが大きかった。最も強く反対したのが、今では〝ベクトル代数〟の創案者と認められている、プロシアのヘルマン・グラスマンとアメリカのジョサイア・ウィラード・ギブスだった。二人は、任意の次元数を持つ有用な形の代数を考案した。それは、4次元にも、また虚4元数の3次元にも限定されない。しかしこれらベクトル体系の代数的性質は、ハミルトンの4元数ほどには美しくなかった。例えば、あるベクトルを別のベクトルで割り算することはできない。だがグラスマンとギブスは、たとえ数の通常の性質をいくつか欠いていたとしても、その一般的概念のほうを買った。確かにベクトルをベクトルで割り算できないかもしれないが、それがどうしたというのだ。

ハミルトンは、4元数が科学と数学に対する自らの最大の貢献だと信じつつ亡くなっていった。しかし一〇〇年のあいだ、テートやパース以外ほぼ誰もそんな風には考えず、4元数は古めかしい代数学の淀みの中に忘れ去られていた。数学が自らのために成果をふいにしたという例がほしければ、4元数がうってつけと言えた。大学での純粋数学の講義でも、4元数はまったく採り上げられないか、あるいは単なる変わり者として触れられるだけだった。[E・T・]ベル曰く、

ハミルトンにとって最大の悲劇は、アルコールでも結婚でもなく、4元数が物理宇宙の数学の鍵を握って

いると頑強に信じていたことである。歴史が証明しているとおり、ハミルトンは残念なことに真実から目をそらし、次のように言い張った。「この発見は、一九世紀半ばのこの時代にとって、一七世紀末における流率の発見と匹敵するほどに重要であるように思えると断言せねばならない」。偉大な数学者なら、これほどまでに救いようのない間違いは犯さないはずだ。

本当だろうか？

4元数は、確かにハミルトンが敷いたレールに沿っては発展しなかったかもしれないが、その重要性は年ごとに増している。数学にとって絶対に欠かせない存在となったし、これから見るように、4元数とそれを一般化したものは、物理学においても欠かせないものなのだ。ハミルトンの執念が、現代代数学と数理物理学の広大な領域への扉を開いたのである。

歴史家気取りなら、これほどまでに救いようのない間違いは犯さないはずだ。

ハミルトンは4元数の応用法にこだわり、あまり適切でない小細工を無理やり当てはめたかもしれないが、それでも、4元数が重要であるという彼の信念は正しいものになりつつある。4元数は、最もありえそうもない場所に姿を現すという奇妙な癖を身につけている。一つの理由がその独特さだ。4元数は、道理にかなう比較的単純ないくつかの性質、すなわち〝代数法則〟から一つだけ重要な規則を外した性質によって特徴づけられるもので、しかもそれら性質を持つ唯一の数学体系である。

説明が必要だろう。

地球上の大半の人にとって唯一の数体系は、実数である。実数は足したり引いたり掛けたり割ったりでき、答えは必ず実数だ。もちろんゼロで割ることは許されないが、この必要不可欠な制限を別とすれば、実数の体系から足を踏み外すことなく膨大な算術演算を進めていける。

数学者たちは、こうした体系を〝体《たい》〟と呼んでいる。体は有理数や複素数など他にもいくつもあるが、実数体だけは特別だ。順序づけられていて、完備であるという、二つのさらなる性質を持つ唯一の体なのである。〝順序づけられている〟とは、数が一列に並んでいるという意味だ。実数は、負の数を左に、正の数を右にして、一本の直線上に連なっている。順序づけられた体は有理数など他にもあるが、それらの体と違って実数体は完備でもある。このさらなる性質（詳しく説明するとちょっと専門的になる）が、$\sqrt{2}$やπといった数の存在を許している。簡単に言うと、完備であるという性質は、無限小数が意味を持つということを指している。

実数は、完備でかつ順序づけられた唯一の体を構成する。実数が数学において中心的な役割を果たすのは、このためだ。算術や、〝どちらが大きいか〟という問い、そして微積分の基本演算ができるのは、実数においてのみなのである。

複素数は、-1の平方根という新たな種類の数を付け加えることで実数を拡張したものだ。だが、負の数の平方根を取ることができる代わりに、順序は失われてしまう。複素数は完備な体系だが、一列に順序立って並ぶのではなく、平面上に散らばっているのだ。

平面は2次元で、2は有限の整数である。複素数は、1次元である実数そのものを除けば、実数を含みかつ有限の次元を持つ唯一の体だ。これは、複素数もまた独特の存在であることを意味する。いくつもの重要な目的にとって、複素数はそれにかなう唯一の道具だ。独特の存在であるがゆえ、欠かせないのである。

4元数は、複素数を拡張し、次元を増やして（有限のまま）、しかも代数の法則をなるべく多く保とうとすることで生まれた。守りたい法則は、足し算と引き算の持つ通常の性質と、掛け算の持つ大半の性質、そして0以外のどんな数でも割ることができるという性質だ。この場合の代償はもっと大きく、それがハミルトンの心をあれほど痛めつけた。掛け算の交換則を放棄しなければならないのだ。それを冷酷な現実として受け入れ、先に進むしかない。だが慣れてしまえば、それまで交換則が成り立つのは当然だと考えていたのが不思議に思われ、それが複素数において成り立っていたのはちょっとした奇跡だと考えられるようになる。

交換則が成り立つかどうかは別として、これらの性質を持つ体系は〝多元体（加除環）〟と呼ばれる。実数も複素数も多元体だが、これらにおいては掛け算の交換則が切り捨てられていないので、わざわざそんな呼び方はしない。体はすべて多元体だ。しかし、多元体の中には体でないものもあり、そうしたものとして最初に発見されたのが4元数だった。一八九八年にアドルフ・フルウィッツが、4元数の体系もまた独特の存在であることを証明した。4元数は、実数を含み、しかも実数とも複素数とも等しくない、唯一の有限次元の多元体なのだ。

ここに興味深いパターンが見て取れる。実数、複素数、4元数の次元は、それぞれ1、2、4だ。どうやら2の累乗の数列であるように見える。自然に続けていくと、8、16、32、……となるかもしれない。こうした次元を持つ興味深い代数体系は、はたして存在するのだろうか?

答えはイエスでもノーでもある。どうしてそうなのかはちょっと待ってほしい。対称性の物語は、ここで新しい段階に入るからだ。物理世界をモデル化する上で最も幅広く使われている方法であって、物理学者にとっての自然法則の大半を表現するための言語である微分方程式というものに、物語は関わってくるのである。

ここでも、理論の最も奥深い側面はつまるところ対称性に行き着くのだが、そこには新たなひねりが加わる。今度は、対称群は有限でなく〝連続〟だ。数学は、これまでで最も大きな影響を及ぼしたある研究計画によって、さらに豊かなものとなっていくのである。

第10章

軍人志望と病弱な本の虫

マリウス・ソフス・リーが科学を勉強したのは、視力が弱いせいで軍隊の仕事に就けなかったからだった。ソフス（のちにそう呼ばれるようになる）が一八六五年にクリスティアニア大学を卒業したとき、ノルウェー人のルートヴィッヒ・シロウが教えるガロア理論の講義を含め数学の科目はいくつか取っていたが、この学問で特別な才能を発揮することはなかった。彼はしばらく迷っていた。学問の世界に進みたいことははっきりしていたが、植物学にするか動物学にするか、それとも天文学にするか決めかねていた。

マリウス・ソフス・リー

図書館の記録によれば、彼は数学に関する本を次から次へと借りた。そして一八六七年のある日の真夜中、生涯の研究のビジョンが目の前に現れた。友人のエルンスト・モッツフェルトは、興奮するリーに叩き起こされた。彼は叫んでいた。「見つけたぞ。とても単純だ！」

彼が見つけたのは、幾何学について考える新たな方法だった。リーは、ドイツのユリウス・プリュッカーやフランスのジャン＝ヴィクトル・ポンスレーなど、偉大な幾何学者たちの著作を勉強しはじめた。プリュッカーからは、ユークリッドが用いたお馴染みの点ではなく、直線、平面、円といった他の要素を基礎とする幾何学のアイデアを学んだ。そして一八六九年に、自らの壮大なアイデアの概要を記した論文を自費出版した。ガロアやアーベルの場合と同じく、古株たちにとってはあまりに革新的なアイデアで、定期刊行誌は彼の研究結果を発表したがらなかった。しかしエルンストはリーに、がっかりしないで幾何学の研究を進めろとせきたてた。やがてリーの書いた一報の論文が一流雑誌に掲載され、それが好意的に受け止められた。そして彼は奨学金を手にした。遠征して一流の数学者と会い、自分のアイデアについて彼らと議論できるようになったのだ。リーは、それぞれプロシアとドイツの数学の本拠地であるゲッティンゲンとベルリンを訪れ、代数学者のレオポルト・クロネッカーやエルンスト・クンマー、そして解析学者のカール・ワイエルストラスと言葉を交わした。クンマーの数学の進め方には感銘を受けたが、ワイエルストラスのやりかたにはあまり感心しなかった。

しかし最も意義深かったのは、フェリックス・クラインとベルリンで出会ったことだった。クラインは、リーが大いに尊敬していて見習いたいと思っていたプリュッカーの学生だった。リーとクラインは、受けた数学の教育こそとても似ていたが、好みはかなり違っていた。クラインはそもそも幾何学の教育を受けた代数学者で、内なる美しさにこだわって個々の問題に取り組んでいた。一方リーは、幅広い一般的な理論を好む解析学者だった。皮肉にも、リーの一般的な理論は数学の世界に最も重要な特別の構造をもたらし、それは今なおとてつもなく美しく深遠で、そして代数的とも言える。リーが一般性を推し進めなかったら、これら構造は決して発見されていなかったかもしれない。ある種の数学的対象をすべて理解しようとして、それに成功すれば、変わった性質を持ついくつもの対象が必ず見つかるものなのだ。

フェリックス・クライン

リーとクラインは、一八七〇年にパリで再会した。そのパリでカミーユ・ジョルダンが、リーを群論の研究へと改心させた。幾何学と群論は同じコインの表裏であることが徐々に理解されるようになっていたが、そのアイデアが完成するまでには長い時間がかかった。リーとクラインは共同研究を始め、群と幾何学との繋がりをもっとはっきりさせようとした。そして最終的にクラインは、一八七二年のいわゆる〝エルランゲン・プログラム〟の中で、幾何学と群論は同一のものであるという考えを明確な形でまとめたのだった。

現代の言葉で表すとその考えはあまりに単純に聞こえ、最初から当たり前のことだったように思える。ある一つの幾何学に対応する群は、その幾何学の対称群である。逆に、ある一つの群に対応する幾何学は、それを対称群とする要素のみからなる。つまり、その幾何学は、その群のもとで不変なものによって定義されるのである。

例えば、ユークリッド幾何学における対称変換は、長さ、角度、直線、円を保つような平面の変換である。それは、平面のあらゆる剛体運動から構成される群をなす。逆に言うと、剛体運動によって不変であるものはすべて、ユークリッド幾何学の範疇におのずから含まれることになる。非ユークリッド幾何学は、単にそれとは違う変換群を使っているにすぎないのだ。

では、なぜわざわざ幾何学を群論に置き換えなければならないのか？　それは、幾何学を二つの方法で、そして群を二つの方法で考えられるからだ。一方が簡単なこともあれば、もう一方が簡単なこともある。視点は一つより二つのほうがいいのだ。

フランスとプロシアとの関係は急速に悪化していた。皇帝ナポレオン三世は、プロシアと戦争を始めれば人気を持ち直せると考えた。ビスマルクがフランスに一報の辛辣な電報を打ったことで、一八七〇年七月一九日、普仏戦争の火蓋が切って落とされた。プロシア人でありながらパリに滞在していたクラインは、ベルリンに戻るのが賢明だと考えた。

しかしノルウェー人であるリーは、パリでの滞在を大いに楽しんでいたので、そのまま留まることにした。だが、フランスが戦争に敗れてドイツ軍がメスに進軍してきたことを知ると、彼は考えを変えた。中立国の市民であっても、戦闘が起こりうる地域に留まるのは安全ではなかったのだ。

リーは徒歩旅行に出ようと決心し、イタリアを目指して出発した。しかし、あまり遠くまではたどり着けなかった。パリの南東四〇キロメートルほどにあるフォンテヌブローで、不可解な記号で埋め尽くされた大量の文書を持っていたとして、フランス当局に拘束されたのだ。それは暗号のように見えたため、リーはドイツのスパイと見なされ逮捕された。それが数学に関する文章であると当局に納得させるには、フランスを代表する数学者ガストン・ダルブーの仲介が必要だった。リーが釈放され、フランス軍が降伏し、ドイツ軍がパリを封鎖しはじめると、彼は再びイタリアを目指して出発した。そして今度は無事たどり着き、さらにそこからノルウェーへ帰国した。その道中には、ベルリンにいたクラインのところへ立ち寄っている。

リーは一八七二年に博士号を取得した。ノルウェーの学界は彼の成果に大変感銘を受け、クリスティアニア大学は同じ年、彼のために特別にポストをこしらえた。そして彼は、以前に師事したルートヴィッヒ・シロウと一緒に、アーベルの業績の数々を編纂する作業に取り掛かった。一八七四年にはアンナ・ビルヒと結婚し、最終的に三人の子どもの父親となった。

そのころリーは、あるテーマについて発展の機が熟したと考え、それに焦点を合わせていた。数学には多くの種類の方程式があるが、中でも二つの種類が特別重要である。一つは、アーベルやガロアの研究した代数方程式。もう一つは、ニュートンが自然法則に取り組む上で導入した微分方程式だ。微分方程式には微積分の概念が含まれていて、ある物理量を直接扱うのではなく、その量が時間とともにどう変化するかを記述する。もっと正確に言えば、量の変化率を規定する。例えば、ニュートンの編み出した最も重要な運動の法則は、物体の感じる加速度がそれに作用する力の合計に比例する、というものだ。加速度は速度の変化率である。この法則は、物体の速度がどれだけであるかを直接示してくれるのではなく、代わりに速度の変化率を教えてくれる。同様に、ニュートンが見いだしたもう一つの方程式である、物体を冷やすと温度がどのように変化するかを表す方程式は、温度の変化率が物体の温度と周囲の温度との差に比例する、というものだ。

流体の流れ、重力の作用、惑星の運動、熱の伝播、波の動き、磁気の作用、光や音の伝播など、物理学における重要な方程式のほとんどは微分方程式である。ニュートンが初めて見いだしたとおり、観察したい量そのものではなく、その変化率に目を向ければ、自然のパターンはより単純になり、見つけるのもたやすくなるのだ。

ここでリーは、ある重大な問いを設定した。代数方程式におけるガロアの理論に相当する、微分方程式の理論はあるのだろうか？　微分方程式が特定の手法によって解けるのはどういう場合なのかを判断する方法は、はたしてあるのだろうか？

ここでも鍵は対称性だった。リーは、幾何学において自ら導いた結果を、微分方程式に即して解釈し直せることに思い至った。ある微分方程式の解が一つ与えられれば、それに（ある特定の群に含まれる）変換を施した結果も、やはりその方程式の解となるのだ。一つの解から多くの解が得られ、それらはすべて群によって結びついている。要するに、その群は微分方程式の対称変換から構成されるのである。

この事実は、何らかの美が発見されるのを待っていることをまざまざと教えてくれた。ガロアが代数方程式に対称変換を当てはめたことを思い出してほしい。同じことを、もっとずっと重要な微分方程式に当てはめるのだ！

ガロアが研究した群は、すべて有限だった。つまり、群に含まれる変換の個数は整数である。例えば、5次方程式の五つの根に対するすべての置換の群は、一二〇の要素を持つ。しかし実際に意味のある群の多くは無限であり、微分方程式の対称群もそうである。

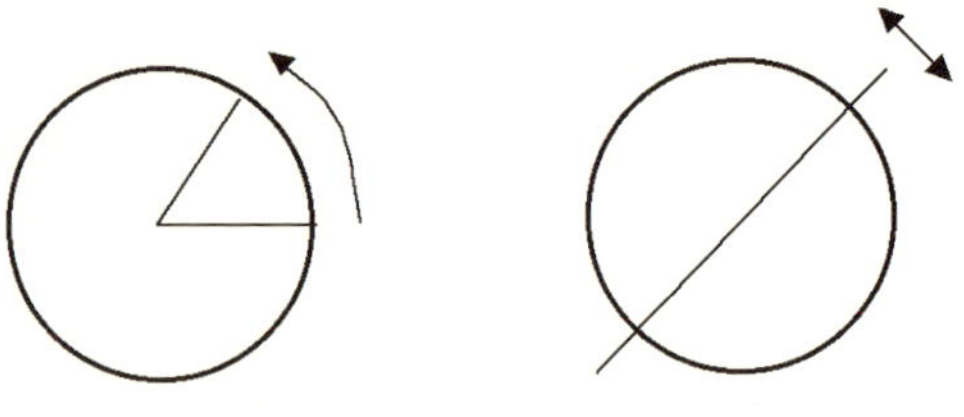

円は無限個の回転対称変換（左）と無限個の鏡映対称変換（右）を持つ

よく知られた無限群の一つが円の対称群で、これは、円を任意の角度だけ回転させるという変換を含む。その角度は無限にありうるので、円の回転群は無限である。この群はSO（2）という記号で示される。〝O〟は〝orthogonal〟（直交）、つまりその変換が平面の剛体運動であることを意味し、〝S〟は〝special〟（特殊）、つまり回転によって平面がひっくり返されないことを意味する。

　円はまた、無限個の鏡映対称軸を持っている。円をどの直径に対して鏡映させても、同じ円ができるということだ。この鏡映を含めると、より大きなO（2）という群が得られる。

　SO（2）とO（2）は無限群だが、それは扱いやすいたぐいの無限だ。どの回転も、一つの数、つまり角度を指定すれば特定できる。また、二つの回転を合成するには、単にそれらに対応する角度を足し合わせればいい。リーはこのような振る舞いを〝連続的〟と呼び、彼の用語では、SO（2）は連続群ということになる。そして、角度を指定するには一つの数だけが必要なので、SO（2）は1次元である。O（2）においても、必要となるのは鏡映と回転を区別する方法だけで、それは代数学においては正負の記号の問題となるので、やはり同じことが成り立つ。

　群SO（2）は、〝リー群〟の最も単純な例である。リー群は、二つのタイプの構造を同時に持つ。群であり、かつ多様体、すなわち多次元空間でもあるのだ。SO（2）の場合、多様体は円であり、その群演算は、円上の二つの点を、それらに対応する角度の足し算によって結びつけている。

　リーは、リー群の持つある美しい性質を発見した。群構造を〝線形化〟できるという性質だ。つまり、その湾曲した多様体を平坦なユークリッド空間に置き換えら

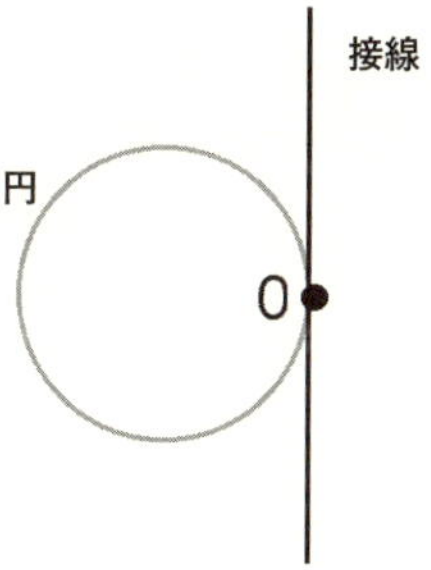

リー群からリー環へ——円の接空間

れるということである。その空間は、その多様体の接空間という。SO（2）の場合にどのようになるか、上の図に示そう。

群構造をこのようにして線形化すると、その接空間はもともとの群の代数構造を持つ。それはもとの群構造を〝無限小〟にしたようなもので、恒等変換に極めて近い変換がどのような振る舞いを示すかを教えてくれる。これを、その群の〝リー環〟と呼ぶ。これはもとの群と同じ次元を持つが、その幾何はもっと単純で、平坦である。

もちろん、単純になるぶん代償が伴う。リー環はそれに対応する群の持つ重要な特徴をいくつも受け継いでいるが、その詳細は失ってしまっている。また、受け継がれた性質もわずかに変化している。しかし、リー環へ変換することでリー群について多くのことを知ることができるし、ほとんどの問題に対しては、リー環の枠組みの中でより簡単に答えることができるのだ。

リーが見抜いた最も重要な事柄の一つとして、リー環における自然な代数演算は、積ABでなく、〝交換子〟と呼ばれる差$AB-BA$である。SO（2）のような群の場合、$AB=BA$で、交換子はゼロとなる。だが、3次元における回転群SO（3）のような場合、AとBの回転軸が一致するか、あるいは直交するかしない限り、$AB-BA$はゼロでない。したがって、交換子の振る舞いの中に群の幾何が現れてくることになる。

リーが夢見た微分方程式の〝ガロア理論〟は、一九〇〇年代前半にようやく、〝微分体〟の理論の成立によって現実のものとなった。しかしリー群の理論は、実はリー本人が思っていたよりずっと重要で幅広く適用できるものだった。リー群とリー環の理論は、微分方程式が特定の方法で解けるかどうかを判定する道具に留まらず、数学のほぼあらゆる分野へ浸透していったのだ。〝リー理論〟は考案者の手を離れ、彼が想像していたより大きく成長したのである。

後から考えるに、その理由は対称性である。対称性は、数学のすべての分野に深く関わっているとともに、数理物理学のほぼあらゆる基本的考え方の根幹をなしている。対称変換が、世界に横たわる規則性を表して、物理学を牽引しているのだ。回転のような連続的な対称変換は空間、時間、物質の性質と密接に関連していて、閉じた系ではエネルギーは増減しないといういわゆるエネルギー保存則など、さまざまな保存則を導く。この関係は、ヒルベルトの学生だったエミー・ネーターによって導き出された。

次のステップはもちろん、ガロアやその後継者たちが有限群のさまざまな性質を導き出したのと同じように、さまざまなリー群を理解することである。ここで、第二の数学者がその探求に参加してきた。

アンナ・カサリナは息子のことを心配していた。

医師は彼女に、「幼いヴィルヘルムはとても病弱で、かなり不器用、いつも落ち着きがないが、役に立たない本ばかり読み漁っている」と語っていた。大きくなるにつれて健康状態は良くなったが、本好きは相変わらずだった。そんな彼が三九歳の誕生日の直前に、〝史上最も重要な数学論文〟と評される研究成果を発表することとなる。もちろん主観的な表現だが、このヴィルヘルムの論文は、誰が見ても間違いなく上位に位置づけられるだろう。

ヴィルヘルム・カール・ヨーゼフ・キリングは、ヨーゼフ・キリングとアンナ・カサリナ・コルテンバッハの間に生まれた。ヨーゼフは法律関係の仕事をしていて、アンナは薬屋の娘だった。二人はドイツ中央部の東端に

ヴィルヘルム・カール・ヨーゼフ・キリング

あるブルバッハで結婚し、まもなくヨーゼフがメデバッハの市長になるとその街へ移り住んだ。さらに続いて、ヴィンテルベルク、そしてリューテンの市長にもなった。

一家はかなり裕福で、ギムナジウム進学に備えてヴィルヘルムに家庭教師を付けることもできた。そして彼は、ドルトムントの八〇キロメートル西にあるブリロンのギムナジウムへ入学した。学校では、ラテン語、ヘブライ語、ギリシャ語といった古典語を好んで勉強した。彼を数学の道へと導いたのは、ハルニシュマッハーという名の教師だった。ヴィルヘルムは幾何学で優秀な成績を収め、数学者になることを決心した。そして、当時は王立学校の一つにすぎなかった、現在のヴェストファリアン・ヴィルヘルム・ミュンスター大学へ入学した。この学校では高等数学は教えられていなかったため、キリングはそれを独学で学んだ。そしてプリュッカーの幾何学の著作を読み、自力でいくつか新しい定理を導こうとした。また、ガウスの『整数論』も読んだ。

王立学校で二年間学んだキリングは、数学教育においてはるかに優れたベルリン大学へ移り、ワイエルストラス、クンマー、そして、エネルギー保存則と対称性との関係を明らかにした数理物理学者のヘルマン・フォン・ヘルムホルツから影響を受けた。キリングはワイエルストラスのアイデアをもとに、曲面の幾何に関する博士論文を書き、数学と物理学、および副業としてギリシャ語とラテン語の教師の職を得た。

一八七五年に彼は、音楽教師の娘アンナ・コマーと結婚した。最初の二人の子ども、いずれも男の子は幼くして亡くなったが、マリアとアンカと名付けられた続く二人の女の子は無事成長した。のちにキリングは、さらに二人の息子の父親にもなった。

一八七八年、キリングは教師として母校へ戻ってきた。仕事量は多く、週に約三六時間も授業を受け持ったが、偉大な数学者の例に漏れず、何とかして数学を研究する時間を工面した。そして一連の重要な論文を一流雑誌へ発表した。

一八八二年にキリングは、ワイエルストラスの計らいでブラウンスベルク・ホサナ神学大学の教授へ就任し、それから一〇年間その職を務めた。ブラウンスベルクには数学の伝統がなく、議論できる同僚もいなかったが、キリングにはそんな刺激は必要なかったようだ。というのも、この地で彼は、数学全体において最も重要な発見の一つを成し遂げたからだ。しかしキリングは、それでは満足しなかった。

彼の望みはとてつもなく野心的なものだった。すべての可能なリー群を書き下す、という野望である。この大学はリーが論文を発表した雑誌を購読しておらず、キリングはリーの研究についてほとんど知らなかったものの、一八八四年にはリー環に相当するものを独自に発見した。すべてのリー群にはそれぞれ一つのリー環が伴っていることを知ったキリングは、リー群よりリー環のほうが扱いやすいであろうと判断し、自らが設定した問題を、可能なすべてのリー環を分類することへと単純化した。

この問題は、実はとてつもなく難しい。現在では分かっているように、おそらく意味のある答えは存在せず、一定の明白な手順ですべてのリー環を作る単純な方法はない。そこでキリングは、もっと卑近な問題で満足せざるをえなかった。すべてのリー環を形作る基本構成部品を書き下す、という問題だ。いわば、すべての建築様式を書き連ねたかったものの、実際にはすべてのレンガの形と大きさのリストを作ることで満足しなければならなかったようなものである。

これら基本構成部品は、単純リー環と呼ばれる。それらは、ガロアの言う単純群、すなわち自明なもの以外の正規部分群を持たない群と、極めて似た性質を持っている。実は、一つの単純リー群は一つの単純リー環を持っていて、その逆もほぼ真である。驚くことにキリングは、すべての可能な単純リー環を見事列挙した。数学者はそうした定理を〝分類〟と呼んでいる。

キリングにとってこの分類はもっとずっと一般的な理論のごく一部でしかなく、何らかの結論を出すためにやむを得ずいくつもの制限を設けたことに、彼は不満を持っていた。とりわけ、単純性を仮定するために、実数ではなく複素数上のリー環へ置き換えなければならなかったことに苛立っていた。複素数上のリー環は扱いやすいものの、キリングを惹きつけた幾何学の問題との関係は薄かったのだ。このように自ら課した制限ゆえ彼は、この成果は発表に値しないと考えたのだった。

彼は何とかしてリーと接触したが、実際あまりためにはならなかった。キリングはクラインに手紙を書き、当時クリスティアニア大学にいたリーの助手フリードリッヒ・エンゲルと引き合わせてもらった。キリングとエンゲルはすぐに意気投合し、エンゲルはキリングの研究を熱心に支え、いくつか厄介な点の解決に手を貸し、アイデアをさらに推し進めるよう励ました。もしエンゲルがいなかったら、キリングは途中で諦めていたかもしれない。

はじめキリングは、単純リー環の完全なリストはすでに分かっていて、それらは、n次元空間のすべての回転からなる特殊直交群SO（n）と、複素n次元空間における特殊ユニタリー群SU（n）という、リー群の二つの無限族それぞれに伴うリー環so（n）とsu（n）であると考えていた。数学史家トーマス・ホーキンスは、次のように言っている。「この大胆な予想が記されたキリングの手紙をエンゲルが読んだとき、その驚きはどれほどだったのだろうか。はるか東プロシアで聖職者の教育に身を捧げる、ある神学大学の無名の教授が、リーの変換群の理論に関する深遠な定理を予想して堂々と語っているのだ」。

一八八六年の夏にキリングは、ライプツィヒへ移っていたリーとエンゲルのもとを訪ねた。しかし残念なことに、リーとキリングのあいだにちょっとした諍《いさか》いが起きた。リーは決してキリングの業績を評価せず、その意義を軽く見ようとしたのである。

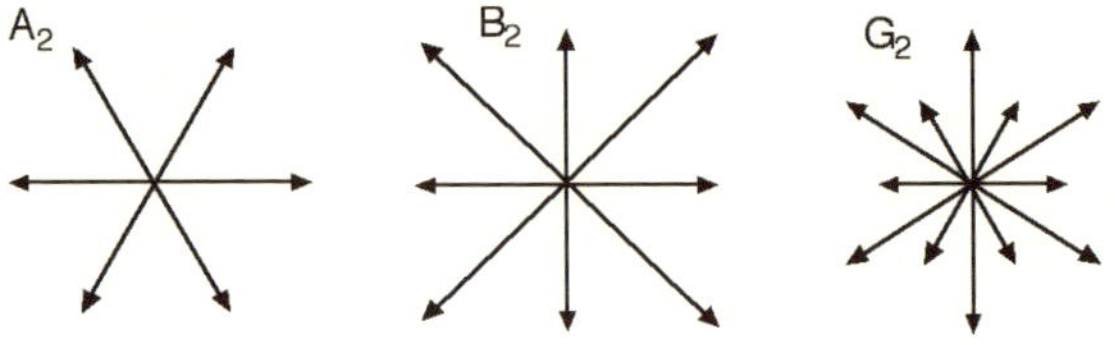

2次元におけるルート系

間もなくキリングは、現在ではG^2と呼ばれているリー群に対応する新たなリー環を発見し、単純リー環に関する当初の予想が間違っていたことを知った。この群は14の次元を持ち、特殊線形群や特殊直交群とは違って無限族には含まれていないようだった。孤立した例外だったのである。

これだけでも奇妙だが、キリングが一八八七年の冬に完成させた最終的な分類は、もっと奇妙な代物だった。二つの無限族に加え、三つめとして、現在では斜交群と呼ばれるＳｐ（２n）に対応するリー環ｓｐ（２n）が付け加えられた（今では直交群は、偶数次元空間に作用するものと奇数次元空間に作用するものという二つの族に分けられていて、都合四つの族がある。こうするのにはいくつか理由がある）。そして、例外であるG^2には五つの仲間ができた。５６次元のものが二つと、７８次元、１３３次元、２４８次元という、小さな有限の族だ。

キリングの分類が、長く続く代数学的議論を生み、それによってそもそもの問いは幾何学の美しい問題へと還元された。彼は、仮想上の存在である単純リー環から、現在では〝ルート系〟と呼ばれている、多次元空間内の点の配置を導き出した。ちょうど三つの単純リー環に対しては、それらのルート系は2次元空間上に位置する。それらは上の図のような形をしている。

これらのパターンは数多くの対称性を持っている。実際これは、角度を付けて置かれた二枚の鏡によっていくつもの鏡像が作られる万華鏡のパターンを彷彿とさせる。この類似性は偶然ではなく、ルート系は美しい見事な対称群を持つ。今ではワイル群と呼ばれている（キリングが考案したのだから不当な呼び名だが）これら群は、万華鏡の中で鏡映された物体が形作るパターンを多次元に焼き直したものなのだ。

キリングの証明の根底にある考え方とは、以下のようなものだ。すべての単純リー環を探すには、リー環を、ｓｕ（n）に見られる構造に似たちょうどよい部品へ分解していけばいい。そしてその見事な対称変換を使って、分類という作業をそれら部品の幾何学へと還元する。それが解き明かせれば、その結果を使って、本当に解きたかった問題、つまり単純リー環を見つけるという問題を解決できる、というわけである。

キリングは次のように述べている。「一つの単純系のルートは一つの単純群に対応する。逆に、一つの単純群のルートは、一つの単純系によって決定されると見なせる。このようにして単純群が得られる。一つのlに対して四つの構造があり、さらに例外型単純群による$l=2, 4, 6, 7, 8$が付け加わる」。

ここで彼が言っている〝群〟とは、我々がリー環と呼ぶ〝無限群〟のことで、lはルート系の次元である。キリングの言う四つの構造とは、ユニタリー群ＳＵ（n）、偶数次元空間の直交群ＳＯ（２n）、奇数次元空間の直交群ＳＯ（２n＋１）、偶数次元空間の斜交群Ｓｐ（２n）それぞれに対応した、リー環ｓｕ（n）、ｓｏ（２n）、ｓｏ（２n＋１）、ｓｐ（２n）である。斜交群はハミルトンが力学の定式化において導入した位置‐運動量変数の対称変換であり、その次元が必ず偶数であるのは、変数が位置と運動量のペアとして現れるからだ。キリングは、これら四つのグループの他に、六つの単純リー環が存在すると主張したのである。

それはほぼ正しかった。一八九四年にフランスの幾何学者エリ・カルタンが、キリングの言う二つの56次元の環は、実際は同じ環を違う形で見ているものだと気づいた。つまり例外型単純リー環は五つだけで、それらは、キリングが初めに導いたG_2と、今ではF_4、E_6、E_7、E_8と呼ばれる四つの例外型単純リー群に対応する。

とても興味深い結果だ。四つの無限族は道理にかなっていて、そのすべてが、任意の数の次元におけるさまざまな形の幾何学と関連している。だが、五つの例外型リー群はどんな幾何学とも関連していないように見えるし、その次元数も奇妙である。いったいどうして、１４、５６、７８、１３３、２４８次元は特別なのだろうか？これらの数はどこが違っているのだろうか？

それはちょうど、すべてのレンガのリストを作ろうとして、以下のような答えが得られたようなものだ。

長方形のブロック、サイズ1、2、3、4、……
立方体、サイズ1、2、3、4、……
平板、サイズ1、2、3、4、……
ピラミッド型、サイズ1、2、3、4、……

とても理路整然としているが、それ以外に次のようなリストが続く。

4面体、サイズ14
8面体、サイズ52
12面体、サイズ78
12面体、サイズ133
12面体、サイズ248

リストはここまでで、これ以上はない。

なぜこんな奇妙な形と大きさのレンガがあるのか？　何のためなのか？　まったくどうにかしていると思われた。

実際、あまりに奇妙なので、キリングも例外型群の存在にかなり慌てふためき、しばらくは、これは間違いであって、いずれなかったことにできるはずだと期待していた。彼が導いた分類の美しさを台無しにしていたのだ。それでもそれらは確かに存在していて、やがて、なぜ存在するのかが理解されるようになった。今では、五つの例外型リー群は、いくつもの点で四つの無限族よりはるかに興味深いものと見なされている。後ほど説明するように、これらは素粒子物理学において重要であるらしい。数学においては間違いなく重要だ。まだ完全には解明されていない単一性を秘めていて、それによって、ハミルトンの4元数や、もっと奇妙な一般化である8元数と関係している。そして、さらにもっと多くのことが解き明かされつつある。

素晴らしいアイデアの数々であり、すべてキリングが編み出した。実は彼の結果にはいくつか間違いが含まれていて、一部の証明は正しくない。しかしそうした間違いは、かなり以前にすべて修正されている。

ここまでが、史上最も偉大な数学論文のおおまかな流れである。それを当時の人々はどう考えたのだろうか？大した反応はなかった。キリングの傑作に対するリーの嘲笑が、良い方に働くことはなかったのだ。リーはなぜかキリングと仲違いしていて、キリングが何も重要な成果を残すはずはないと考えていた。さらに悪いことに、この定理はリー自身がどうしても証明したいと思っていたものだった。先制パンチを食らわされたリーは、負け惜しみを吐くという古臭い手段に頼った。この分野で自分がやったもの以外はすべてがらくただ、とリーは言い放ったのだ。そこまで露骨ではなかったが。

自ら導いた定理の価値をキリング自身が低く見ていたこともまた、逆風となった。彼にとってこの定理は、達成できていないもっとはるかに重要なこと、つまりすべてのリー群を分類することの、ごく一端でしかなかった。キリングは謙遜しがちな男で、一方、リーは何としても自分を大きく見せようとする男だったのである。

ともかく、キリングは時代の先を行っていた。リーの理論がどれほど重要なものになるかを見抜いていた数学者は、当時ほとんどいなかった。たいていの人にとって、幾何学の中でも、微分方程式に関係したかなり専門的な分野だったのだ。

極めつけに、キリングは敬虔なカトリック教徒で、義務感と謙虚さを強く自覚していた。彼はアッシジの聖フランチェスコに倣い、三九歳で妻とともにフランシスコ修道会の第三会へ入会した。そして極めて慎み深く、学生のためにたゆみなく働いたらしい。彼は保守的な愛国者で、第一次世界大戦後にドイツの社会が崩壊すると大いに心悼ませた。そして一九一〇年と一九一八年に二人の息子が亡くなったことで、さらに気持ちを落ち込ませた。

キリングの研究が持つ真の価値が明らかとなったのは、一八九四年にエリ・カルタンが博士論文の中でこの理論全体を再度導き、さらに大きなステップとして、単純リー環だけでなくその行列表現をも分類したときだった。誠実なカルタンは、ほぼすべてのアイデアをキリングの手柄とした。自分は単に、全体を整理して、いくつかの空白を埋め(重大なものもあった)、用語を新しいものに変えただけだ、と言ったのだ。しかしやがて話が大きくなり、キリングの結果は穴だらけで、真の手柄はカルタンのものだと信じられていった。たいていの数学者は歴史家としては失格で、本来の文献よりも、その後の自分が知っている文献のほうを引用したがるものだ。そうして、キリングのアイデアの多くにカルタンの名前が結びつけられていった。

それに根拠がないことは、キリングの論文を読んでみればすぐに分かる。アイデアは明瞭でよく組み立てられており、証明は古臭いもののほぼすべて正しい。最も重要なことに、アイデアの全体的な流れが、目的とする結果を導くよう見事に選び出されている。最高ランクの数学であり、他の誰のものでもないのだ。

しかし残念ながら、キリングの論文を読む者はほとんどいなかった。みなカルタンの論文を読み、彼がそれをキリングの手柄としていることは無視したのだ。だがやがては、キリングの功績も正しく評価されるようになっていった。一九〇〇年に彼は、カザン物理数学会のロバチェフスキー賞を授与された。それは第二回の受賞で、第一回はリーに与えられたのだった。

キリングは一九二三年に亡くなった。今でも彼の名は、しかるべきほどには知られていない。キリングは史上最も偉大な数学者の一人だ。少なくともその遺産だけは不滅である。

第11章

特許局の事務員

二〇世紀初頭、基礎物理学の世界に何人かの人物が登場し、数学と同じくこの分野を劇的に様変わりさせることとなる。

黄金の年と呼ばれる一九〇五年、やがて当時を最も象徴する科学者となる男が三編の論文を発表し、そのいずれもが物理学のそれぞれ別々の分野に革命を起こした。そのとき彼は、本職の科学者ではなかった。大学では学んだが、教職に就くことができず、スイスのベルンにある特許局で事務員として働いていた。その名はもちろんアルバート・アインシュタインである。

アルバート・アインシュタイン

現代物理学を誰か一人の人物で象徴するならば、それはアインシュタインだ。多くの人にとって彼は数学の天才の象徴でもあるが、実はただ数学の才能があっただけで、ガロアやキリングのようなレベルの創造的な数学者ではなかった。アインシュタインの創造力は、新たな数学を作り出すことではなく、物理世界に関する極めて厳密な直観にあるのであって、それを彼は、既存の数学を駆使して見事に表現したのである。アインシュタインはまた、達観した立場から物事を見る才能も持っていた。極めて単純な原理から革新的な理論を導き、その際には、実験事実として広く知られている事柄ではなく、美的感覚を道案内とした。重要な観測結果は必ず、鍵となる少数の原理へまとめ上げることができる、そう彼は信じていた。真への入口は、美だったのである。

アインシュタインの生涯と業績に関しては、並べると何平方メートルをも覆い尽くす印刷物と、何人もの学者の研究人生が捧げられてきた。たった一章では到底語り尽くすこともできないし、情報量においても太刀打ちできない。そうはいっても彼は、対称性の歴史における重要人物でもある。対称性の数学を基礎物理学へ変えることとなるいくつもの出来事の口火を切ったのは、他ならぬアインシュタインだ。アインシュタイン本人はそう考えてはいなかったと思う。彼にとって数学は、ときにはかなり反抗するものの、物理学の下僕だった。のちになって次の世代がアインシュタインの切り開いた道をたどり、彼の先駆的な取り組みによって撒き散らされた、互いにもつれ合ってばらばらになっていた作物をきれいに収穫してやっと、彼の研究の基盤であった美しく深遠な数学的概念が明るみに出たのである。

そこでまず、この無名の特許局事務員、三級の技術職員で、しかも仮雇用の身だったこの人物が驚くべき名声を手にしたいきさつを、おおざっぱに振り返っておく必要がある。彼の物語は本書の一部でしかないので、話の筋に関係のある出来事だけを選ぶことにする。アインシュタインの人生についてもっと幅広く中立的な評価を知りたい読者は、アブラハム・パイス著『神は老獪《ろうかい》にして』を読まれたい。

確かに老獪だが、かつてアインシュタインが言ったように悪意は持っていない。

宗教にほとんど興味のなかったアインシュタインは、宇宙は理解可能であって数学に沿って振る舞うという信念に生涯を捧げた。彼の有名な言葉の多くは神を思わせるものだが、それは宇宙の秩序の象徴としてであって、人間的問題にじかに興味を示す超自然的存在としてではない。彼はどんな神も崇めず、どんな宗教儀式もおこなわなかったという。

アインシュタインをニュートンの後継者だと考えている人は多い。それ以前の科学者たちは、『自然哲学の数学的原理』の副題となっているニュートンの〝世界の体系〟にさまざまなものを付け加えてきたが、アインシュタインは初めて、その考え方そのものに大きな変化をもたらした。アインシュタイン以前の理論学者で最も重要なのが、電磁気の方程式を編み出し、磁気現象と電気現象、とりわけ光をニュートンの枠組みに当てはめた、ジェームス・クラーク・マクスウェルである。しかしアインシュタインはさらにずっと先へ進み、大きな変化を引き起こした。皮肉にも、新たな重力の理論を生み出したこの変化は、光などの電磁波に対するマクスウェルの理論の帰結として始まった。さらに皮肉なことに、この理論では光の波動性が基本的特徴として重要な役割を果たしているが、ニュートン自身は光が波であることを否定していた。極めつけに、光が波動であることの実証に現在使われている最も見事な実験の一つは、ニュートンが最初におこなったもの（回折実験）である。

光に対する科学的興味は、実際には哲学者だったアリストテレスが、科学者にとって当然のたぐいの問いを発したときにまで遡る。「我々はどのようにしてものを見ているのか」、という問いだ。アリストテレスは、我々が何か物体を見るとき、その物体はそれ自身と目とのあいだにある媒質に影響を及ぼすのだと提唱した（今で言う〝空気〟という媒質である）。すると目はその媒質の変化を検知し、その結果として視覚がもたらされるというのだ。

中世になると、この説明は逆転した。我々の目のほうが何らかの光線を放射し、それが物体を照らしているとされたのである。物体が目に信号を送るのではなく、目が物体に視線を走らせるということだ。

結局、我々は反射光によって物体を見ているのであって、日常生活ではその光の源はおもに太陽であることが分かった。数々の実験により、光は直線的に進んで〝光線〟を作ることが示された。反射は、光線が何か適当な表面で跳ね返ることによって起こる。したがって、太陽から、何かの影になっていないすべての物体に光線が注がれ、その光線があらゆるところで跳ね返り、その一部が観察者の目に入って目がその方向から信号を受け取り、目から入ってきた情報を脳が処理することで我々は、光線を反射した物体を見るのである。

アイザック・ニュートン

大きな疑問は、光とは何ものか、であった。光は数々の不可解な振る舞いを見せる。反射するだけでなく、屈折、つまり空気と水のように異なる媒質の境界で突然向きを変える。池の中に突き立てた棒が曲がって見えるのも、レンズが機能するのも、このためだ。

さらに奇妙なのが、回折現象である。ニュートンとたびたび衝突した科学者で博識のロバート・フックが、一六六四年、平らな鏡の上にレンズを置いてその上から見ると、色の付いた小さな同心円状のリングが見えることを発見した。初めてその形を解析したのがニュートンだったため、今ではそれは〝ニュートンリング〟と呼ばれている。現在ではこの実験は、光が波動であることを明確に証明するものと見なされている。これらのリングは、波動どうしが重なり合い、打ち消し合ったり打ち消し合わなかったりしてできる干渉縞だ。しかしニュートンは、光は波ではないと信じていた。光は直線状に進むのだから、粒子の流れであるはずだというのだ。一七〇五年に完成した彼の著書『光学』には、「光は、明るい物体から放射される小さな粒子、微粒子からできている」と記されている。粒子説に従えば、反射は極めて単純に説明できる。粒子が（反射する）表面にぶつかって跳ね返るのだ。だがこの説は、屈折を説明しようとすると困難に突き当たり、回折ともなると完全に崩れ去ってしまう。

ニュートンは、どうすれば光線が曲がるのかを考察し、光ではなく媒質のほうがおおもとの原因であると考えた。そしてそこから、振動を光より速く伝える〝空気のような媒質〟が存在すると提唱した。彼は、真空中を伝わることを自ら証明した放射熱が、その振動の証拠であると確信する。真空の中にある何ものかが熱を伝え、屈折や回折を起こすに違いない、というのだ。ニュートン曰く、暖かい部屋の熱は、空気よりはるかに希薄な媒質の振動によって真空中を伝わり、その媒質は空気を取り除いた後でも真空中に残るのではないか？　そしてこの媒質は、光の屈折や反射を引き起こし、また光が物体に熱を伝える際に振動する媒質と同じもので、反射や伝達にまさにふさわしいのではないだろうか？

私はこれを読んだとき、友人のテリー・プラチェットのことを思い浮かべずにはおられなかった。彼が書いた〝ディスクワールド〟を舞台とした連作のファンタジー小説は、この世界を諷刺したもので、その中ではさまざまな魔法使いや妖精や人間たちが人類の欠点をからかう。ディスクワールドでは、光は音とだいたい同じ速さで伝わり、朝日が草原の向こうから近づいてくるのを見ることができる。光に相対するものとして欠かせないのが〝闇〟で――ディスクワールドではほぼすべてのものが具体的な形を取っている――闇は光の進む道から退かなければならないので、光より速く動く。いずれも我々の世界でも見事な意味を持つが、残念なことにすべて真実ではない。

ニュートンの光の理論も、同じ欠点を抱えている。ニュートンも愚かではなく、彼の理論はいくつもの重要な疑問に答えてくれそうに思える。しかし残念なことに、それらの答えは、放射熱と光が別物であるという根本的な誤解に基づいている。ニュートンは、光が表面に当たると熱振動を引き起こすと考えていた。そしてその振動は、光を屈折させたり回折させたりするのと同じものだというのだ。

こうして〝発光性のエーテル〟という概念が生まれ、それは驚くほどしつこく生き長らえることとなる。のちに光が波動であると分かると、エーテルはまさに波動を抱え込むのにうってつけの媒質とされた（現在では、光は波動だけでも粒子だけでもなく、両方だと考えられている。ちょっと先走りすぎたようだ）。

さて、エーテルとは何だろうか？　ニュートンは真正直に、「エーテルが何ものかは分からない」と言っている。もしエーテルも粒子でできているとすれば、それは空気や光の粒子よりずっと小さく軽くなければならない、そう彼は論じた。ディスクワールドにおける理由と同じく、光の進む道から退かなければならないからだ。ニュートン曰く、「この粒子は極めて小さいため、粒子どうしを遠ざける力が強く、それによってこの媒質は空気よりはるかに希薄で容易に膨張し、その結果、投射物の運動を妨げるまでには到底至らず、自ら膨張することで物体全体に力を及ぼすことができる」。

これより前にオランダ人物理学者のクリスティアーン・ホイヘンスが、一六七八年発表の論文の中で、光は波動であるという別の理論を提唱していた。この理論は、反射、屈折、そして回折をきちんと説明している。回折と同様の現象は、例えば水面の波にも見られる。エーテルと光との関係は、水と海の波との関係に相当する。いずれも、波が通過するときに動く。しかしニュートンはこれに異議を唱えた。どちらの科学者も、波というものの性質について間違った前提を置いていたため、議論は甚だしく紛糾することとなる。

すべてが変わったのは、マクスウェルが舞台に登場したときだった。そして彼は、別の巨人の肩に乗っていたのだった。

電熱器、照明、ラジオ、テレビ、フードプロセッサー、電子レンジ、冷蔵庫、掃除機など、数々の機械はすべて、元をただせばマイケル・ファラデーという一人の人物の洞察から生まれた。ファラデーは、一七九一年、ロンドンのニューウィントン・バッツ通り（現在のエレファント・アンド・キャッスル）に生まれた。鍛冶屋の息子だったが、のちにヴィクトリア時代における科学界の重要人物となる。父親は、キリスト教の小さな宗派であるサンデマン派に属していた。

ファラデーは一八〇五年に製本職人の見習いとなり、科学実験、とりわけ化学の実験を始めるようになった。科学に対する興味が大きく膨らんだのは、一八一〇年、科学について語り合う若者のグループ、シティー・フィロソフィカル・ソサエティーに入会したときだった。一八一二年に彼は、イギリスを代表する化学者ハンフリ

マイケル・ファラデー

ー・デーヴィー卿が王立協会でおこなう最終講義のチケットを手に入れた。そしてそのすぐのちデーヴィーに、自分を雇ってくれるよう頼んだ。面接は受けたが、空いているポストはなかった。しかしまもなく、諍《いさか》いを始めたデーヴィーの化学助手が解雇され、ファラデーはそのポストの後任に収まったのだった。

　一八一三年から一八一五年まで、ファラデーはデーヴィー夫妻に付いてヨーロッパを歴訪した。ナポレオンがデーヴィーに従者を含めたパスポートを交付し、ファラデーはそのお付きとなったのだ。しかし、デーヴィーの妻ジェーンがその肩書きを文字通りに受け取り、自分の召使いとして働くよう望んでいることを知って、ファラデーは当惑した。だがそんな状況も、一八二一年には好転した。昇進し、著名なサンデマン教徒の娘サラ・バーナードと結婚したのだ。さらに良いことに、電気と磁気に関する彼の研究が好スタートを切った。デンマークの科学者ハンス・エルステッドの研究を受け、磁石の近くに置いたコイルに電流を流すと力が生じることを発見したのだ。電気モーターの基本原理である。

　やがて、彼の研究に対する興味は教務や講義に妨げられるようになったが、それもとても好ましい影響を及ぼした。一八二六年にファラデーは、科学に関する一連の夜間講話と、若者を対象としたクリスマス講義を開始し、いずれも現在なお続けられている。今ではクリスマス講義は、ファラデーの発見がもたらした装置の一つであるテレビで放映されている。一八三一年、実験を再開した彼は電磁誘導を発見した。この発見が変圧器や発電機を生み出し、一九世紀の産業を様変わりさせる。ファラデーは実験から、電気は、広く考えられていたように流体ではなく、物質粒子のあいだに働く何らかの力であると確信したのだった。

　科学における名声はふつう、管理職という栄誉をもたらし、評価されたその科学的活動を絶やしてしまうものだ。ファラデーもやはり、イギリスの海路の安全確保を使命とする水先案内協会の科学顧問となった。そして、より明るい光を発生させる、効率の良い新型石油ランプを発明した。一八四〇年にはサンデマン派の長老となったが、そのときには健康を害しはじめていた。一八五八年に彼は、ヘンリー八世の宮殿だったハンプトン・コートに自由に宿泊する権利を与えられた。そして一八六七年にファラデーは亡くなり、ハイゲート墓地へ埋葬された。

ファラデーの発明の数々はヴィクトリア時代に大変革をもたらしたが、彼は（おそらく初期の教育が欠けていたため）理論に弱く、発明品の動作の仕組みは力学に喩えて奇妙な形で説明した。ファラデーが磁気を電気に変換する方法を発見した一八三一年、あるスコットランド人弁護士が、彼にとって唯一の子どもとなる一人の息子を授かった。弁護士は所有地の管理のほうに興味があったが、幼い〝ジェイムジー〟の教育にもかなりの関心を払った。この子どもの正式な名前が、ジェームズ・クラーク・マクスウェルである。

ジェームズ・クラーク・マクスウェル

ジェイムジーは頭が良く、機械のとりこになった。「どうやって動くの？」が彼の定番の質問だった。もう一つは「どうしてうまくいくの？」だ。似た興味を持つ父親は、説明しようと必死になった。そして父親が行き詰まると、ジェイムジーはたたみかけて質問をした。「それはどうしてうまくいくの？」

ジェームズの母親は、息子が九歳のときに癌で亡くなった。その悲しみが、父親と息子の絆をますます強くした。少年はエディンバラ・

アカデミーへ入れられたが、そこでは古典が専門に教えられ、生徒は身ぎれいにし、標準的な科目に習熟し、秩序立った教育の妨げにならないよう独自の考えを完全に捨てなければならなかった。ジェイムジーは教師が望むような生徒ではなかったが、潔癖症の父親は、レースがあしらわれたひだ付きのチュニックなど衣服や靴を息子に特別に仕立ててやった。ジェームズは他の子どもたちに、〝ダフティー〟（変なやつ）というあだ名を付けられた。だがジェームズはめげることなく、疎《うと》まれながらも尊敬を勝ち得た。

そんな学校にも、ジェームズにとって一つだけ良い点があった。数学に興味を持たせてくれたことだ。父親に宛てた手紙には、「正4面体、正12面体、そして正しい名前を知らないあと二つの多面体（おそらく正8面体と正20面体）を作った」と記されている。一四歳のときには、考案者のデカルトにちなんでデカルトの卵形と呼ばれる一連の数学的曲線を独自に考え出したとして、賞を受賞している。その論文はエディンバラの王立協会でも発表された。

ジェームズは詩も書いていたが、数学の才能のほうが優っていた。一六歳でエディンバラ大学へ入学し、その後、数学においてはイギリス随一であるケンブリッジ大学で勉強を続けた。彼の試験指導をしたウィリアム・ホプキンスは、「これまで会ってきた学生の中でも、ジェームズは特別だ」と言っている。

学位を取得したジェームズは、大学院生としてケンブリッジに残り、光の実験に取り組んだ。その後、ファラデーの『電気の実験的研究』を読んで電気の研究を始めた。途中を大幅に端折って言うと、ジェームズは、ファラデーによる電磁気現象の力学モデルを採り上げ、一八六四年にそれを四つの数学法則からなる体系へまとめ上げた（当時の表記法では四つより多かったが、今ではベクトル表記によって四つにまとめられている。ちょっとした数学形式を使えば、さらに一つの法則にまで還元できる）。この法則は、電気と磁気を、空間全体に充満する二つの〝場〟――電場と磁場――によって記述するものだ。これらの場は、各場所での電気や磁気の強さだけでなく、その向きをも表している。

この四つの方程式は、物理的に単純な意味合いを持っている。二つは、電気や磁気が生成も消滅もしないことを言っている。三つめは、時間に応じて変化する磁場が周囲の電場へ及ぼす影響を表していて、ファラデーの発見した電磁誘導を数学的に表現したものだ。四つめは、時間に応じて変化する電場が周囲の磁場へ及ぼす影響を表している。言葉で表しただけでもまさに美しい。

マクスウェルの四つの方程式に単純な数学的操作を施すことで、彼がずっと心に抱いていたことが確かめられた。光は電気と磁気の波であって、電場と磁場をかき乱しながら伝わっていく、ということだ。

その数学的根拠として、マクスウェルの方程式からは、どんな数学者でも知っている、波の伝播を記述する〝波動方程式〟というものが容易に導ける。マクスウェルの方程式からはまた、その波の速さも予測できる。光の速さで進むことが分かるのだ。

光の速さで進むものはたった一つしかない。

当時、波は何ものかの中でうねるものだと決めつけられていた。波を伝える媒質が存在していなければならず、波はその媒質の振動だということだ。光の波を伝える媒質は、当然ながらエーテルとされた。そしてマクスウェルの数学によって、光の波は進行方向と直角に振動しなければならないことが分かった。なぜニュートンやホイヘンスがあれほどまでに混乱したのか、これで説明が付く。二人とも、波は進行方向に沿って振動すると考えていたのだ。

この理論からは、もう一つの予想が導かれた。電磁放射の〝波長〟、つまり波と波のあいだの距離はどんな値も取ることができる、という予想だ。光の波長はとても短いが、もっと長い波長を持つ電磁波も存在するに違いない。あまりに良くできた理論だったため、ハインリッヒ・ヘルツはそうした波を作ろうと思い立ち、それは今では電波と呼ばれている。それからすぐにグリエルモ・マルコーニが実用的な送受信機を作り、突如として我々は、地球上のどこでもほぼ瞬時に話ができるようになった。現在では、同じ方法によって映像を送ったり、レーダーで空を監視したり、GPSで道案内をしてもらったりしている。

残念ながら、エーテルという概念は問題を抱えていた。もしエーテルが存在するとすれば、太陽の周りを回っている地球はエーテルに対して動いているに違いない。その運動は検出できるはずで、もし検出できなければ、エーテルという概念そのものを、実験と相容れないとして放棄しなければならない。

この難問に対する答えが、物理学全体を根底から覆すこととなるのである。

一八七六年の夏、ヴュルテンベルク州のウルムという街で二人のユダヤ人商人が経営するイスラエル&レヴィ商会が、ヘルマン・アインシュタインという新たな共同経営者を見つけた。ヘルマンは若い頃、数学に関してかなりの才能を見せつけたが、両親には彼を大学にやる余裕がなかった。そしてこのとき彼は、羽毛ベッドを扱う商店の共同経営者となった。

八月にヘルマンは、カンシュタットの礼拝堂でパウリーネ・コッホと結婚し、やがてバーンホフシュトラーゼ(駅前通り)に居を構えた。それから八カ月たたないうちに一人目の子供が生まれた。出生証明書には、「男子、命名アルバート、ウルムの「ヘルマンの」邸宅において、イスラエルの信仰を持つ妻パウリーネ・アインシュタイン、旧姓コッホより出生す」と記されている。五年後、アルバートの妹マリアが生まれ、二人はとても仲良く育った。

アルバートの両親は、自分たちの信じる宗教を厳格には捉えず、その地方の文化に溶けこもうと努力した。当時ドイツに住むユダヤ人の多くは、異教を信じる市民たちとうまくやっていけるよう、自分たちの伝統文化を強調しすぎない〝同化主義者〟だった。ヘルマンとパウリーネが子どもたちに選んだ名前は、ユダヤ人にとって伝統的なものではなかった——ただ二人に言わせると、アルバートという名は祖父のアブラハムに〝ちなんで〟付けたということだが。ヘルマンの家で宗教の話題が頻繁に出ることはなく、アインシュタイン一家はユダヤ教の伝統的な儀式を執り行うこともなかった。

この本で採り上げるアルバートの子供時代の体験や性格に関する話は、おもに一九二四年に出版されたマリアの幼少期の回想録に基づいている。どうやら母親は、アルバートを出産したとき、赤ん坊の後頭部が奇妙に角張っていて異常なまでに大きいことに驚いたらしい。初めて赤ん坊を見たとき、「大きすぎるわ！　大きすぎるわ！」と泣き叫んだのだ。話しはじめるまでにも長い時間がかかったため、少年は精神に障害を持っているのではないかという恐れが膨らんだ。しかしアルバートは、自分のすることに自信が持てるまで待っていただけだった。のちに彼は、完全な文章をマスターしてからようやく話しはじめたのだと言っている。頭の中で文章を作ってみて、正しいと確信してから口に出したのだ。

アルバートの母親は、ピアノの名手だった。アルバートも六歳から一三歳まで、シュミードという名の先生からバイオリンを教わった。老年になってからこそバイオリンに夢中になったが、子どもの頃はレッスンにうんざりだった。

羽毛ベッドの商売が失敗し、ヘルマンは弟のヤコブと共同でガス水道事業を始めた。技術者ヤコブは起業家でもあって、アインシュタイン家は新たな事業にかなりの金を投資した。やがてヤコブは、電力業にも事業を拡大することを決めた。電気機器の設置ではなく、発電所用の装置の製作だ。会社は一八八五年に正式に発足し、二人の兄弟はミュンヘンの同じ家へ移り住み、パウリーネの父親など親戚の経済的支援を受けた。初めのうち経営はうまくいき、エレクトロニッシェ・ファブリク・J・アインシュタイン&Coは、ミュンヘン地区や遠くはイタリアにまで発電装置を販売した。

アインシュタイン曰く、物理に対する興味に火が付いたのは、父親が方位磁針を見せてくれたときだったという。四歳か五歳の頃に、方位磁針をどちらに向けても同じ方角を向くことに興味をそそられ、物理宇宙の隠された驚異を初めて垣間見たのだ。彼にとってこの経験は、神秘的とも言えるものだった。

学校でのアルバートは、勉強こそできたものの、初めは特別な才能など見せなかった。慎重で几帳面、成績は良かったが、人付き合いは苦手だった。一人で遊ぶのが好きで、トランプの家を作るのがとくにお気に入りだった。スポーツは嫌いだった。一八八八年に高校へ進学するとラテン語の才能を開花させ、一五歳で卒業するまでずっとラテン語と数学はクラスで一番だった。彼の数学の才能は、技術者として高等数学をかなり学んでいた叔父ヤコブ譲りだった。ヤコブは幼いアルバートに数学の問題を出し、アルバートはそれが解けると喜んだのだった。一家の友人であるマックス・タルムートもまた、アルバートの成長に大きな影響を与えた。タルムートは貧乏な医学生で、ヘルマンとパウリーネは毎週木曜日に彼を夕食に招待していた。そんな彼はアルバートに一般向けの科学書を何冊もプレゼントし、やがてイマニュエル・カントの哲学書も教えるようになる。二人は哲学や数学について何時間も語り合った。タルムート曰く、アインシュタインが他の子どもと遊んでいるところは見たことがなく、彼が読むものといったら決まって真面目な本で、薄っぺらなものは決して読まなかったという。唯一の息抜きは音楽で、彼はパウリーネの伴奏でベートーベンやモーツァルトのソナタを演奏した。

数学に対するアルバートの興味がさらに高まったのは、一八九一年、のちに彼が〝神聖なる幾何学書〟と呼ぶユークリッドの著作を手に入れたときだった。彼が最も強い印象を受けたのは、論理の明快さ、つまり思考の流れを組み立てるユークリッドなりの方法だった。いっときアルバートは、学校での必修教程（たまたまカトリック教で、他に選択肢はなかった）とユダヤ教の家庭指導のせいで、かなり深い信仰心を抱いた。しかし科学のことを知ると、それらすべてを脇に追いやった。ヘブライ語の勉強と、ユダヤ教における成人となるべき取り組みを、突然やめてしまったのだ。アルバートは別の天職を見つけたのである。

一八九〇年代前半になると、エレクトロニッシェ・ファブリク・J・アインシュタイン&Coには暗雲が漂いはじめた。ドイツ国内での売り上げが落ち込み、イタリアの代理店ロレンツォ・ガローネにはイタリアへ移転すべきとまで言われた。一八九四年六月、このドイツ企業が廃業し、家は売りに出され、アインシュタイン一家はミラノへ移り住んだ。だがアルバートだけは、学校を卒業するためドイツに留まった。〝アインシュタイン&ガローネ〟がパビアに店を開き、のちに一家もこの街へ引っ越すが、アルバートは単身ミュンヘンに残ったのである。

何とも憂鬱な経験で、彼にとっては嫌だった。さらに追い打ちをかけるように、徴兵される恐れも出てきた。アルバートは両親に告げぬまま、イタリアにいる家族と合流することに決めた。そこで、かかりつけの医師に頼みこんで神経障害を患っているという診断書を出してもらい——ある意味、本当のことだったのかもしれない——学校に退学を認めてもらって、一八九五年の春、事前の連絡もなしにパビアへ姿を現した。愕然とした両親に彼は、勉強を続けてチューリヒにあるETH(連邦工科大学、当時も今もスイスを代表する高等教育機関)の入学試験を受けると約束した。

アルバートは、イタリアの陽光のもと才能を開花させた。一〇月にはETHの入学試験を受けたが、失敗した。数学と科学は難なく合格だったが、人文学でしくじったのだ。小論文もできが悪かった。だが、実はETHへ入学する道がもう一つあり、高校の卒業資格であるマトゥラを取得すれば自動的に入学が認められるのだった。そこで彼は、ウインテラー家に下宿しながら、スイスの街アーラウにある学校へ通った。ウインテラー家には七人の子どもがいて、アルバートは彼らと交流し、両親とは生涯続く親愛の情を育んだ。学校の〝自由な精神〟と優れた教師陣には喜びを感じ、先生たちはうわべの権威には屈しないと明言した。

生涯で初めて、彼は学校生活を楽しんだ。いつの間にか成長し、自分の意見を示すようになった。将来の計画について書いたフランス語の小論文には、数学と物理学を研究したいと記されている。

一八九六年にアルバートはETHへ入学し、ヴュルテンベルクの市民権を放棄して無国籍となった。月の仕送りの五分の一は、のちにスイスへ帰化する際の費用として貯金した。しかし、父親と叔父ヤコブが経営していた電機工場が倒産し、一家の資産の大部分が消えた。ヤコブは大きな企業に定職を見つけたが、ヘルマンは再び会社を立ち上げようと決心した。アルバートの反対にも耳を貸さず、彼はミラノで事業を始めたが、わずか二年しか持たずに失敗した。アルバートはまたもや一家の不幸に気を落としたが、やがて父親はヤコブの紹介で発電所設置の職に就いた。

アルバートは、ETHにいるほとんどの時間を物理学研究室で過ごし、数々の実験をおこなった。教授のハインリッヒ・フリードリッヒ・ウェーバーは、彼のことを大して評価してはいなかった。教授は若きアインシュタインにこう言ったという。「アインシュタイン君、君は賢い少年だ。とても賢い。だが一つ大きな欠点がある。人の話を黙って聞かないことだ」。そんな教授にアルバートは、ある実験を中止させられてしまった。地球がエーテルに対して動いているかどうかを見極める実験だ。電磁波を伝えるとされていた、宇宙全体に広がる仮想上の流体である。

アインシュタインもまた、時代遅れの授業をするウェーバーにあまりいい印象は持っていなかった。とりわけマクスウェルの電磁気理論を詳しく説明してくれないことに失望し、一八九四年出版のドイツ語で書かれた教科書を使ってそれを自力で学んだ。彼は、アドルフ・フルウィッツとヘルマン・ミンコフスキーという二人の有名な数学者の講義を受講した。極めて独創的なミンコフスキーは、数論にまったく新たな手法を導入し、のちには相対論において数学的に重要な貢献を果たす。アルバートはまた、進化に関するチャールズ・ダーウィンの本も何冊か読んだ。

ETHで学位を取るには、今ではティーチング・アシスタントと呼ばれている助手の職に就き、その後の学費を稼がなければならなかった。ウェーバーは、そういうポストに就かせてやれそうだとアルバートにほのめかしはしたものの、話は流れてしまった。そんなウェーバーを、彼は決して許さなかった。フルウィッツにもそうしたポストがないか尋ねる手紙を送り、好意的な返事が戻ってきたが、またも事態は進展しなかった。一九〇〇年の末まで、彼は無職の身だったのだ。そうした中でもアルバートは、分子間に働く力に関する、彼にとって初めての研究論文を発表した。そのすぐ後にスイスの市民権を獲得し、のちにアメリカへ渡ってもそれを生涯持ちつづけることとなる。

アルバートは一九〇一年の間ずっと、大学での教職を得ようと、手紙を書いたり、論文の写しを送ったり、公募中のポストに応募したりしていた。だが、運が味方することはなかった。破れかぶれになった彼は、高校の非常勤教師の職に就いた。だが自分でも驚いたことに、彼は教えることに楽しみを見いだし、さらに、物理学の研究を続ける時間もたくさん手にした。友人のマルセル・グロスマンには、自分は気体の理論と、再びエーテル中の物体の運動に取り組んでいると語っている。そしてその後、別の高校の非常勤職へ移った。

ここでグロスマンが、アルバートに救いの手をさしのべる。父親を説得し、アルバートをベルンの連邦特許局の局長に紹介してもらったのだ。求人が正式に公開されると、アインシュタインはそれに応募した。彼は教師の職を辞め、一九〇二年前半にベルンへ移り住んだが、正式にはまだ採用を伝えられてはいなかった。内々に確約をもらったか、あるいは相当自信があったのだろう。採用が発表されたのは、一九〇二年六月のことだった。望んでいた研究職ではなかったが、年俸三五〇〇スイスフランという、衣食住をまかなうには十分な給料だった。そして物理をやる時間も十分にあった。

ＥＴＨで彼は、科学と、そしてアルバートに強い興味を持つ、ミレーヴァ・マリッチという若い学生と出会っていた。二人は恋に落ちた。だが残念なことに、パウリーネ・アインシュタインはその将来の義理の娘を嫌い、敵意さえ示していた。やがて父ヘルマンが、末期的な心臓病にかかった。死の床で父親はようやくアルバートとミレーヴァの結婚を許したが、それを伝え終わると一人にしてくれと家族全員に頼み、ひとりぼっちで息を引き取った。アルバートは、生涯にわたって罪の意識を感じていた。彼とミレーヴァは一九〇三年一月に結婚し、二人の唯一の息子ハンス・アルバートが一九〇四年五月に誕生した。

特許局での仕事はアインシュタインにぴったりで、彼は職務を効率的にこなし、一九〇四年の末には常勤となったが、上司には、さらなる昇進は機械技術を理解するかどうかにかかっていると釘を刺された。物理のほうもまた、統計力学に関する研究で進展を見せた。

すべては、この特許局事務職員がやがてノーベル賞をもたらす一篇の論文を書く〝黄金の年〟、一九〇五年に繋がっていった。その年に彼は、チューリヒ大学から博士号を授与された。また、機械技術を習得したらしく、第二級技術専門官に昇進して、年俸が一〇〇〇フラン上がった。

アルバートは有名になってからもずっと、特許局での仕事へ導いてくれたグロスマンに感謝していた。何よりもそのことで物理学の研究ができるようになったのだと、彼は言う。天才的とも言える完璧な手柄であって、彼はそれを決して忘れなかった。

物理学の歴史上もっとも注目すべきその年、アインシュタインは三編の大論文を発表した。

一つは、流体中に漂う微小な粒子のランダムな動き、いわゆるブラウン運動に関するものだ。この現象は、発見者である植物学者のロバート・ブラウンにちなんで名付けられている。一八二七年、ブラウンは、水に浮かべた花粉粒を顕微鏡で観察していた。すると、その花粉に空いた穴の中で、さらに小さな粒子がランダムに揺れ動いているのに気づいた。この種の運動を記述する数学は、一八八〇年にトルバルド・ティーレが、そして一九〇〇年にそれとは独立にルイ・バシェリエが編み出した。バシェリエが思いついたのはブラウン運動そのものではなく、株式市場のランダムな変動についてだったが、二つの数学はまったく同じであることが証明された。

だがその物理的説明は、いまだ大いに混乱していた。そんな中、アインシュタインと、それとは独立にポーランドの科学者マリアン・スモルコフスキーが、あることに思い至った。ブラウン運動は、当時まだ証明されていなかった、物質は原子からできていて、それが結合して分子を作っているという理論の正しさを示す証拠かもしれないということだ。いわゆる〝気体分子運動論〟によれば、気体や液体中の分子は絶えず互いに衝突していて、事実上ランダムに運動しているとされる。アインシュタインは、そのような過程を記述する数学を導き、それがブラウン運動の観察結果と一致することを示したのである。

二つめの論文は、光電効果に関するものだった。アレクサンドル・ベクレル、ウィロビー・スミス、ハインリッヒ・ヘルツなどが、ある種の金属に光を当てると電流が流れるという現象を発見していた。そこでアインシュタインは、光は微小な粒子からできているという量子力学の仮説を出発点に論を進めた。そして計算したところ、この仮定は実験データととても良く一致することが明らかとなった。量子力学にとって有利に働く、初めての強力な証拠だった。

どちらの論文も、まさに飛躍的な前進だった。だが三つめの論文は、それらとは格が違う。ニュートンを超えて、空間、時間、物質に対する我々の見方を根底から覆す、特殊相対論の論文である。

空間に対する我々の日常の見方は、ユークリッドやニュートンのものと同じだ。空間は3次元で、北、東、上と、建物の角のように互いに直角をなす三つの独立した方向を持っている。空間の構造はどの場所でも同じで、空間を占める物質のほうがさまざまに異なっている。空間内に存在する物体は、回転、鏡映、そして回転することなく横滑りする〝並進〟といったように、さまざまな形で動かすことができる。もっと抽象的に言うと、これらの変換は空間そのものに適用させたものと考えられる（〝座標系〟の変換）。空間の構造、およびその構造を表していてその中で作用する物理法則は、これら変換のもとで対称的である。要するに、物理法則は場所や時間によらず一定だということだ。

ニュートン流の物理観では、時間は空間と独立したもう一つの〝次元〟を作る。時間は1次元であり、その対称変換はさらに単純だ。並進させたり（すべての事象に一定時間を加える）、鏡映させたり（思考実験として時間を逆回しにする）できる。物理法則は、何日に測定を始めたかには左右されないので、時間の並進に関して対称的であるはずだ。基本的な物理法則のほとんどは時間の反転に関しても対称的だが、一部そうでないものもあり、それはかなり謎めいた事実である。

しかし、新たに発見された電気と磁気の法則について数学者や物理学者が考察を始めたところ、ニュートン流の世界観にはどうやら当てはまらないことが分かってきた。法則を変化させないような空間と時間の変換は、並進、回転、鏡映といった単純な〝運動〟ではなかったのだ。しかも、そうした変換を空間か時間どちらかだけに適用させることはできなかった。空間だけを変えると、方程式が成り立たなくなる。それを補うために、時間のほうも変えなければならないのだ。

運動していない系だけを研究対象とする限り、この問題はある程度無視できた。だが、電子のような運動する荷電粒子を記述する数学となると、この問題が頭をもたげてくる。一九世紀後半の物理学において、それは大問題だった。そしてそれに伴い、対称性に関する懸念ももはや無視できなくなったのである。

一九〇五年まで、マクスウェルの方程式の持つこの奇妙な性質について、大勢の物理学者や数学者が頭を悩ませてきた。電気と磁気が関係してくる実験を、実験室と走行中の列車の中でおこなったとすれば、それら結果はどのようにして比較すべきなのだろうか？

もちろん走る列車の中で実験をする人などめったにいないが、研究者はみな、動く地球の上で実験をしている。しかし多くの目的にとっては、実験装置も地球と一緒に動いていて、その運動が結果に違いを及ぼすことはないので、地球は静止していると見なせる。例えばニュートンの運動の法則は、直線上を一定速度で運動する〝慣性座標系〟である限り、どんな場合でも正確に等しい。地球の動く速さはかなりの程度一定だが、地軸を中心に自転するとともに太陽の周りを公転しているので、太陽に対する相対運動は直線的でない。それでも装置がたどる経路はほぼ直線であって、その曲率が実験結果を左右することもあれば、まったく影響を及ぼさないこともあるのだ。

マクスウェルの方程式が回転する座標系で異なる形を取るだけだったら、誰も心配する人はいなかったはずだ。彼らが発見したのは、もっと厄介なことだった。慣性座標系でも、マクスウェルの方程式は異なる形を取るのだ。

走る列車内での電磁気学は、たとえ一定速度で直線上を走っていようが、動かない実験室の電磁気学と違ってしまうのである。

問題はそれだけではなかった。列車が動いているとか地球が動いているとか言うのは勝手だが、実際、運動の概念は相対的である。例えば、我々が地球の運動に気づくことはほとんどない。太陽が朝に昇って夕方に沈むのは、地球が自転しているからだと説明できる。しかしその自転を感じることはできず、あくまで推定するしかない。

列車の座席に座って窓から外を眺めていると、自分は静止していて田園風景のほうが走り去っているように感じることがある。一方、野原に立って、あなたの乗る列車が通り過ぎるのを見ている人は、逆に自分が静止していて列車が動いていると感じる。地球が太陽の周りを回っているのであって、太陽のほうが地球の周りを回っているのではないと言ったとき、その人はちょっとした差別をしていることになる。どの座標系を選ぶかによって、どちらの言い方も通用するからだ。太陽を基準とした座標系を選べば、地球がその座標系に対して動いていて、太陽は静止していることになる。だが地球上の住人が考えるように、地球を基準とした座標系であれば、動いているのは太陽のほうになるのだ。

だとしたら、地球が太陽の周りを回っていてその逆ではないという太陽中心説は、どうしてあんなに大騒ぎを巻き起こしたのだろうか？　ジョルダーノ・ブルーノは、教会と食い違う言い方が正しいと主張したため、哀れにも火刑に処された。はたして彼は、単なる解釈の違いのせいで殺されたのだろうか？

そうとも言えない。ブルーノは、神の非存在をはじめとして、教会が異端だとする主張をいくつも繰り広げた。もし太陽中心説に触れなかったとしても、彼は同じ運命をたどっていたことだろう。だが、「地球が太陽の周りを回っている」という言い方のほうが「太陽が地球の周りを回っている」という言い方より優れているのには、一つ重要な意味合いが含まれている。大きな違いは、太陽を基準とした地球の運動のほうが、地球を基準とした太陽の運動より、数学的にはるかに単純に表現できることだ。地球を中心とした理論も可能ではあるが、とても複雑になる。美は単なる真より大切だ。自然界を正しく記述する見方はいくつもあるが、その中には、より奥深いものもそうでないものもある。

さて、すべての運動が相対的だとしたら、絶対的に〝静止〟しているものはありえない。次に単純な、すべての静止座標系が平等であるという仮定は、ニュートン力学となら矛盾しない。しかし、マクスウェルの方程式とは矛盾してしまうのだ。

一九世紀が幕を閉じる頃、一つさらに興味深い事柄について考えなければならなくなってきた。光はエーテル中を伝わる波動だと信じられていたので、そのエーテルは静止しているはずだと考えられていた。すべての運動が相対的なのではなく、エーテルに対応した運動は絶対的なのかもしれないというのだ。だがそれでも、マクスウェルの方程式がすべての慣性座標系で同じではない理由は説明できなかった。

ここに共通しているテーマが、対称性だ。一つの座標系から別の座標系へ変えるというのは、時空に対する対称変換の一つだ。慣性座標系は並進対称変換に対応し、回転する座標系は回転対称変換に対応する。ニュートンの法則があらゆる慣性座標系で同じだというのは、その法則が一定速度の平行移動に関して対称的だという意味である。マクスウェルの方程式は、なぜかこの性質を欠いている。慣性座標系の中には、他よりもっと静止しているものがある、と言っているようなものなのだ。そして、どんな慣性座標系が特別だとしても、それはエーテルに対して静止しているに違いないのである。

こうした問題からは、一つは物理的、もう一つは数学的な、二つの疑問が生まれてくる。物理的な疑問は、エーテルに対する運動を実験によって検出できるか。数学的な疑問は、マクスウェルの方程式の対称性はどんなものか、である。

一つめの疑問に対する答えは、アメリカ海軍士官で、ヘルムホルツのもと物理学を学ぶため休職していたアルバート・マイケルソンと、化学者のエドワード・モーレーによって見いだされた。二人は、方角による光速の微小な違いを測定する高感度の装置を組み立て、どの方角でも違いは見られないと結論した。地球がエーテルに対して静止しているとも考えられるが、地球が太陽の周りを回っていることを考えれば納得がいかない。もしそうでないとすれば、エーテルは存在せず、光は相対運動に関する通常の規則には従わないことになる。

エドワード・モーレー

アルバート・マイケルソン

アインシュタインは、この問題に数学的な方向から取り組んだ。論文の中でこそマイケルソン＝モーレーの実験には触れていないが、のちに、その実験のことは知っていて自分の考えに影響を与えたと言っている。彼は、実験に頼るのではなく、マクスウェルの方程式が持つ対称性を導き出し、それが何とも奇妙な特徴を持つことを見いだした。空間と時間が混ざり合うという特徴である（アインシュタインは対称性の役割をあからさまには述べていないが、それほどひた隠していたわけでもない）。この不思議な対称性からは、エーテル——そうした媒質が存在すると仮定して——に対する等速運動は観測できないという結論が導かれる。

アインシュタインの理論が〝相対論〟と呼ばれるようになったのは、相対運動と電磁気学に関する意外な事柄を予測したからだったのである。

〝相対論〟という呼び名はかなり不適切で、誤解を招く名称だ。アインシュタインの理論が持つ最大の特徴は、相対的でないものが存在するということなのだから。すなわち、絶対的なのは光速である。野原に立つ観測者と、走る列車の中に立つ観測者にそれぞれ光線を送ると、どちらの人も光線の速度を同じとして観測するのだ。

明らかに直観に反していて、一見したところばかげているようにも思える。光速は秒速およそ三〇万キロメートルだ。野原にいる観測者にとっては、当然この値が測定される。では、列車の中の人にとってはどうだろうか？

いま、列車が時速一〇〇キロメートルで走っているとしよう。まず、隣の線路をもう一本の列車がやはり時速一〇〇キロメートルで走っている様を考える。窓から外を見て、その列車を見てみよう。どれだけの速さで動いているように見えるだろうか？

同じ方向に走っているのなら、答は時速0キロメートルだ。もう一本の列車はあなたと同じ速度で走り、ずっとそばに付いているので、あなたの乗っている列車に対して動いていないように見える。もし逆方向に走っているなら、もう一方の列車は時速二〇〇キロメートルで通過するように見えるだろう。やってくる列車の速度に、あなたの列車の速度、時速一〇〇キロメートルが足し合わされることになるからだ。

列車の速度を測る場合は、以上のようになる。

次に、二本目の列車を光線に置き換えてみよう。光速は、時速になおすと1,079,252,849キロメートルだ。あなたの乗る列車が光源から遠ざかって走っているとしたら、光が列車に〝追いついて〟くるので、1,079,252,849－100＝時速1,079,252,749メートルで観測されると考えられる。逆に列車が光源に向かって走っているとしたら、光の見かけの速度に列車の速度が足し合わされるので、列車に対する光の速度は1,079,252,849＋100＝時速1,079,252,949キロメートルになるだろう。

しかしアインシュタインによれば、どちらの値も間違っている。どちらの場合にも、観測される光の速度は時速1,079,252,849キロメートルとなり、野原にいる人が観測するのと同じ速度になるのだ。

とんでもないことに思える。もう一本の列車には相対運動に関するニュートンの法則が通用するのに、なぜ光には通用しないのだろうか？　アインシュタインが下した答えは、超高速で運動する物体に関して物理法則はニュートンの法則と違う、というものだった。

もっと正確に言うと、物理法則はニュートンの法則と違う、以上だ。しかしその違いが際立ってくるのは、物体が光速に極めて近い速度で運動している場合だけである。時速一〇〇キロメートルといった遅い速度では、ニュートンの法則はアインシュタインの提唱した法則に対して良い近似になっていて、両者の違いに我々は気づかない。だが速度が増してくると、違いはどんどん大きくなっていって観測できるようになる。

物理的に重要なポイントは、マクスウェルの方程式の持つ対称性が、方程式だけでなく光速まで保存することである。実のところ、光速は方程式に組み込まれている。だから光速は絶対的でなければならないのである。

この考え方を〝相対論〟と呼ばなければならないのは、何とも皮肉である。実はアインシュタインは、それを〝不変理論〟と名付けたかった。しかし〝相対論〟という名前が定着してしまい、しかも数学の分野にもともと不変理論と呼ばれるものが存在していたため、アインシュタインの望んだ呼び名は混乱を招きかねなかった。それでも、すべての慣性系において光速が不変である理論を〝相対論〟と呼ぶのに比べれば、さほど混乱はなかったはずだ。

〝相対論〟から導かれる結論は、奇妙なものばかりだ。光速は速度の上限である。光より速く動くことはできず、光より速くメッセージを送ることもできない。スターウォーズの超光速航法《ハイパードライブ》もありえない。光速に近づくと、長さは縮み、時間はゆっくりになり、質量は際限なく増加する。だが驚くことに、本人はそれに気づかない。測定装置もまた、長さが縮み、ゆっくりになり（時間がよりゆっくり経過する）、重くなるからだ。野原にいる人と列車に乗っている人が、相対運動があるにもかかわらず光を同じ速度で観測するのは、このためである。長さと時間の変化が、相対運動による影響を正確に打ち消すのだ。マイケルソンとモーレーがエーテルに対する地球の運動を検出できなかったのも、このせいである。

あなたが動いていたとしても、すべては止まっているときと同じように見える。物理法則では、あなたが動いているか静止しているかを見分けることはできない。加速しているかどうかは見分けられるが、速度が一定だと、どれだけ速く動いているかは分からないのだ。

やはり奇妙に思えるだろうが、この理論は実験によって詳細にわたるまで実証されている。相対論からのもう一つの帰結が、質量とエネルギーを結びつける有名な公式$E=mc^2$だ。この公式が間接的に原子爆弾へと繋がったのだが、その役割は大げさに取り上げられることがしばしばである。

光はあまりに身近なので、それがどれほど奇妙なのか考えることはめったにない。質量を持たないように見え、あらゆる場所に行きわたっていて、これのおかげで我々はものを見ることができる。光とは何か？　電磁波だ。何の波か？　時空連続体の波だ――〝分からない〟というのを小難しく言ったにすぎない。二〇世紀初頭、この波の媒体は発光性のエーテルだと考えられていた。しかしアインシュタイン以降、我々はエーテルに関してある事実を知った。エーテルは存在しないということだ。光の波は、何ものかの波ではないのである。

後ほど説明するように、量子力学はさらに先を行く。光の波が何かの波ではないだけでなく、すべてのものが波なのだ。波を支える媒体、つまり波が通過すると揺れ動く時空の織物の代わりに、この織物そのものが波からできているのである。

マクスウェルの方程式によって明るみに出た時空の対称性が、ニュートン流の常識的な対称性と違うことに気

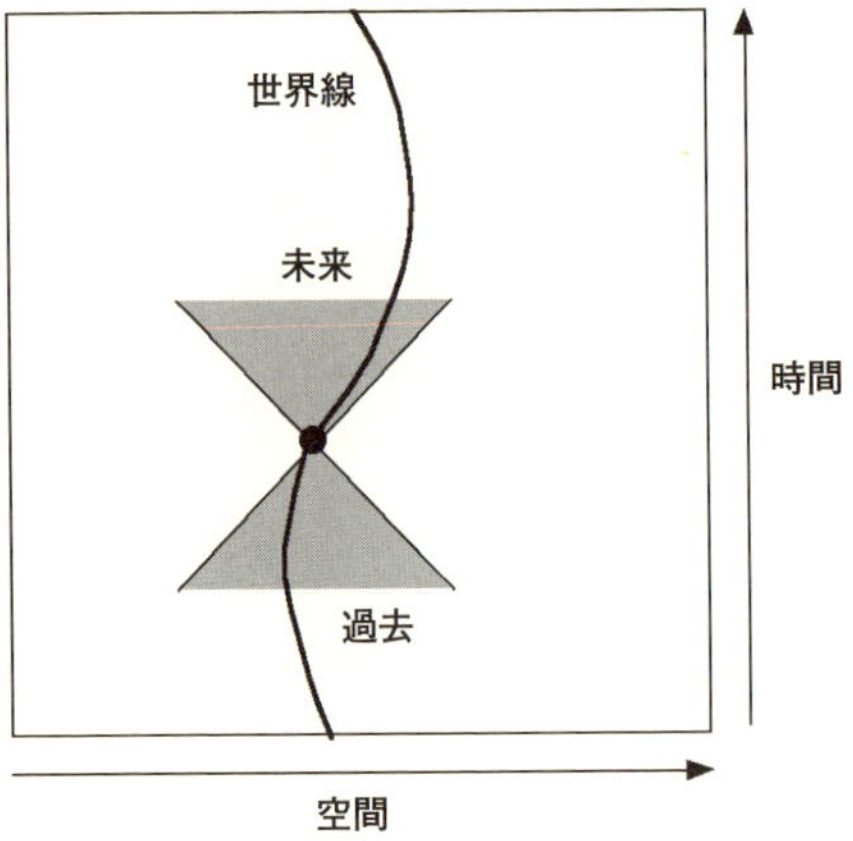

ミンコフスキー時空の幾何

づいたのは、アインシュタインだけではなかった。ニュートンの考え方では、空間と時間は互いに別個のものだ。そして物理法則の対称性は、空間の剛体運動と、それとは独立した時間の移動とを組み合わせたものである。しかし先ほど述べたように、これらの変換に関して、マクスウェルの方程式は不変でない。

このことについて深く考察した数学者のアンリ・ポアンカレとヘルマン・ミンコフスキーは、純粋に数学的なレベルで、時間と空間の対称性に対する新たな見方へとたどり着いた。もし二人がこの対称性を物理的な内容に即して表現していたら、彼らはアインシュタインを出し抜いて相対論を編み出していたはずだが、実際にはどちらも物理的に考察することを避けてしまった。彼らは確かに、電磁気学の法則の持つ対称性が空間と時間に対してそれぞれ独立に影響を及ぼすのではなく、両者を混ぜ合わせてしまうということを理解していた。こうした互いに絡み合った変化を記述する数学的枠組みは、物理学者ヘンドリク・ローレンツにちなんでローレンツ群と呼ばれている。

ミンコフスキーとポアンカレは、このローレンツ群を、物理法則の持ついくつかの特徴を抽象的に表現したものだと捉え、「時間がよりゆっくり進む」とか「物体は加速すると縮む」といった言い回しは、何か現実のものというよりも漠然とした比喩であると考えた。しかしアインシュタインは、これらの変換は真に物理的な意味を持つと主張した。そして特殊相対論という一つの物理理論を定式化し、ローレンツ群の数学的枠組みを、空間と時間別々ではなく、統一された時空というものの物理的記述へと組み込んだのだった。

ミンコフスキーは、この非ニュートン的物理学に対する幾何学的描像を思いつき、それは今ではミンコフスキー時空と呼ばれている。これは空間と時間を別々の座標として表したもので、運動する粒子は時間経過とともに曲線――アインシュタインは〝世界線〟と呼んだ――を描いていく。光より速く運動する粒子は存在しないので、世界線が時間方向から四五度以上傾くことはない。そして粒子の過去と未来は、必ず光円錐という複円錐の内側に入る。

こうして、電気と磁気という自然界の二つの基本的な力はうまく取り扱えるようになった。しかしこの描像からは、一つ基本的な力が抜け落ちていた。重力だ。アインシュタインは、自然法則は対称的でなければならないという信念を再び拠り所として、重力を含んだより一般的な理論を編み出すことに取り組んだ。そして、時空そのものが湾曲していて、その曲率が質量に対応するという、一般相対論へたどり着いた。さらにこの考え方からは、宇宙はおよそ一三〇億年前にちっぽけなしみのようなものから膨張してきたという現在のビッグバン宇宙論や、あまりに重いため光さえもその重力場から逃げ出せないブラックホールという驚くべき天体の概念が生まれたのである。

一般相対論のおおもとをたどると、非ユークリッド幾何学に関するかつての研究にまで遡る。そこからガウスは、任意の二点間の距離を表す〝計量〟という概念を思いついた。新たな幾何学では、計量を表す式として、ピタゴラスの定理から導かれる従来のユークリッド幾何学の式とは違うものが用いられる。その式がいくつかの単純な規則に従う限り、意味のある〝距離〟の概念が定義される。中でも重要な規則が、A地点からC地点までの距離は途中でB地点を経由しても決して減少しない、というものだ。つまり、AからCまで直接行くときの距離は、AからBまでの距離とBからCまでの距離の和と等しいか、あるいはそれより小さい、ということである。この規則は〝三角不等式〟と呼ばれているが、この呼び名は、ユークリッド幾何学では三角形のどの辺も残り二つの辺の和より短いことから来ている。

ピタゴラスの公式は、空間が〝平坦〟であるユークリッド幾何学において成り立つ。したがって、計量がユークリッド幾何学のものと異なる場合、その違いは空間のある種の〝曲率〟がもたらすものと考えられる。その様子は空間を曲げたとして思い描くことができるが、その空間を曲げる場所としてのより大きな空間がなければならないので、あまりいい表現法とは言えない。〝曲率〟を考えるより適した方法は、空間の各領域が伸びたり縮んだりしていて、内部から見ると外側より多くの、あるいは少ない空間があるように見えるという捉え方である（イギリスのテレビシリーズ『ドクター・フー』が好きな人なら、内部が外部より大きい宇宙船兼タイムマシン、ターディスを思い浮かべることだろう）。ガウスの聡明な学生リーマンは、計量の考え方を2次元から任意の次元へ拡張し、さらに距離を局所的に――近接した二点間で――定義できるよう手直しした。こうした幾何はリーマン多様体と呼ばれ、最も一般的な種類の〝湾曲した空間〟である。

物理は空間でなく時空を舞台としていて、アインシュタインによれば、その〝平坦な〟幾何学はユークリッドでなくミンコフスキー幾何学である。時間が、空間とは違う形で〝距離〟の式に入ってくるのだ。そしてそうした幾何構造が、〝湾曲した時空〟だ。特許局事務職員が求めていたのは、まさにそれだったのである。

アインシュタインは長いあいだ苦労して、一般相対論の方程式を導き出した。初めに、重力場の中で光がどのように進むのかを考え、そこから、その後の研究の基礎となる一つの基本的原理にたどり着いた。〝等価原理〟

である。ニュートン力学によれば、重力は力を及ぼし、物体どうしを引きつける。そして力は加速を引き起こす。等価原理とは、加速と重力場の影響とは区別できないというものだ。言い換えると、相対論へ重力を組み込むには、加速を理解すればいいということだ。

一九一二年までにアインシュタインは、重力理論がどんなローレンツ変換のもとでも対称的になることはありえず、ローレンツ対称性がどの地点でも正確に成り立つのは、物体が存在せず、重力がゼロで、時空がミンコフスキー時空である場合だけだという確信に至っていた。この〝ローレンツ不変性〟の条件を放棄したおかげで、彼は無駄な努力をせずに済んだわけだ。彼は一九五〇年に、「基本方程式に等価原理を組み込まなければならないことだけを堅く信じていた」と記している。しかし彼は、その原理の限界までも見抜いていた。この原理は局所的にしか成り立たず、真の理論の無限小近似のようなものだということを。

一九〇七年にアインシュタインは、ETHの幾何学の教授になっていた友人グロスマンに説得され、彼と同じポストに就いた。しかし一年後に彼はベルリンへ発ち、さらにプラハへ移った。それでもグロスマンとは連絡を取りつづけ、それが大いに役立った。一九一二年にグロスマンから、どんな数学形式を考えるべきか見極める上で手助けを得たのだった。

この問題は解けないでいたが、……突然、この謎を解く鍵はガウスの曲面の理論が握っていることを悟った。……しかしそのときは、リーマンが幾何学の基礎についてもっと深遠な形で研究していたことを知らなかった。……私がプラハからチューリヒへ戻ってきたとき、親友である数学者のグロスマンがいた。彼から初めて、リッチ、そしてリーマンのことを教わった。そこで友人に、私の問題はリーマンの理論を使って解けるかどうか尋ねた。

〝リッチ〟とはグレゴリオ・リッチ゠クルバストロのことで、学生のトゥリオ・レヴィ゠チヴィタとともに、リーマン多様体上での微積分法を考案した人物だ。リッチ・テンソルは曲率の尺度で、リーマンが当初考えたものより単純である〔テンソルとはベクトルや行列などを一般化したもの〕。

別の資料によれば、アインシュタインはグロスマンに「どうしても助けてくれ。気が違ってしまう！」と言ったという。のちにアインシュタインが記しているように、「彼は、関連する数学の文献を調べてくれただけでなく、重力の場の方程式を探す手助けまでしてくれた」。一九一三年、アインシュタインとグロスマンは共同研究の初の成果を発表し、その締めくくりに、必要となる場の方程式の形を予想した。エネルギー・運動量テンソルは何ものかに比例しなければならないと。

何ものとは何か？

まだ分かっていなかった。それは何か別のテンソル、もう一つの曲率の尺度であるはずだった。

ここで二人とも数学的な間違いを犯し、当てのない探索の旅に出ることになってしまった。時空が平坦で重力が小さいという限られた場合に、自分たちの理論がニュートンの重力を導くようでなければならないということは、正しく認識していた。そしてそれをもとに、探している方程式に対する技術的な制約条件、すなわち必要とする〝何ものか〟の性質に関する制約条件を導いた。だが二人の論法には間違いがあって、その制約条件は実際には当てはまらなかったのだ。

アインシュタインは、正しい場の方程式を与えれば、計量の数学形式、すなわち時空の幾何学的性質をすべて決定する距離の式は一意（ただ一つ）に決まるはずだと信じていた。しかしそれは間違いであって、座標系を変えて式が変わってしまっても、空間の本来の曲率は何も影響されないこともありうるのだ。だがアインシュタインは、一意性が成り立たないことを示す、いわゆるビアンキの恒等式のことを知らなかった。さらに、どうやらグロスマンも同じだったらしい。

どんな研究者でも襲われる悪夢だった。アイデアは一分の隙もないように思え、正しい方向へ導いてくれるように見えたが、実際にはあてどもない道へ繋がっていたのだ。そうした間違いを正すのはどうしようもなく難しい。間違いなどないと信じているからだ。自分が知らず知らずのうちにどんな前提を置いてしまっているかは、往々にして分からないものなのである。

一九一四年末にアインシュタインはようやく、この場の方程式からはいくつも異なる座標系を選ぶことができるため、物理的な意味はなくてもそれによって計量の式が違ってきて、一意に計量を決定することはできないと悟った。ビアンキの恒等式のことはまだ知らなかったが、もはやその必要はなかった。最も都合の良い座標系を好きなように選べることを、ようやく知ったのである。

一九一四年一一月一八日にアインシュタインは、重力場の方程式との戦いにおいて新たな前線を切り開いた。そのとき、最終的な公式にあと一歩まで近づいていて、そこから数々の現象を予測できるところまで来ていた。そこで彼は二つの予測を立てた。一つは、実際には現象が明らかとなった後から立てられたものだが、水星の軌道に観測された微小な変化を説明するものだった。惑星が太陽に最も近づく〝近日点〟の位置は、徐々に変化している。アインシュタインの新たな重力理論からこの近日点の移動速度が導かれ、その計算値は実測値とぴたり一致したのである。

二つめの予測を検証するには、新たな観測が必要だった。一般的に、新理論の正否を確かめるには新たな観測をするのが最善の方法なので、これは願ってもないことだった。アインシュタインの理論によれば、重力によって光は曲がる。この効果を説明するには単純な幾何学で十分であり、測地線、すなわち二点間を結ぶ最短経路を考えればいい。ひもをピンと張って空中に支えれば、ひもは直線を作る。ユークリッド空間では、直線が測地線になるからだ。だが、両端をフットボールの上に置いてひもをピンと張ると、ひもはボールの表面に沿って曲がる。ボールという湾曲した空間の上での測地線は曲がるのだ。湾曲した時空でも同じことが起こるが、細かい点では少々違っている。

この効果が顕著に現れる物理的環境もまた、単純である。太陽のような星が、近くをかすめる光を曲げるのだ。当時この効果を観測するには、日食を待ち、天空における位置が太陽の縁に近いような星からやってくる光が、太陽の光にうずもれてしまわないようにするしかなかった。もしアインシュタインが正しければ、そうした星の見かけの位置は、太陽が近くにいないときの位置と比べてわずかにずれるはずだ。

この現象の定量的解析は、それほど容易ではない。アインシュタインが一九一一年に試みた最初の予測では、変化量は角度にしてわずか一秒未満だった。もしニュートンが生きていたら、光は微小な粒子からできているという自らの信念に基づいて、重力がその粒子を引き寄せて経路を曲げると考え、アインシュタインと同様の値を予測していたに違いない。しかしアインシュタインは一九一五年に、自らの新たな理論によれば、光はその二倍の量、すなわち角度にして一・七四秒曲がるはずだと結論した。

こうして、ニュートンとアインシュタインの勝敗を決する見通しが現実のものとなった。一九一四年一一月二五日、アインシュタインは場の方程式を最終的な形で書き下した。この〝アインシュタイン方程式〟が、重力の相対的理論である一般相対論の基礎をなしている。この方程式は、行列に似た〝テンソル〟と呼ばれる数学的形式によって表現される。アインシュタイン方程式によれば、アインシュタイン・テンソルはエネルギー・運動量テンソルの変化率に比例する。つまり、時空の曲率が、そこに存在する物質の量に比例するということだ。この方程式はある種の対称性に従うが、それは局所的な対称性だ。時空の中の小さな領域で曲率の局所的効果を考慮に入れると、特殊相対論と同じ対称性を持っているのである。

アインシュタインは方程式をわずかに修正したが、それによって水星の近日点移動と星からの光のずれに関する計算結果は変わらないことも確認した。そしてその方程式をプロシア学士院で発表したが、その場で彼は、数学者ダーフィト・ヒルベルトがまったく同じ方程式をすでに発表していて、それは単に重力の理論ではなく、もっと壮大なものであると主張していたことを知った。ヒルベルトはそこに電磁気の方程式が含まれると説いていたのだが、実はそれは間違いだった。興味深いことに、またも一流の数学者のパンチが、アインシュタインの類をあと少しのところでかすめていたのである。

光が太陽の重力場で曲がるというアインシュタインの予想を確かめようと、いくつもの試みがなされた。ブラジルでの最初の試みは、雨のためふいになった。一九一四年、ドイツの遠征隊が日食を観測するためクリミアへ赴いたが、第一次世界大戦が勃発し、速やかに帰国するよう指示を受けた。何人かはそれに従い、残りの者は逮捕されたが、やがて無事母国へ帰還した。しかし当然ながら観測は行われなかった。一九一六年のベネズエラでの観測も、戦争のため実現しなかった。アメリカ人のチームが一九一八年に観測をおこなったが、結果は決定的なものではなかった。そして、アーサー・エディントン率いるイギリスの遠征隊が一九一九年五月についに観測に成功したが、その結果は一一月まで発表されなかった。

結果が公表されると、軍配はアインシュタインに上がった。ずれが確かに存在し、それはニュートンのモデルには大きすぎたが、アインシュタインのモデルには見事一致したのである。

今になって考えると、この観測は当時思われていたほど決定的なものではなかった。観測誤差がかなり大きく、せいぜい言って、アインシュタインがおそらく正しいだろう、という結論にしかならなかったのだ（より優れた技術や装置を用いたさらに近年の観測によって、アインシュタインの理論の正しさは確認されている）。しかし当時、この観測結果は決定的なものとして発表され、マスコミも大騒ぎした。ニュートンが間違っていたことを証明すれば、誰であれ天才扱いされるのは当然だった。そして、まったく新たな物理学を発見した者は、誰であれ最高の科学者になるはずだった。

こうして伝説の人物が誕生した。アインシュタインは自らのアイデアを、ロンドンの新聞《タイムズ》に寄稿した。数日後、その社説面には次のような文章が掲載された。

これは紛れもなく衝撃的なニュースで、掛け算の表に対する信頼にさえ疑念が生まれることだろう。……光には重さがあって空間には限りがあるという主張に、妥当性、あるいは蓋然性を与えるのでさえ、二つの王立協会の会長が必要となるくらいだ。定義上の話ではなく、一流の数学者たちによってなされたものではあっても、一般庶民にとっては定義の終焉を意味するのだ。

しかし一流の数学者たちは正しかった。間もなく《タイムズ》紙が、「〝突如として有名になったアインシュタイン博士〟の理論を理解できるのはわずか一二人しかいない」と報じたが、この作り話は長年にわたって語り継がれていった。物理専攻の大勢の学部生が授業の中で日々教わっているというのに。

一九二〇年にグロスマンは、多発性硬化症を発症した。そして一九三〇年に最後の論文を書き、一九三六年に亡くなった。一方アインシュタインは、二〇世紀を代表する物理学者となった。晩年には自らの名声を受け入れられるようになり、少しはそれを楽しむようになった。マスコミとのやりとりは早いうちから楽しんでいたようだ。

ここでアインシュタインの話は終えなければならないが、一つだけ、彼は一九二〇年以降、相対論と量子力学を一つの〝統一場理論〟へ統合するという、結局は実を結ばなかった試みに努力を捧げたことを述べておこう。一九五五年の死の前日まで、アインシュタインはこの問題に取り組んでいたという。

第12章

量子五人組

「ほぼあらゆる事柄はすでに発見されていて、残されているのはいくつか穴を埋めることだけだ」。物理学の研究を志す才能ある若者たちをがっかりさせるこの言葉は、彼らが知っておくべき人物から告げられたものだ。物理学教授のフィリップ・フォン・ジョリーである。

それは一八七四年のことで、このフォン・ジョリーの見解は、当時の大半の物理学者が考えていたことを代弁している。物理学は完成したというのだ。一九〇〇年にはケルヴィン卿ほどの権威までもが、「いまや物理学において新たに発見されるものは何もない。残されているのは測定の精度を上げていくことだけだ」と述べている。しかし彼はこんなことも言っている。「率直に言って、空気より重い飛行装置を作るのは不可能であるし、月へ着陸するには、解決に二〇〇〇年の科学を要する数々の重大な問題を人類が背負わなければならない」。ケルヴィンの伝記作家によれば、彼は人生の前半は正しいことに費やし、後半は間違ったことに費やしたという。

しかし完全に間違っていたわけではない。一九〇〇年におこなわれた『熱と光の動力学的理論に懸かる一九世紀の暗雲』という講演の中では、当時の物理宇宙に対する理解に二つの重大な欠陥があると指摘している。「熱と光は運動の一形態であるという、力学理論の美しさと明快さは、現在のところ二つの暗雲によって覆い隠されている。一つめは、弾性固体、すなわち発光性のエーテルのようなものの中を、地球はどのようにして動いているのかという問題。二つめは、エネルギー分配に関するマクスウェル＝ボルツマンの理論だ」。この一つめの暗雲が相対論をもたらし、二つめの暗雲が量子論をもたらすのである。

幸いにも、ジョリーの忠告を聞いた一人の若者が怖じ気づくことはなかった。彼は新たな事柄を発見したいとは思っておらず、すでに知られている物理の基礎の理解をさらに推し進めることだけを望んだ。その理解を探る中で彼は、二〇世紀物理学に起こった二つの大革命の一方を引き起こし、ケルヴィンの二つめの暗雲を払いのけることとなる。その名はマックス・プランクである。

ユリウス・ヴィルヘルム・プランクは、キールとミュンヘンの法学教授だった。両親とも神学の教授だった。そのため、二番目の妻エマ・パトツィッヒが彼にとって六人目の子どもとなる息子を授かると、少年は知的環境の中で成長することとなった。マックス・カール・エルンスト・ルートヴィッヒ・プランクは、一八五八年四月二三日に生まれた。当時ヨーロッパは政治的混乱の中にあり、少年の幼い頃の記憶には、一八六四年のデンマークとプロシアとの戦争の際、プロシアとオーストリアの軍勢がキールの街へ進軍する様が刻まれた。

マックス・プランク

一八六七年、プランク家はミュンヘンへ移り住み、マックスはマクシミリアン国王学校で数学者ヘルマン・ミュラーに師事した。ミュラーは少年に、天文学、力学、数学、そしてエネルギー保存則を含む物理学の基礎を教えた。プランクは優秀な生徒で、一六歳という異例の若さで卒業した。

彼は音楽にも秀でていたが、ジョリーの善意の忠告をよそに物理学を勉強することにした。ジョリーの指導のもといくつか実験をおこなったが、すぐに理論物理学へ転向した。そして世界を代表する何人かの物理学者や数学者と交流を続け、ヘルムホルツ、グスタフ・キルヒホッフ、ワイエルストラスのもとで勉強するため、一八七七年にベルリンへ移った。一八七八年に資格試験に合格し、一八七九年には熱力学に関する論文で博士号を取得した。その後いっとき、母校で数学と物理学を教えた。一八八〇年、さまざまな温度にある物体の平衡状態に関する大学教員資格論文が認められ、終身研究者の資格を与えられた。そして一八八五年、キール大学から准教授に採用された。そんな彼は研究の対象を、熱力学、とくにエントロピーの概念に定めた。

マックスは友人の妹マリー・メルクと出会い、一八八七年に結婚してアパートを借りた。そして二人は、カール、双子のエマとグレテ、そしてエルウィンという四人の子どもをもうけた。

双子が生まれた一八八九年、マックスはベルリンでキルヒホッフが務めていたポストに任命され、一八九二年には正教授となった。一家はベルリンのグリューネヴァルトに建つ邸宅へ引っ越したが、その近所には数々の名だたる学者が住んでいた。そのうちの一人、神学者のアドルフ・フォン・ハルナックとは親友になった。プランク一家は社交的で、有名な知識人たちも頻繁に訪れてきた。その中には、アインシュタインや物理学者のオットー・ハーン、そして、原子爆弾や原子力発電所へと繋がっていく、核分裂に関する重要な発見をのちにおこなう、リーゼ・マイトナーもいた。プランク一家は、パーティーでは音楽を演奏するという、ヘルムホルツが始めた伝統を受け継いだ。

しばらく人生はバラ色だったが、その後マリーが肺の病気、おそらくは結核にかかり、一九〇九年に亡くなった。それから一年半後、五二歳のマックスはマルガ・フォン・ヘスリンと再婚し、三男ヘルマンをもうけた。

一八九四年、地元の電力会社が従来より効率の良い電球を開発しようとしていて、マックスは企業の委託研究をいくつか始めた。理論的に言えば、電球について解析するというのは、完全に光を反射しない物体がどのような光を放射するかという、〝黒体放射〟と呼ばれる標準的な物理学の問題だった。こうした物体を加熱するとさまざまな周波数の光を放射するが、光の強度、つまりエネルギーは周波数によって違う。ここで基本的な問題が、周波数と強度との関係はどのようになっているか、というものだった。そうした基本的なデータがないと、より優れた電球を発明するのは難しかったのである。

優れた実験データはいくつか存在していて、さらに理論則として、古典物理学の基本原理から導かれたレイリー＝ジーンズ則というものも知られていた。しかし残念ながらこの法則は、周波数の高い領域で実験結果と食い違った。というよりむしろ、ありえない答えを予測していた。光の周波数が増加するにつれ、そのエネルギーは際限なく増えていくというのだ。このありえない結果は、〝紫外発散〟と呼ばれるようになった。その後さらなる実験によって、高周波数の放射にも一致する新たな法則が導かれ、発見者のヴィルヘルム・ウィーンにちなんでそれはウィーン則と呼ばれるようになった。

しかしウィーン則は、今度は低周波数の放射に関して間違っていた。

物理学者たちには二つの法則が突きつけられた。一つは、低周波数ではうまくいくが高周波数ではうまくいかないもの、そしてもう一つはその正反対だ。ここでプランクは、両者を内挿するというアイデアを思いついた。つまり、低周波数ではレイリー＝ジーンズ則に近似して、高周波数ではウィーン則に近似する数式を書き下すということだ。そうしてできた式は、現在では黒体放射に関するプランク則と呼ばれている。

この新たな法則は、電磁気放射のスペクトル全領域にわたって実験と見事一致するよう作られたものだったが、何か基本的な原理から導かれたものではなく、完全なる経験則だった。知られている物理をより深く理解したいと公言していたプランクは、これでは満足せず、この式を導くような物理的原理を探すことに精力を傾けた。

一九〇〇年にプランクは、この式の持つ不思議な性質に気づいた。そして、レイリーとジーンズが用いた計算に一つ小さな変更を施すことで、その式を見事導いた。従来の計算では、電磁気放射のエネルギーはどんな周波数でも原理的に任意の値を取ることができるという前提が置かれていた。特に、いくらでもゼロに近づけることができた。プランクは、この前提が紫外発散の原因であって、もし異なる前提を置けば厄介な無限大が計算から消えてなくなることに気づいたのである。

しかしその前提は過激なものだった。ある周波数の放射のエネルギーは、一定の大きさを持つ〝塊〟の整数倍としてやってくるというのだ。そしてその塊の大きさは、周波数に比例していなければならない。つまり、周波数にある定数を掛けたものである。その定数は今ではプランク定数と呼ばれ、hという記号で書かれる。

こうしたエネルギーの塊は、〝量子〟と名付けられた。プランクは光を量子化したというわけだ。

ここまではいい。しかしなぜ実験家たちはそれまで、エネルギーが常に量子の整数倍になっていることに気づかなかったのだろうか？　プランクは、自らの結果とエネルギーの測定値を比較して定数の大きさを計算し、それが極めて小さいことを知った。hは、およそ6×10^{-34}ジュール・秒である。おおざっぱに言うと、古典物理学では許されるが量子物理学では禁じられているこのエネルギーの〝ギャップ〟を見極めるには、小数点以下34桁までの精度で測定をおこなわなければならない。現在でも小数点以下6桁や7桁まで測定できる物理量などごくわずかしかなく、当時としては3桁でも上出来だった。量子を直接測定するには、とんでもないレベルの精度が必要だったのだ。

見えないほど小さな数学的違いが放射の法則にあのような大きな違いをもたらすというのは、奇妙に思われるかもしれない。だがこの法則の計算には、あらゆる周波数からのエネルギーの寄与を足し合わせるという操作が含まれる。そのため、すべての量子が集団となって影響を及ぼすことになる。月から見ると、地球上の一つ一つの砂粒を見分けることはできない。しかしサハラ砂漠は見える。微小なものが十分に大量に集まると、とてつもない結果をもたらすことがあるのだ。

プランクの編み出した物理学は発展したが、彼個人の人生は悲劇に満ちあふれていた。息子カールは、第一次世界大戦中の戦闘で殺された。娘グレテは一九一七年に出産の際に亡くなり、その夫と結婚したエンマも一九一九年に同じ運命をたどった。さらにのち、エルウィンは、一九四四年にアドルフ・ヒトラーの暗殺を企てたとしてナチスに処刑されたのだった。

一九〇五年になると、プランクの過激な提案を支持する新たな証拠が、アインシュタインの光電効果に関する研究という形で姿を現した。前に述べたように、これは光が電気に変換するという現象である。アインシュタインは、電気がバラバラの塊で存在することを知っていた。それ以前に、電気は電子と呼ばれる微小な粒子の運動であることが分かっていたのだ。アインシュタインは光電効果の研究から、光にも同じことが言えるはずだと結論した。光量子に関するプランクのアイデアを裏付けるだけでなく、その量子が何ものかということも説明したのである。光の波は、電子のように粒子でなければならないのだ。

いったいどうしたら、波が粒子になるというのだろうか？　しかしそれは実験によって明らかとなっている事実だ。光の粒子、すなわち光子の発見によって、粒子は波動でもあって、ときには粒子のように、ときには波動のように振る舞うという、量子的世界像がもたらされたのだった。

物理学界も、量子のことをもっと真剣に取り上げはじめた。デンマークの偉大な物理学者ニールス・ボーアは量子化した原子のモデルを思いつき、電子は中心核の周りを回っていて、その軌道の大きさは量子的な飛び飛びの値に限定されていると考えた。フランス人物理学者ルイ・ド・ブロイは、光子が波動でも粒子でもあって、ある種の金属に光子が衝突すると電子が放射されるのだから、電子もまた波動でも粒子でもあるはずだと推論した。実はすべての物体が、ときには固い粒子でときには揺れ動く波動であるという、この二重の存在を有していなければならない。しかし実験では、どちらか一方しか示さないのだ。

極めて小さなスケールでは、〝粒子《パーティクル》〟でも〝波動《ウェーブ》〟でも、物質を真に表現したことにはならない。物質の究極の構成部品は、どちらでもある〝ウェービクル〟だ。ド・ブロイは、ウェービクルを記述する式を編み出したのである。

ここからが本書にとって重要なステップだ。エルヴィン・シュレーディンガーはド・ブロイの式をもとに、ウエービクルの運動を記述する方程式を導いた。古典力学においてニュートンの運動の法則が最も重要であるように、量子力学においてはシュレーディンガーの方程式が基本的なものとなったのだ。

エルウィンは、一八八六年にウィーンで、信仰を異にする両親の間に生まれた。父親のルドルフ・シュレーディンガーは、遺体を包む蝋引布を製作する傍ら、植物学者としても活動していた。ルドルフはカトリック教徒で、妻ゲオルギーネ・エミリア・ブレンダはルター派信者だった。エルウィンは、ウィーンで一九〇六年から一九一〇年まで、フランツ・エクスナーとフリードリッヒ・ハーゼンエールのもと物理学を学び、一九一一年にエクスナーの助手となった。そして第一次世界大戦が勃発した一九一四年に教員資格を得て、戦争中はオーストリア砲兵隊の士官を務めた。終戦から二年後、彼はアンネマリー・ベルテルと結婚した。一九二〇年にシュトゥットガルトの准教授となり、一九二一年には今のポーランドのワルシャワであるブレスラウの正教授となった。

エルウィン・シュレーディンガー

現在彼の名が冠されている方程式は、一九二六年、水素原子のスペクトルのエネルギーがそれによって正しく与えられることを証明した論文の中で示された。それに続いて、量子力学に関する三編の重要な論文も発表された。一九二七年、シュレーディンガーはベルリンでプランクと共同研究を始めたが、一九三三年にナチスの反ユダヤ主義に恐れをなしてドイツを離れ、オックスフォードでモードレン学寮の研究員となった。その後まもなく、彼とポール・ディラックはノーベル物理学賞を受賞した。

シュレーディンガーは二人の女性と暮らすという不埒な生活スタイルを続け、それがオックスフォードの名士たちの逆鱗に触れた。一年もたたずに今度はプリンストンへ移り、そこで終身ポストへの誘いを受けたが、彼はそれを断ることにした。おそらく、二人の妻、そして同じ家に住む女性大家との関係が、オックスフォードと変わらずプリンストンでも受け入れられなかったからだろう。結局彼は一九三六年にオーストリアのグラーツへ移り住み、厳格なオーストリア人たちの評価を無視して過ごすこととなる。

ヒトラーがオーストリアを占領すると、ナチの反対者として知られていたシュレーディンガーは窮地に立たされた。そこで彼は以前の考え方を公に放棄した（さらにのち、そのようにしたことをアインシュタインに謝罪する）。だがこの駆け引きもうまくはいかず、彼は政治的に信頼できないとして職を奪われ、イタリアへの亡命を余儀なくされた。

シュレーディンガーは最後にダブリンへ身を落ち着けた。一九四四年、量子力学を生命の問題へ適用させようという、興味深いが欠点のある著書、『生命とは何か』が出版された。その考え方の基礎には、熱力学の第二法則に従わない、あるいは何らかの形でそれを覆すという生命の性質を表す、〝ネゲントロピー〟という概念があった。シュレーディンガーが強調したのは、生命体の遺伝子は、暗号化された指令を含むある種の複雑な分子に違いないということだった。我々は現在その分子をＤＮＡと呼んでいるが、その構造は、シュレーディンガーに触発されたフランシス・クリックとジェームズ・ワトソンによって一九五三年に解き明かされた。

シュレーディンガーはアイルランドでも性に対する奔放な態度を続け、学生たちとも関係を持って、腹違いの二人の子どもの父親となった。そして一九六一年、ウィーンで結核のために亡くなった。

シュレーディンガーは、何より猫で有名だ。実際の猫ではなく、思考実験の中に登場する猫である。これは一般的に、シュレーディンガーのいう波動が現実の物理的存在でないと考える理由とされている。実験的には決して検証できないが、それでも正しい結論を導く、裏方の記述として考えるということだ。だがこの解釈は物議を醸す。もし波動が実在しないとしたら、なぜその帰結はこれほどうまく当てはまるのだろうか?

ともかく猫の話に戻ろう。量子力学によれば、ウェービクルは互いに相互作用して、山と山が強め合って大きくなったり、山と谷が重なって打ち消しあったりすることがある。この種の振る舞いは〝重ね合わせ〟と呼ばれ、量子的ウェービクルは重なり合うことができる。つまり、さまざまな可能な状態が、どれも完全には存在しないまま含まれているということだ。ボーアとその有名な〝量子力学のコペンハーゲン解釈〟によれば、それが物事の自然な状態であるという。我々が何らかの物理量を測定したときに限って、量子的重ね合わせ状態の中から一つが選び出され、〝純粋な〟状態に変わるというのだ。

この解釈は電子にはうまく当てはまるが、シュレーディンガーは、それでは猫はどうだろうかと考えた。彼の思考実験では、箱の中に閉じ込められた猫は生きている状態と死んでいる状態の重ね合わせにある。そしてあなたが箱を開け、猫を観察すると、どちらか一方の状態に変わる。だが、プラチェットがディスクワールドの小説『仮面舞踏会』の中で語っているように、猫はそんなものではない。ハイパーマッチョな猫グリーボは、箱の中から第三の状態で姿を現す。完全に怒り狂った状態だ。

シュレーディンガーも猫はそんなものではないと知っていたが、その理由は違っていた。電子はごくミクロな物体で、量子レベルに存在するものとして振る舞う。そして測定されたときには、比較的簡単に記述できる決まった位置や速度やスピンを持つ。一方、猫はマクロな物体で、量子のようには振る舞わない。電子の状態を重ね合わせることはできるが、猫では無理だ。我が家には二匹の猫がいるが、この二匹を重ね合わせようとしても、あたりが毛だらけになって、後には腹を立てた二匹の猫がいるだけだ。ここで〝デコヒーレンス〟という専門用語が登場するが、この言葉は、なぜ猫のような大きな量子系が馴染み深い〝古典系〟のように振る舞うのかを説明してくれる。猫に含まれるウェービクルの数は膨大なため、光が電子の直径分進むより短い時間ですべてをもつれ合い、重ね合わせ状態は崩壊してしまうのだ。膨大な数の量子からなるマクロな系である猫は、こうして猫のように振る舞う。生きているか死んでいるかのどちらかであって、同時に両方ではないのである。

それでも十分に小さなスケール——通常の顕微鏡では見えないような微小スケール——では、宇宙はまさに量子物理学が語るように振る舞い、同時に二つのことができる。そしてそれがすべてを変えるのである。

量子の世界がどれほど奇妙であるかは、ヴェルナー・ハイゼンベルクの研究によって明らかになったと言えよう。ハイゼンベルクは理論物理学者としては優れていたが、実験についてはあまりに理解が欠けていて、博士認定試験の際、望遠鏡と顕微鏡に関する単純な質問にも答えられないほどだったという。また、電池がどのようにして働くのかさえ知らなかったそうだ。

ヴェルナー・ハイゼンベルク

一八九九年、アウグスト・ハイゼンベルクがアンナ・ヴェクラインと結婚した。アウグストはルター派教徒でアンナはカトリック教徒だったが、結婚が認められるよう、アンナはルター派に改宗した。二人には共通点がいくつもあった。アウグストは教師で、古代ギリシャを専門とする古典学者。一方アンナはある学校の校長の娘で、ギリシャ悲劇に詳しかった。二人の最初の息子エルウィンは一九〇〇年に生まれ、化学者となった。二人目のヴェルナーは一九〇一年に生まれ、そして世界を変えた。

当時ドイツはまだ君主国で、教師は社会的に高い地位にあったため、ハイゼンベルク家は金銭的に裕福で、息子たちを良い学校へ通わせることができた。一九一〇年にアウグストがミュンヘン大学の中世及び近世ギリシャの教授となり、一家でその街へ移り住んだ。そして一九一一年にヴェルナーは、プランクも学んだミュンヘンのマクシミリアン王立学校へ入学した。校長は、ヴェルナーの祖父ニコラウス・ヴェクラインだった。兄と張り合うよう育てられたこともあって、少年は聡明でしかも理解が速く、数学と科学で素晴らしい才能を見せつけた。音楽の才能も持っていて、ピアノを習い、一二歳のとき学校のコンサートで演奏している。

ハイゼンベルクはのちに、「言語と数学に対する興味がかなり早いうちから芽生えた」と書いている。ギリシャ語とラテン語ではトップの成績を収め、数学、物理学、宗教学もなかなかの成績だった。一番できが悪かった教科は体育とドイツ語だった。彼が数学を学んだクリストフ・ヴォルフは優れた教師で、ヴェルナーには特別な問題を解かせて彼の才能を伸ばしてやった。やがてヴェルナーは教師を追い抜くまでになった。ハイゼンベルクの成績通知表には、「数学および物理学の分野における自主的勉強によって、当学校の要求水準をはるかに凌いでいる」と記されている。彼は相対論も独学で学んだが、その物理的意味合いよりも数学的内容を気に入った。地元の大学生の試験勉強を見てやってほしいと両親から頼まれると、ヴェルナーは、学校のカリキュラムには含まれていない微積分学を独学で学んだ。そして数論にも興味を持ち、「数論はすべてが明快で、根底まで理解できる」と語った。

父親はヴェルナーのラテン語の才能を伸ばしてやろうと、ラテン語で書かれた数学の古い論文を与えた。その一つが、代数的数論に関するテーマ（〝複素単位元〟）に関するクロネッカーの学位論文だった。クロネッカーは偉大な数論学者で、「神は整数を作り給うた――残りはすべて人間の所産である」と信じていたことで有名だ。ハイゼンベルクは、フェルマーの最終定理を証明してやろうと奮起した。そして学校で九年間学んだのち、クラス一番の成績で卒業し、ミュンヘン大学へ入学した。

第一次世界大戦が勃発すると、連合軍はドイツを封鎖した。食料や燃料の供給が滞り、暖房が使えないため大学は閉鎖を余儀なくされた。ヴェルナーはあるとき、あまりの飢えで衰弱し、自転車から溝に落ちたこともあった。父親と教師は軍隊で戦っていて、後に残った若者たちは軍事訓練と愛国教育を受けていた。終戦はドイツの君主制の終焉をもたらし、ババリアではソビエトの流れをくむ社会主義政府がいっとき樹立したが、一九一九年にベルリンから進軍したドイツ軍によって放逐され、もっと穏健な社会民主主義が復活した。

同世代の若者の多くと同じく、ヴェルナーもドイツの敗戦に幻滅し、軍事的失敗を犯したとして上の世代を非難した。そして、君主制の復活を目指して第三帝国を夢見る極右組織、ニュー・ボーイスカウトと関係のあるグループのリーダーとなった。ニュー・ボーイスカウトの分派の多くは反ユダヤ主義を取っていたが、ヴェルナーのグループにはユダヤ人が数多く含まれていた。彼はメンバーたちと長い時間を過ごし、キャンプやハイキングをしては、かつてのドイツの姿を取り戻そうとしていた。しかし一九三三年にヒトラーが、自らが設立したもの以外の若者の組織を禁止したことで、そうした活動も終わりを迎えた。

一九二〇年にヴェルナーは、大学院で純粋数学を学ぼうとミュンヘン大学へ出向いたが、面接した一人の純粋数学教授によって諦めさせられた。そこで代わりに、アルノルト・ゾンマーフェルトのもとで物理学を学ぶことにした。すぐにヴェルナーの才能を見抜いたゾンマーフェルトは、上級クラスへの出席を許可した。まもなくヴェルナーは、原子の構造に対する量子力学的アプローチに関して独自の研究をいくつかおこなった。博士号は一九二三年に授与されたが、その速さは大学の新記録だった。同じ年にヒトラーが〝ビアホールの反乱〟によってババリア政府を転覆し、ベルリン進軍の前哨戦にしようと目論んだが、その試みは失敗した。ハイパーインフレが荒れ狂い、ドイツは崩壊しつつあった。

ヴェルナーは研究を続けた。数多くの一流物理学者と共同研究をおこなったが、その誰もが、刺激のある分野として量子論に考えを巡らせていた。マックス・ボルンとは、原子に関するより優れた理論を組み立てた。ハイゼンベルクは、原子の状態をそのスペクトル――放射する光――の周波数によって表すことを思いついた。そしてこのアイデアを突き詰め、数のリストが関係した奇妙なたぐいの数学へたどり着いた。ボルンは最終的に、このリストは数学者が行列と呼ぶれっきとした概念であると理解した。そしてこのアイデアが道理にかなっていることに満足し、論文を提出した。このアイデアが広がっていくにつれ、量子論の新たな体系的な数学、行列力学が生まれていく。そんなこの理論は、シュレーディンガーの波動力学と相対するものと見なされたのだった。

どちらが正しいのか？　実はシュレーディンガーが一九二六年に見いだしたように、二つの理論は同等である。同じ概念を数学的に異なる二つの形で表現しただけで、ちょうど、幾何学を考えるのにユークリッドの方法と代数学が同等であるのと同じだ。しかしハイゼンベルクは初め、それを信じられなかった。自分の編み出した行列による考え方は、電子が状態を変えるとき不連続にジャンプすることを前提としていた。行列の各要素は、それに伴うエネルギーの変化を表す。連続的な存在である波動がどうして不連続性のモデルとなりえるのか、彼は理解できなかったのだ。オーストリア系スイス人物理学者ヴォルフガング・パウリに宛てた手紙には、次のように記されている。「シュレーディンガー理論の物理的内容を考えれば考えるほど、ますます忌まわしく思えてくる。……シュレーディンガーは自分の理論の具象性について、『おそらく完全に正しくはないだろう』と書いている。要するにがらくたなのだ」。だがこうした意見の衝突は、かつてベルヌーイとオイラーが波動方程式の解を巡って戦わせた議論の蒸し返しにすぎなかった。ベルヌーイは解の公式を導いたが、オイラーは、その連続的に見える数式がどうして不連続な解を表すのかを理解できなかったのだ。それでもベルヌーイ、そしてシュレーディンガーは正しかった。彼の方程式は連続的だが、その解の特徴の多くは、エネルギーレベルを含め不連続なのである。

たいていの物理学者は、より直観的だからということで波動力学の描像のほうを好んだ。行列は少々抽象的すぎるというのだ。しかしシュレーディンガーの波動を実験的に検出するのは不可能に思われたため、ハイゼンベルクは、観測可能な量から構成される自らの行列を気に入っていた。事実、量子論のコペンハーゲン解釈によれば、シュレーディンガーの猫が物語っているように、波動をどのように測定しようとしても、それは明確に定まった一つのパルスへと〝収縮〟してしまう。そこでハイゼンベルクは、量子世界のどんな側面が測定できて、それはどのようにすれば測定できるのかを、深く考えるようになった。彼の行列の各要素はすべて測定できる。しかしシュレーディンガーの波動は測定できない。ハイゼンベルクは、この違いこそが行列に執着する何よりの理由だと考えたのだ。

このように考えを進めた彼は、原理的には粒子の位置は好きなだけ正確に測定できるが、それには代償が伴い、位置を正確に知れば知るほど運動量は不正確になることを見いだした。逆に、運動量を正確に測定すると、位置は見失ってしまう。同じ二律背反は、エネルギーと時間に関しても起こる。どちらか一方は測定できるが、精度の高い測定をしたいとすれば、両方は無理なのだ。

これは実験手順の問題ではない。量子論にもとから備わった性質だ。ハイゼンベルクはこの論証を、一九二七年二月にパウリへ宛てた手紙に記している。その手紙がやがて一編の論文となり、このハイゼンベルクのアイデアは〝不確定性原理〟という名前を頂戴する。物理学の本質的限界を物語る、初めての例の一つだ。もう一つが、光より速く運動できないというアインシュタインの主張である。

一九二七年にハイゼンベルクは、ライプツィヒ大学でドイツ最年少の教授となった。ヒトラーが権力の座に就いた一九三三年、ハイゼンベルクはノーベル物理学賞を受賞した。それによって彼は強い影響力を持つようになり、ナチス政権下でもドイツに留まろうとしていたため、ナチスの一員ではないかと多くの人に思われていたが、立証できる限りそんなことはなかった。だが彼は愛国者で、ナチスと関係を持って多くの活動に荷担した。いくつかの証拠によると、ハイゼンベルクは、政権による大学からのユダヤ人排除をやめさせようと努力したが、何も実を結ばなかった。そして一九三七年、〝白いユダヤ人〟のレッテルを貼られて強制収容所に送られそうになるが、一年後、ヒトラー親衛隊の親玉ハインリッヒ・ヒムラーによって嫌疑は晴れた。一九三七年には、経済学者の娘エリザベス・シューマッハと結婚した。初めての子どもは双子で、最終的に七人の子どもを授かった。

第二次世界大戦のあいだハイゼンベルクは、有力な物理学者の一人としてドイツの核兵器開発に関わった。自らはベルリンにある核反応炉で研究していたが、妻と子どもたちはババリアにある別荘へ送られた。ドイツの原爆計画における彼の役割は、やがて大きな議論を巻き起こすこととなる。戦争が終結すると、彼はイギリス軍に拘留され、ケンブリッジ近くの邸宅で六カ月のあいだ尋問を受けた。近年になってその尋問記録が公表されると、議論はさらに激しさを増す。ハイゼンベルクは、当時は核反応炉（〝エンジン〟）を作ることにだけ興味があったのであって、爆弾には関わりたくなかったのだと言っている。「ウランエンジンを作れることには完全に自信があったが、爆弾を作ることなど考えたこともなく、それが爆弾でなくエンジンだったことに心の底から安堵している」。この主張の真偽は、今でも激しい議論の的である。

戦後、イギリスの拘留を解かれたハイゼンベルクは量子論の研究に復帰した。そして一九七六年、癌でこの世を去った。

量子力学を切り開いた偉大なドイツ人のほとんどは、医者や弁護士や学者など知的な家の出身だった。豪邸に住み、音楽を演奏し、地元の社会生活や文化に力を注いだ。一方、イギリス人の偉大な量子力学の開拓者はまったく違っていて、もっとずっと惨めな幼少期を送った。父親は横暴で常軌を逸していて、両親や家族からは遠ざけられていた。母親は虐げられ、夫と息子が食堂で静かに食事を取る傍ら、他の子どもたちと一緒に台所で食事をしていた。

父親の名はシャルル・アドリアン・ラディスラス・ディラック、一八六六年スイスのヴァレ州生まれで、二〇歳のときに家を飛び出した。一八九〇年にブリストルへやって来たが、イギリス市民になったのは一九一九年のことだった。一八九九年に船長の娘フローレンス・ハンナ・ホルテンと結婚し、翌年に初めての子どもレジナルドが生まれた。二年後には次男ポール・アドリアン・モーリスが、さらに四年後に娘ベアトリスが生まれた。

シャルルが両親に結婚したことや子どもができたことを知らせたのは、一九〇五年、スイスにいる母親を訪ねたときのことだった。父親が亡くなってからすでに一〇年が経っていた。

シャルルは、ブリストルにある交易商人専門学校で教師として働いた。良い教師という評判だったが、人間的な感情をまったく欠いていて、とても厳しいしつけをすることでも有名だった。いわゆる厳格者だったが、教師はたいていそんなものだった。

もともと内向的だったポール・ディラックは、父親の手で社会から隔てられたことでますます内気になった。シャルルはポールにフランス語しかしゃべるなと強制し、フランス語を学ばせようとした。しかしひどいフランス語しかしゃべれないポールは、黙っているほうが楽だと悟った。そして代わりに、自然界について考えを巡らせることで時間を費やした。ディラック家の異常な食事の座席は、会話はフランス語だけですべしという規則から生まれたものだった。ポールは父親に反抗していたのか、あるいはただ嫌っていただけなのか、それははっきりはしないが、シャルルが死んだときポールは「前より自由な気がする」と感想を言ったという。

ポール・アドリアン・モーリス・ディラック

シャルルはポールの才能に得意がり、子どもたちに大きな希望を託した。自分の考えるとおりのことをやれという意味だ。レジナルドが医者になりたいと言うと、シャルルは、いや技術者になれと迫ったという。一九一九年、レジナルドは工学の学位をかなり低い成績で取り、五年後、ウルバーハンプトンでの土木プロジェクトに従事していたときに自殺した。

ポールは自宅で両親と住み、兄と同じ大学で工学を学んだ。好きな教科は数学だったが、その道へ進むことはしなかった。きっと父親の意志に背きたくなかったからだろう。しかし同時に、数学の学位を取っても教師にしかなれないという、今でも広まっている間違ったイメージを抱いていた。他に研究という道もあることを、誰も教えてはくれなかったのだ。

そんな状況を救ったのが、一本の新聞記事だった。一九一九年一一月七日付《タイムズ》紙の一面に、『科学の革命　宇宙の新理論、ニュートンの考えを覆す』という見出しが躍った。そして二段目の中頃には、『空間が〝湾曲する〟』という小見出しがあった。突如として、誰もが相対論について語りだしたのである。

一般相対論による予想の一つが、光は重力によって、ニュートンの法則から予想されるぶんの二倍の角度曲がるというものだった。フランク・ダイソンとアーサー・スタンレー・エディントン卿は、皆既日食が起こる西アフリカのプリンシペ島へ遠征した。同じとき、グリニッジ天文台のアンドリュー・クロムリンも、ブラジルのソブラルへ赴いた。そしてどちらの遠征隊も、皆既のとき太陽の縁近くにあった星を観測し、その見かけの位置がわずかにずれ、その程度がニュートン力学でなくアインシュタインの予想と一致することを見いだした。

一夜にして有名人となったアインシュタインは、母親に次のような手紙を送った。「母上、今日は嬉しい知らせがあります。H・A・ローレンツが電報で、光が太陽から逸れることをイギリスの遠征隊が実際に証明したと伝えてきました」。ディラックは虜になった。「相対論の巻き起こした騒ぎに夢中になった。そしてそれについてたくさん議論した。学生の間で議論したが、正確な情報はほとんど出てこなかった」。一般の人々が相対論に関して知っているのは、その言葉くらいだけだった。哲学者たちは、〝万物が相対的だ〟というのははるか昔から分かっていたと主張し、この新たな物理学を時代遅れだとして無視した。残念ながら彼らは、自分たちの無知と、用語を間違って使っていることを知らしめただけだった。

ポール・ディラックは、当時ブリストルの哲学教授だったチャーリー・ブロードの相対論に関する講義に出席したが、その数学的内容はあまり得るところがなかった。結局彼は、エディントンの著書『空間、時間、重力』を買い、読み進めるのに必要な数学と物理学を独学で学んだ。そしてブリストルを卒業する頃には、特殊相対論と一般相対論を隅々まで理解していた。

ポール・ディラックは理論には強かったが、実験はひどいものだった。のちに物理学者たちは、〝ディラック効果〟という言葉を使うようになった。彼が実験室へ入ってくるだけで、近くでやっている実験がめちゃくちゃになるというのだ。もし工学の道へ進んでいたら、人生は大失敗だったことだろう。彼は優秀な成績で学位を得たが、戦後の不況で職が少なく、仕事には就けなかった。だが幸運にも、ブリストル大学から、授業料免除で数学を学べるチャンスを与えられ、それに飛びついた。そして応用数学を専攻した。

一九二三年、ポールはケンブリッジ大学の大学院生となったが、そこでは自分の内気さに大いに苦しめられた。スポーツには興味がなく、友人もほとんど作らず、女性と付き合うなどもってのほかだった。そしてほとんどの時間を図書館で過ごした。一九二〇年の夏には、兄のレジナルドと同じ工場で働いた。兄弟はよく道ですれ違ったが、立ち止まって話をすることは決してなかった。家族の間で話をしないという習慣が深く染み込んでいたのだ。

ポール・ディラックは、六カ月も経たないうちに初の研究論文を書いてすぐに頭角を現し、その後も立て続けに論文を発表した。そして一九二五年、量子力学と出会った。秋の日、ケンブリッジシャーの片田舎を長々と散歩していると、いつしかハイゼンベルクの〝リスト〟について考えていた。そのリストとは行列のことで、行列は交換則を満たさない。ハイゼンベルクが初め厄介に思っていた性質だ。ディラックは、このような場合に重要な量は積ABでなく交換子$AB-BA$であるというリーのアイデアを思い出し、ハミルトニアンを用いた量子力学の定式化においても、ポアソン・ブラケットと呼ばれるほぼ同様の概念が成り立つのではないかという、興味深い考えに思い至った。だがディラックは、その式を思い出せなかった。

そのことが頭に渦巻いたまま一夜を明かした彼は、翌朝、「図書館が開くやいなや駆け込んで、ホイッタカーの『解析動力学』でポアソン・ブラケットの式を調べ、それがまさに必要としていたものだと知った」。彼が発見したのは、次のようなことだ。二つの量子行列の交換子は、それらに対応する二つの古典的変数のポアソン・ブラケットに定数 $ih/2\pi$ を掛けたものに等しい。ここで、h はプランク定数、i は $\sqrt{-1}$、π は π そのものである。劇的な発見だった。古典力学系を量子力学系へ変換する方法を教えてくれるのだ。極めて美しい数学的関係で、深遠ではあるがそれまで結びつけられていなかった二つの理論を橋渡ししている。ハイゼンベルクも感動を覚えたという。

ディラックは量子力学に対して数多くの貢献を果たしたが、ここでは最も重要なものとして一つだけ、一九二七年に編み出された電子の相対論的理論を取り上げよう。それまで量子論学者たちは、電子が〝スピン〟を持っていることは知っていた。ボールが軸を中心に自転しているようなものだが、それではあまりうまく説明できない奇妙な特徴を持っている。自転しているボールを持ってきて、それをそのまま三六〇度回転させれば、ボールもスピンも元の位置に戻る。しかし電子で同じことをすると、スピンは逆転してしまうのだ。スピンを元の向きへ戻すには、七二〇度回転させなければならないのである。

実はこれは4元数にとても似ていて、4元数も、空間の〝回転〟と解釈すれば同じ奇妙な癖を持っていることになる。数学的に言うと、空間の回転はSO（3）という群を作るが、4元数や電子に対応する群はSU（2）だ。両者はほぼ同じものだが、SU（2）のほうが二倍大きく、ある意味二つのSO（3）から組み立てられる。これは〝二重被覆〟と呼ばれ、このために、三六〇度の回転が二倍の角度へ引き伸ばされることになる。

ディラックは、4元数も群も利用しなかった。しかし一九二七年のクリスマスシーズンに、それらと同じ役割をする〝スピン行列〟というものを思いついた。のちに数学者たちがディラックの行列を〝スピノル〟へと一般化し、それはリー群の表現論においても重要な役割を果たしている。

ディラックはスピン行列を使うことで、電子の相対論的量子モデルを定式化することに成功した。望んでいたことはすべて叶えられ、さらに少しおまけもあった。解として、期待していた正のエネルギーに加え、負のエネルギーのものも予想されたのだ。この不可解な特徴からディラックは、何度か挫折した末、〝反物質〟という概念にたどり着いた。すべての粒子にはそれに対応する反粒子があって、それは質量は同じだが電荷が逆だ。電子の反粒子は陽電子だが、それはディラックが予想するまで知られていなかった。

すべての粒子を反粒子に置き換えても、物理法則は（ほとんど）変化しない。したがってこれは、自然界の対称変換である。群論にあまり関心のなかったディラックが、自然界における最も魅力的な対称群を一つ発見したのである。

ディラックは、一九三五年からフロリダ州タラハシーで亡くなる一九八四年まで、物理理論の数学的美しさに重きを置き、それを研究の試金石とした。美しくなければ間違っている、そう彼は信じていたのだ。一九五六年にモスクワ大学を訪れた際には、後世のために黒板へ格言を書き残すという伝統に則って、「物理法則は数学的な美を有していなければならない」と記した。しかし群論を美しいと考えることは決してなかったようだが、それは、物理学者がたいてい膨大な計算を通じて群へと近づいていくからだったのだろう。リー群のこの上ない美しさを知っているのは、数学者だけだったようだ。

美しいかどうかは別として、まもなく群論は、新進の量子論学者が必ず勉強すべきものとなっていった。ある皮革商人の息子、ユージーン・ポール・ウィグナーのおかげだ。

一九世紀が終わる頃も今も、皮革産業はビッグビジネスだ。しかし当時は、小規模の経営者でも、皮のなめしと販売によってかなり稼ぐことができた。その良い例が、なめし工場の管理者だったヴィグネル（ウィグナー）・アヌタル〔ハンガリー人の名前は姓・名の順〕だ。彼と妻のエルジェーベットはユダヤの血を引いていたが、ユダヤ教は信仰していなかった。二人は、当時オーストリア＝ハンガリー帝国領だったペストに住んでいた。今では隣のブダと連合して、ハンガリーの首都ブダペストとなっている。

ユージーン・ポール・ウィグナー

三人の息子のうち二番目のユージーン・ポール・ウィグナー（ヴィグネル・パール・イェネー）は、一九〇二年に生まれ、五歳から一〇歳まで自宅で家庭教師に勉強を教わった。学校に入ってまもなく、結核にかかっていると診断され、治療のためオーストリアの療養所へ入れられた。六週間入院したが、診断結果は思わしくなかった。もし診断が正しかったとしたら、彼は成人まで生きていなかったに違いない。

ほぼ一日じゅう床に伏していた少年は、頭の中で数学の問題を考えて時間を潰した。のちに彼は、「何日もずっとデッキチェアに寝ていなければならなかったので、三つの高さが与えられた場合にその三角形を作図するという問題に没頭した」と書き記している。三角形の高さとは、ある頂点からそれに相対する辺へ垂直に下ろした線分の長さのことである。三角形が与えられてその高さを求めるのは簡単だ。だが逆方向へ進めるのは、当然ながらもっと難しい。

イェネーは、療養所から退院した後も数学のことを考えつづけた。そして一九一五年、ブダペストにあるルター派の高校で、やはり世界を代表する数学者となる一人の少年と出会った。ナイマン・ヤノーシュ（のちのジョン・フォン・ノイマン）である。しかしヤノーシュは閉じこもりがちで、二人は単なる知り合いにしかならなかった。

一九一九年、共産主義勢力がハンガリーを侵略し、ヴィグネル一家はオーストリアへ逃れたが、同じ年に共産主義勢力が駆逐されると再びブダペストへ戻ってきた。家族はルター派へ改宗したが、イェネーは、のちに自ら語っているように「宗教は控えめに信じていただけ」だったので、ほとんど影響は受けなかった。

一九二〇年、イェネーはクラス上位の成績で卒業した。本人は物理学者になりたかったが、父親は皮なめしの家業を継いでほしかった。そこでイェネーは、物理学の学位を取るのではなく、のちに家業の発展に役立つだろうと父親が考える化学工学を勉強した。大学の初年度にはブダペスト工科大学へ通い、その後ベルリン連邦工科大学へ移った。結局彼は大半の時間を化学実験室で過ごし、理論の講義にはほとんど出席しなかった。

しかし物理学を諦めたわけではなかった。ベルリン大学が程近くにあり、そこには数々の専門家とともに、かのプランクやアインシュタインもいた。イェネーは近いのをいいことに、彼ら巨人の講義を聴きに行った。そして、分子の生成や分解に関する論文で博士課程を修了し、約束どおり皮なめしの仕事に加わった。だがやはり、それが良くなかった。「なめし工場にはあまり馴染めなかった。……居心地が悪かった。……それが自分の生き方だとは思えなかった」。彼の生き方は、数学と物理学だったのである。

一九二六年にウィグナーは、ヴィルヘルム皇帝研究所の結晶学者に、研究助手として雇ってほしいと打診した。その仕事は、ウィグナーの持つ二つの興味を化学というくくりで結びつけてくれるものだった。このもくろみが、ウィグナーの人生と、原子核物理学の成り行きに大きな影響を与えることとなる。対称性の数学である群論を彼にもたらしてくれたからだ。物理学に群論が初めて本格的に応用されたのは、二三〇種類の結晶構造の分類においてだった。ウィグナーは次のように書き残している。「結晶学者からの手紙に、なぜ原子は結晶格子の中で対称軸に相当する位置を占めるのかを解き明かしたい、と書かれていた。また、そこには群論が関係しているので、群論の本を読み、それを理解して教えてくれとも記されていた」。

イェネーが始めた皮なめしの仕事に、おそらく本人に劣らず失望していた父ヴィグネル・アヌタルは、息子が研究助手になることに賛成した。イェネーはまず、量子論に関するハイゼンベルクの論文を何編か読み、3電子原子のスペクトルを計算する理論的手法を編み出した。しかし同時に、電子が三つより多くなるとその手法は極めて複雑になることにも気づいた。そこでかつての知り合いであるフォン・ノイマンに相談すると、群の表現論に関する本を読むようアドバイスされた。この分野には、当時の代数学的概念や技法、とくに行列代数がかなり用いられていた。だが、結晶学を勉強していたことと、当時を代表する代数学の教科書、ハインリッヒ・ウェーバーの『代数学綱要』に慣れ親しんでいたおかげで、ウィグナーは行列の概念を難なく理解できた。

フォン・ノイマンのアドバイスは的確だった。一つの原子が複数の電子を持っていても、すべての原子は同等なのだから、原子はどれがどの電子なのかを〝知らない〟。言い換えると、その原子から発せられる放射を表す方程式は、それら電子のあらゆる置換に関して対称的でなければならない。ウィグナーは群論を利用することで、任意の数の電子を持つ原子のスペクトルに関する理論を編み出したのだった。

その時点では、彼の研究は従来の古典物理学の範疇にあった。だが、当時は量子論が話題だった。ここで彼は、群の表現論を量子力学へ応用するという、自らを代表する研究へ乗り出したのである。

皮肉にもそれは、新たに就いた仕事のためではなく、それとは無関係だった。ドイツ数学界の大物ダーフィト・ヒルベルトは、量子論の根底にある数学的原理に強い興味を持ち、研究助手を探していた。そこで一九二七年にウィグナーは、ゲッティンゲンへ行ってヒルベルトの研究グループへ加わることとなった。表向きの役割は、ヒルベルトの膨大な数学的知識に物理的洞察を添えることだった。

しかし、思っていた通りにはうまくいかなかった。二人は一年でわずか五回しか顔を合わせなかったくらいだ。ヒルベルトは年老いて衰弱していて、孤独を好むようになっていた。そこでウィグナーはベルリンへ戻り、量子力学に関する講義をしながら、最も有名な著書『群論と量子力学』の執筆を続けた。

彼は、ヘルマン・ワイルがやはり量子論における群論の本を書いていることを少し気にかけていた。しかし、ワイルが基礎的問題に焦点を合わせたのに対して、ウィグナーは特定の物理的問題を解くことを目指していた。ワイルは美を追いかけ、ウィグナーは真理を探したのである。

群論に対するウィグナーの取り組みは、ドラムの振動という単純で古典的な描像によって理解できる。楽器のドラムはふつう円形だが、原理的にはどんな形でもいい。スティックでドラムを叩くと、皮が振動して音が出る。

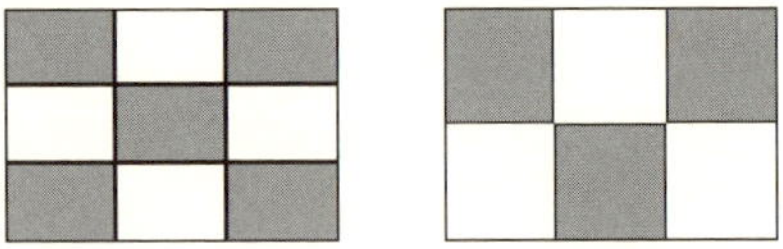

長方形のドラムが示す2通りの振動パターン

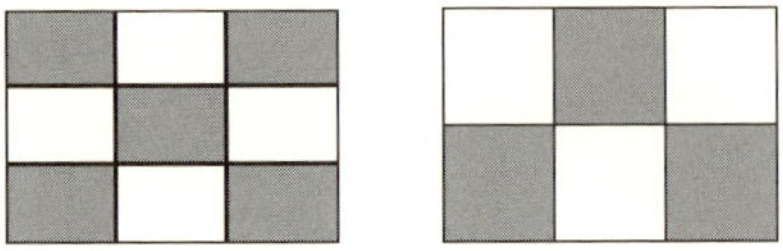

ドラムを180度回転させた後の同じパターン

ドラムの形が違うと違う音になる。ドラムが作り出す周波数の幅、〝スペクトル〟は、ドラムの形状によって複雑な形で変化する。ドラムが対称的なら、スペクトルにもその対称性が現れると考えられる。確かにそうなのだが、その関係は少々複雑だ。

いま、長方形のドラムを考えよう――数学科以外ではめったに見られないだろうが。そうしたドラムに見られる振動パターンとして典型的なのは、ドラム全体がいくつもの小さな長方形に分割されるというものだ。例えば上側の図のようなものである。

ここには、それぞれ周波数が異なる二つの振動パターンを記してある。これらの図は、そのパターンの一瞬を切り取ったものだ。灰色の領域は下側に歪んでいて、白い領域は上側に歪んでいる。

ドラムの対称性は、振動パターンに影響を及ぼす。ドラムにおける対称変換を振動パターンへ施すと、別の振動パターンが生成するからだ。したがって各振動パターンは、対称的に互いに関係のあるグループに含まれることになる。だが、個々の振動パターンがドラムと同じ対称性を持っている必要はない。例えば、長方形は一八〇度回転に関して対称的だ。この対称変換を上の二つの振動パターンへ施すと、下側の図のようになる。

左側の振動パターンは変化せず、ドラムの回転対称性と同じ対称性を持っている。しかし右側の振動パターンでは、灰色の領域と白の領域が入れ替わっている。これは〝自発的な対称性の破れ〟と呼ばれ、対称的な系がより対称性の低い状態を持つという、物理系では極めて一般的なものだ。左側の振動パターンでは対称性は破れていないが、右側では破れている。ここで右側のパターンに注目し、この破れた対称性がどのような影響を及ぼすのかを見てみよう。

もとの振動パターンとそれを回転させたパターンは違うものだが、どちらも同じ周波数で振動する。なぜなら、この回転はドラムの対称変換であり、その振動を記述する方程式の対称変換でもあるからだ。したがってこのドラムのスペクトルには、この周波数が〝二度〟含まれていなければならない。この効果を実験的に見いだすのは難しそうに思えるが、例えば一つの縁に小さな窪みを入れるなど、ドラムを少しいじって回転対称性を壊せば、二つの周波数がわずかにずれ、とても接近した二つの周波数があることが分かる。一方、対称的なドラムに一度しか現れない周波数では、そんなことは起こらないはずだ。

ウィグナーは、これと同じ効果が対称的な分子や原子や原子核でも起こると考えた。ドラムの作る音が分子の振動に、音のスペクトルが放射や吸収される光のスペクトルに、それぞれ対応する。量子の世界では、異なるエネルギー状態間の遷移によってスペクトルが作られ、原子はそのエネルギー差に相当するエネルギー、すなわち周波数の光子を放射する。そしてスペクトルは、分光計を使って検出できる。ここでもやはり、スペクトル線として観測される周波数のいくつかは、分子や原子や原子核の対称性によって二重（あるいは三重）になることがある。

この多重性は、どうすれば検出できるのか？　ドラムのように分子に窪みを作ることはできない。だが、分子を磁場中に置くことならできる。こうすることでも対称性は破られ、スペクトル線は分裂する。群論、厳密に言うと群の表現論を使うと、その周波数と分裂のしかたを計算できるのだ。

群の表現論は最も美しく強力な数学理論の一つだが、技術的に高度で、数多くの落とし穴を隠し持っている。そんな理論をウィグナーは、優れた芸術作品へと変えた。他の学者たちは、何とか彼の後を付いていくだけだったのである。

一九三〇年になるとウィグナーは、アメリカのプリンストン高等研究所で非常勤ポストを得て、プリンストンとベルリンを往復するようになっていた。一九三三年にナチスが、ユダヤ人が大学での職に就くことを禁じる法律を制定すると、ウィグナーはアメリカへ定住した。おもにプリンストンに滞在し、名前を英語風にユージーン・ポールと変えた。妹のマルギットも、プリンストンにいるユージーンのところへやって来た。そしてマルギットは訪問中のディラックと出会い、一九三七年に彼と結婚して周囲を驚かせた。

マルギットの結婚は成功したが、ユージーンの仕事はうまくいかなかった。一九三六年に彼は、「プリンストンをクビになった。理由は教えてくれなかった。怒りが湧き上がってくる」と書いている。実はウィグナーは自ら辞職したのであって、それはどうやら研究が遅々として進まなかったためらしい。結局彼は、プリンストンに昇進を拒否されたため辞職せざるをえなくなったのだと考え、自分はまるで解雇されたかのように感じたのである。

すぐに彼はウィスコンシン大学に新たな職を見つけ、アメリカ国籍を取得し、そしてアメリア・フランクという物理専攻の学生と出会った。二人は結婚したが、アメリアは癌にかかり、一年も経たずに世を去った。ウィスコンシンでウィグナーは、関心を核力の問題へ移し、それがSU（4）という対称群に支配されていることを発見した。また、ローレンツ群に関する基本的な事柄を発見して、一九三九年にそれを発表した。しかし当時、多くの物理学者は群論を学んでおらず、群論の主な応用法も結晶学というかなり特殊な分野に限られていた。たいていの物理学者にとって群論は、複雑でしかも馴染みがないという、致命的な特徴を兼ね備えていたのだ。量子物理学者たちは、自分たちの畑に立ち入ってきたものに青ざめ、この成り行きを〝群の病《グルッペンペスト》〟と呼んだ。ウィグナーが撒き散らしたこの伝染病に、同業者たちはかかりたくなかったのである。しかしウィグナーの視点は、未来を見通していた。対称性は至るところに影響を及ぼしているため、量子力学もやがては群論的手法に支配されるようになったのである。

一九四一年にウィグナーは、メアリー・アネットという名の教師と再婚した。そしてデヴィッドとマーサという二人の子どもをもうけた。戦争中にウィグナーは、フォン・ノイマンなど数多くの一流数理物理学者と同じく、原子爆弾を製造するマンハッタン計画に取り組んだ。そして一九三六年、ノーベル物理学賞を受賞した。

ウィグナーは長年アメリカに住んでいながら、いつも故郷を懐かしんでいた。晩年彼は、「アメリカで六〇年暮らしたが、自分はアメリカ人というよりハンガリー人だ。アメリカ文化はほとんど身についていない」と記している。そして彼は一九九五年に亡くなった。物理学者のアブラハム・パイスはウィグナーのことを、「とても変わった男で……二〇世紀物理学の巨人の一人だった」と評している。彼が編み出した視点は、二一世紀になってもなお革命を起こしつづけているのだ。

第13章

5次元男

二〇世紀後半までに、物理学はとてつもない進歩を見せた。宇宙の大スケールの構造は一般相対論によってかなりよく説明できそうに思われた。大質量星が自らの重力によって崩壊してできる、光さえ決して抜け出せない時空領域、すなわちブラックホールの存在をはじめ、いくつもの驚くべき予測が観測によって裏付けられた。一方、宇宙の小スケールの構造は、量子論によって極めて詳細かつ申し分ない精度で説明でき、さらにそれを進歩させた場の量子論によっても記述できたが、この理論には一般相対論でなく特殊相対論が取り込まれていた。

しかし物理学者たちの楽園には、二人の悪魔が住んでいた。一人は〝哲学的〟悪魔、大成功を収める二つの理論が互いに相容れないことを指す。物理世界に関する両者の前提は、互いに矛盾しているのだ。一般相対論は〝決定論的〟で、その方程式にランダム性の入る余地はない。対して量子論は、ハイゼンベルクの不確定性原理が示しているようにそもそも不確定で、放射性原子の崩壊といった多くの事象はランダムに起こる。もう一人の悪魔は〝物理的〟悪魔。量子力学に基づく素粒子の理論では、数多くの重要な問題が未解決のままである。例えば、なぜ素粒子は決まった質量を持つのか、そもそもなぜ質量を持っているのか、といった問題だ。

多くの物理学者は、相対論と量子論を統合するという大胆な行動によって、どちらの悪魔もエデンの園から追い出せるはずだと信じている。大スケールでは相対論と一致して小スケールでは量子論と一致する、論理的に一貫した一つの新たな理論を作るということだ。アインシュタインも後半生を掛けてそれに挑戦したが、無惨にも失敗した。物理学者たちは持ち前の謙遜さで、この統合理論を〝万物理論〟と名付けた。彼らが望んだのは、物理学全体を、Tシャツに印刷できるほどの単純な方程式へ突き詰めることだった。

こうした考え方は、さほど乱暴なものではなかった。マクスウェルの方程式はもちろんTシャツに書けるし、私も、特殊相対論の方程式とヘブライ語で「光あれ」と書かれたTシャツを一枚持っている。友人がテルアヴィヴ空港で買ってきてくれたものだ。真面目な話に戻ると、以前にも、一見してかけ離れた物理理論が見事統合されたことはあった。磁気と電気は、かつてはまったく違う力によって引き起こされる完全に異なる自然現象と思われていたが、マクスウェルの理論によって電磁気という一つの現象へ統合された。取って付けたような呼び名だが、まさにこの統合のプロセスを物語っている。もっと最近の例で言えば、物理学界以外にはあまり知られていないが、電磁気力と弱い核力を統合した電弱理論がある――これは後ほど説明する。さらに強い核力も統合されたが、そこにはまだ、たった一つ欠けているものがある。重力だ。

こうした歴史を考えると、この最後の力も残りの物理学に組み込めると期待するのは、まったく筋が通った考え方だ。だが残念ながら、重力は、そのプロセスを困難にさせる厄介な性質を持っているのである。


もしかしたら、万物理論などありえないのかもしれない。数学の方程式、すなわち〝自然の法則〟はこれまでこの世界を見事に説明してきたが、これからも同じように続いていく保証はどこにもない。あるいは宇宙は、物理学者が考えるほど数学的ではないのかもしれない。

数学理論は自然を極めて良く近似できるが、どんな数学でも現実を正確に表現できるかどうかは分からない。もしそうでないとしたら、互いに相容れないつぎはぎの理論が、それぞれ異なる領域で通用する近似を与えているだけなのかもしれない。そして、それら近似をすべて結びつけ、すべての領域に適用される一つの支配的原理など、実は存在しないかもしれない。

もちろん、適用条件のリストを安易に付け足していけば問題はない。「もし速度が小さく大スケールであれば、ニュートン力学を使え。もし速度が大きく大スケールであれば、特殊相対論を使え」、などといったリストだ。こうした寄せ集めの理論はひどく醜い。美が真であるならば、こんな理論は間違いでしかないはずだ。だが実は、宇宙は根っこでは醜いものなのかもしれない。もしかしたらその根っこさえないのかもしれない。魅力的な考えではないが、自分たちの偏った美意識を宇宙に押しつけることなど、はたして我々に許されているのだろうか？

万物理論が存在するはずだという考え方は、一神教を思い起こさせる。それぞれの専門領域を持つ互いにまったく異なる神々が、何千年もかけて、万物を対象領域とする一つの神に取って代わられた。このプロセスは進歩と捉えられることが多いが、どんな謎めいた現象にも同じ原因を当てはめるという、よく見られる哲学的過ち、すなわち〝未知の同一視〟に似ている。SF作家のアイザック・アシモフ曰く、空飛ぶ円盤やテレパシーや幽霊について理解できないのなら、空飛ぶ円盤はテレパシーを使う幽霊が操縦しているという説明をこしらえればいい。このような〝説明〟は、三つの謎が一つになったという意味では確かに進歩だ。だがもともとの三つの謎は、それぞれまったく異なる説明を持っていたかもしれない。三つをまとめてしまうと、そうした可能性に目を閉ざすことになってしまうのだ。

太陽を太陽の神で、雨を雨の神で説明すれば、それぞれの神におのおの特別な性質を与えられる。しかし、太陽と雨が同じ神に支配されていると主張してしまうと、二つの異なるものに同じ拘束衣を着せようとすることになるかもしれない。だからある意味、基礎物理学は原理主義者の物理学のようなものだ。宇宙に内在する神をTシャツに書かれた方程式に置き換えるとすれば、日常生活への神の介在も、それら方程式の影響へと置き換えられることになる。

このような不安はあるものの、私の心は物理的原理主義者とともにある。万物理論をこの目で見てみたいし、もしそれが数学的で美しく、そして真だったら、きっと嬉しいだろう。信心深い人たちも共感してくれるかもしれない。神の優れた思慮と知性の証拠として解釈できるからだ。

今日の万物理論探しは、かつての、電磁気学と一般相対論――当時知られていたすべての物理学――を統合しようという試みに端を発している。それは、アインシュタインが特殊相対論に関する初めての論文を発表したわずか一四年後のことで、重力によって光が曲がることが予測された八年後で、そして、待ちこがれる人々に一般相対論の最終形が明かされた四年後のことだった。試みとしてはなかなかのもので、物理学をまったく新たな方向へ向かわせるはずだったが、その開拓者にとっては不幸なことに、実際に物理学を新たな方向へ向かわせた理論と同じタイミングで生まれてしまった。量子力学である。ゴールドラッシュが続く中、物理学者たちは統一場理論に興味をなくしていった。量子の世界のほうがはるかに多くの収穫をもたらし、大発見のチャンスもずっと多かったのだ。最初の試みを支えたアイデアが復活したのは、それから六〇年後のこととなる。

それは当時、ドイツの東プロイセン州の州都だったケーニヒスベルクにおいてのことだった。現在はカリーニングラードと呼ばれ、ポーランドとリトアニアに挟まれたロシアの飛び地の行政中心地となっている。数学の発展に対するこの街の驚くべき影響は、一つのパズルから始まった。ケーニヒスベルクにはプレゲル川（現在のプレゴリャ川）が流れていて、川の両岸と二つの島が七つの橋で結ばれていた。ケーニヒスベルク市民が同じ橋を二回以上渡らずにすべての橋を渡っていけるようなルートは、はたしてあるだろうか？　市民の一人だったレオンハルト・オイラーは、その手の問題に関する一般的な理論を編み出し、この場合には答はノーであることを見いだした。そして、今では位相幾何学（トポロジー）と呼ばれる数学の一分野へ向けた最初の一歩を踏み出した。位相幾何学とは、曲げたりねじったり押しつぶしたりするという、連続的な変形――破ったり切ったりしてはならない――によって変化しない幾何学的性質に関する学問だ。

位相幾何学は現代の数学におけるもっと強力な分野の一つとなっていて、物理学にもさまざまに応用されている。宇宙論と素粒子物理学の両方の分野において大きなテーマとなりつつある、多次元空間の取りうる形も、位

テオドール・カルツァ

相幾何学が教えてくれる。宇宙論では、大スケールにおける宇宙全体の時空の形を知りたい。素粒子物理学では、小スケールでの空間と時間の形を知りたい。そんなこと分かりきっていると思われるかもしれないが、物理学者たちは今では、そのようには考えていない。そんな彼らの疑問は、ケーニヒスベルクに遡るのである。

一九一九年、ケーニヒスベルク大学の無名の数学者テオドール・カルツァが、とても奇妙なアイデアを思いついた。それを書き記した手紙を受け取ったアインシュタインは、言葉も出ないほどの衝撃に襲われたという。カルツァは、重力と電磁気力を一つの一貫した〝統一場理論〟へまとめ上げるという、アインシュタインが長年にわたって挑戦してきたが成功していない目標へたどり着く道筋を見つけたのだ。カルツァの理論は、とても簡潔で自然なものだった。しかしたった一つ、厄介な特徴を持っていた。統一のためには、4次元ではなく5次元の時空を必要とするのだ。時間はそのままだが、空間のほうがなぜか4番目の次元を手にするのである。

実はカルツァは、重力と電磁気力との統一に踏み出したわけではなかった。本人しか知りようのない理由から、いわば数学の準備体操として5次元の重力をいろいろ弄び、もし空間が余分な次元を持っていたらアインシュタインの場の方程式はどのようになるかを導いていたのだ。

4次元では、アインシュタイン方程式は一〇の〝成分〟を持つ。一〇個の数を記述する一〇の方程式へ還元できるということだ。これらの数が組み合わさって、時空の曲率を表す計量テンソルができる。5次元になると一五の成分があり、方程式も一五個だ。そのうち一〇個はアインシュタインの標準的な4次元理論を再現し、何も驚くことはない。4次元時空は5次元時空の中に埋め込まれているので、当然、4次元時空の重力も5次元時空の重力の中に埋め込まれていると考えるのは自然だ。さて、残り五つの方程式はどうなるのか？　我々の世界にとっては意味のない、単なる変わりものの構造にすぎないだろうと思われていた。しかしそうではなかった。とても身近で、そしてアインシュタインを驚かせたやつだった。残された方程式のうち四つは、我々の4次元時空で成り立つマクスウェルの電磁場の方程式そのものだったのである。

最後に残った一つの方程式は、些細な役割しか果たさないとても単純な粒子を記述していた。だがそれまで、カルツァをはじめ誰一人として、5次元の重力から一人でにアインシュタインの重力理論とマクスウェルの電磁気理論が生まれてくるなどとは考えてもいなかった。カルツァの計算結果は、光は余分な隠れた空間次元の振動である、と言っているように見えた。重力と電磁気力を一つにまとめられるのだが、それには、空間は実は4次元で時空は5次元だと考えなければならないのである。

アインシュタインは、カルツァの手紙に苦しめられた。時空が余分な次元を持つと考える理由など、どこにもなかったからである。しかし結局彼は、どんなに奇妙に思えようがこの考え方はとても美しく、重要なものになる可能性を秘めているため、ぜひ発表すべきだと判断した。アインシュタインは二年間迷った末、一流の物理学雑誌にカルツァの論文を送った。そのタイトルは、『物理学の問題の統一性について』だった。

余分な次元というこの話は、きっとかなり漠然とした神秘的なものに聞こえることだろう。馴染みの3次元では道理に合わないものを隠すのに都合のいい場所として、四番目の次元を引き合いに出した、ヴィクトリア時代の心霊術者にも繫がる考え方だ。霊はどこに住んでいるのか？　四番目の次元だ。心霊体はどこからやってくるのか？　四番目の次元だ。神学者でさえ神と天使を四番目の次元に置いたが、やがて、五番目の方がもっといい、いや六番目ならさらにいいと考え、最後は、全知偏在の存在には無限次元しかふさわしくないだろうと考えるようになった。

愉快な考え方だが、まったく科学的ではない。そこで少し脇道に逸れ、この考え方の土台となる数学についてはっきりさせておくべきだ。重要なポイントは、数学や物理学でいう一つの枠組みの〝次元〟とは、その枠組みを記述するのに必要な変数の個数であるということだ。

科学者は多くの時間を費やして、変数、すなわち変化を受ける量について考えを巡らせている。実験科学者なら、それらを測定することにさらに多くの時間を使う。〝次元〟は一つの変数を幾何学的に表現したものに他ならず、実はとても役に立つため、今では標準的な考え方として科学や数学に組み込まれており、まったく平凡で取るに足らないものと見なされているほどだ。

時間は空間と独立した変数で、四番目の次元の候補だが、同じことは、温度や風速、あるいはタンザニアに棲むシロアリの寿命にも当てはまる。3次元空間内の点の位置は、三つの変数によって決まる。ある基準点から東、北、上に測った距離がそれで、もし逆の方角にあったら負の数を使う。同じように、四つの変数によって決まるものはすべて4次元〝空間〟に、一〇一個の変数によって決まるものはすべて一〇一次元空間に棲んでいることになる。

複雑な系はすべて、もとから多次元だ。あなたの家の裏庭における気象条件を決めるのは、温度、湿度、風速の三成分、気圧、降水量――これですでに7次元だ――さらにいくつもの変数も含まれるだろう。きっとあなたは、7次元の裏庭を持っていることなど知らなかったに違いない。太陽系の九つの惑星（いや八つだ。哀れな冥王星よ）が取る状態は、一つの惑星に対して六つの変数、すなわち三つの位置座標と三つの速度成分によって決定される。つまり我々の太陽系は、54次元（48次元か）の数学的存在であり、衛星や小惑星を含めれば次元はもっとずっと多くなる。それぞれ異なる価格を持つ一〇〇万種類の商品からなる経済は、一〇〇万次元空間に生きている。それに比べれば電磁気力など、電場と磁場の局所的状態を特定するのにわずか六つの余分な数が必要なだけで、どうということはない。このような例はあまたある。科学は、数多くの変数を持つ系を対象とするようになって、とてつもなく大きな多次元空間に取り組まなければならなくなったのである。

多次元空間の形式的数学は純粋に代数学的なもので、低次元空間を〝自明な〟形で一般化したものに基づいている。例えば、平面（2次元空間）上のすべての点は二つの座標によって、3次元空間内のすべての点は三つの座標によって特定できる。ここから一歩踏み出せば、4次元空間内の点を四つの座標のリストとして、さらに一般的にいうと、n次元空間内の点をn個の座標のリストとして定義できる。そしてn次元空間そのものは、このような点すべての集合に他ならないのだ。

同じような代数学的仕掛けを使えば、n次元空間内にある任意の二点間の距離や、任意の二本の直線が作る角度などを計算できる。そこから先は想像力の問題だ。2次元や3次元において一般的である幾何学的図形のほとんどに対して、n次元にもそれに相当する図形が存在する。それを探すには、もとの図形を座標の方程式によって表し、それをn個の座標へ拡張すればいいだけだ。

n次元空間を感じ取るには、どうにかしてn次元の目を持たなければならない。そのためのトリックは、イギリスの聖職者で教師でもあったエドウィン・アボットが一八八四年に書いた短編『フラットランド』から拝借できる。この話は、2次元のユークリッド平面に住むA・スクエアの冒険物語である。アボットはイニシャルの〝A〟が何を指すのかを明らかにしてはいないが、私が書いた続編『フラッターランド』（日本語訳は『2次元より平らな世界』（早川書房））で説明しているように、私はそれは〝アルバート〟に違いないと確信している。ここではそれを前提に話を進めよう。分別のある男アルバート・スクエアは、3次元などというばかげた概念を信じていなかったが、ある運命の日、彼の住む平面宇宙を一個の球が横切り、彼は今まで想像だにしなかった領域へ放り出されてしまった。

『フラットランド』は、ヴィクトリア時代の社会に対する諷刺を、次元を超越した比喩を用いて四番目の次元

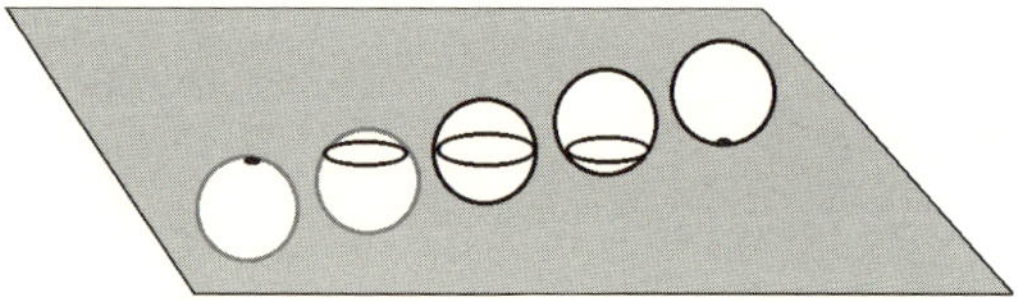

フラットランドと交差する球

スペースランドと交差する超球

に関する喩え話へ織り込んだものである。本書に関係するのは、諷刺ではなく比喩のほうだ。自分は平面内に住む2次元生物であって、より大きな3次元の現実には気づかないという様を想像できれば、振り返って、自分は3次元空間内に住む3次元生物で、より大きな4次元の現実には気づかないのだと考えるのも難しいことではない。いま、フラットランドにいるアルバート・スクエアが、中身の詰まった球体を〝視覚化〟したいと考えたとしよう。そのために著者アボットは、球体をフラットランドに交差させ、アルバートが断面を見られるようそれを平面と垂直方向に動かした。初めアルバートには一個の点が見え、それは円盤へと大きくなっていった。円盤は球体の赤道が見えるまで大きくなり、その後再び小さくなって点になり、そして消えてしまった。

実際、アルバートにはその円盤の縁しか見えなかったが、その線分が明暗のグラデーションを示していたため、彼の視覚はそれを円盤と解釈した。我々の立体視覚が平面像を立体として解釈するのと同じだ。

同じように我々も、4次元において球体に相当する〝超球〟というものを〝見る〟ことができる。はじめ点だったものが球になり、〝赤道〟が見えるまで大きくなって、その後、再び縮んでいって点になり、消えてしまうのだ。

はたして空間は、実際に3次元より大きいのだろうか？　空間

とは関係ない変数に対応する数学的虚構ではなく、現実の物理的空間としてだ。そもそも、四番目の次元はどこに置けるというのだろうか？　3次元ですでにいっぱいではないか。

そう考える人は、アルバート・スクエアの声に耳を傾けるべきだ。彼も初めは、平面に関してまったく同じことを言っていたはずだ。我々の偏狭な見方を無視すれば、原理的には空間は4次元かもしれないし、一〇〇万次元かもしれないし、何次元でもありうる。しかし日々観察されることから判断する限り、我々の住む宇宙では、善良な神は空間の3次元と時間の1次元を選択したのである。

はたしてそうだろうか？　あらゆる物理学が教えてくれる教訓の一つに、日々観察することには用心しろというものがある。椅子は固体として感じられるが、その空間のほとんどは真空だ。空間は平坦に見えるが、相対論によれば湾曲している。量子物理学者たちは、極めて小さなスケールで見ると空間は量子的な泡のようなものであって、ほとんどは空っぽだと考えている。さらに、量子の不確定性に対する〝多世界解釈〟を信じる人々は、我々の宇宙は互いに共存する限りない種類の宇宙の一つであって、我々は広大な多宇宙《マルチヴァース》の中の極めて薄い断片を占めているにすぎないと考えている。このようなことに関して常識が我々を誤った方向へ導くとしたら、空間と時間の次元性についてもやはり常識は間違っているのかもしれない。

カルツァは、自らの理論によって時空に追加された次元に対する、ある単純な説明を考えた。従来の次元は直線状に伸びていて、観測できるほど長く、実際のところ何十億光年にも及んでいる。カルツァは、新たな次元はそれとまったく違うと考えた。原子一個分より小さく丸まっているというのだ。光の波を形作る一つ一つの山や谷は原子よりずっと小さいので、この丸まった次元の中を動くことができるが、物質にとっては余裕がないので、その方向へ動くことはできない。

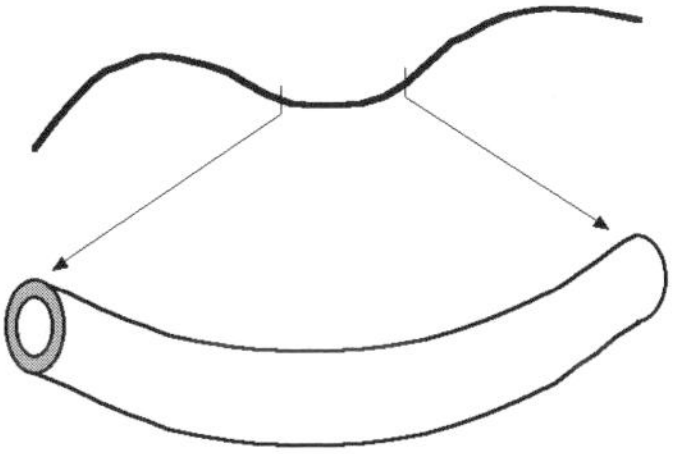

遠くから見ると（上）、ゴムホースは1次元状に見える。近づいて見ると（下）、さらに2つの次元を持っている。

それほどばかげた考え方ではない。ゴムホースを遠くから見ると、曲がった1次元のように見える。近くで見てはじめて、ホースは実は3次元的であって、2次元の小さな断面を持っていたのだと分かるのだ。新たな次元の持つこの隠れた構造は、遠くから観測できるある事柄も説明してくれる。ホースはどうやって水を通すのかということだ。ホースの断面は、中心に穴が空いた正しい形をしていなければならない。ここで、ホースの太さが原子のサイズより小さくなった様を想像してみよう。すると、極めて細かく見なければ、その余分な次元には気づかないようになる。このとんでもなく細いホースは、もはや水を通すことはできないが、十分に小さなものなら通すことができる。

だとしたら、余分な次元そのものを見られなくても、その影響を知ることならできるだろう。つまり、時空に隠れた次元があるという考え方は、完全に科学的なものである。その存在は原理的に検証可能だが、知覚を直接使うのではなく、推論によって検証できるということだ。科学的検証のほとんどは、推論によっておこなわれている。ある現象の原因を直接見ることができるなら、理論も実験も必要はないだろう。例えば、電磁場を見た人は誰もいない。見ることができるのは、電気スパークや、コンパスが北を指す様であって、科学者がそこから、その原因は場であると推論するのである。

カルツァの理論は統一場理論への期待を託せる唯一の考え方だったため、かなりの評判を博した。一九二六年、もう一人の数学者オスカー・クラインがカルツァの理論を改良し、五番目の次元がこれほど小さく丸まっている理

由は量子力学によって説明できるかもしれないと提唱した。そのサイズは、プランク定数のオーダー、すなわち10^{-35}メートルという〝プランク長さ〟に近くなければならない。

カルツァ＝クライン理論が知られるようになると、物理学者たちはひとときそれに惹きつけられた。しかし、この余分な次元の存在を直接証明するのが不可能であることに、彼らの心は苦しめられた。カルツァ＝クライン理論は、その定義からいって、重力と電磁気力に関して知られているすべての現象と一致した。標準的な実験では決して反証できなかったのだ。しかし、何か真に新しい事柄を教えてくれるものではなく、検証可能な新事実を予測してもいなかった。この問題は、既存の法則を統合しようという多くの試みにとって悩みの種である。検証可能な事柄はすでに知られていて、新たな事柄は検証できないのだ。当初の熱狂は徐々に冷めていった。

正しいかどうかではなく、貴重な研究時間を費やす価値があるかどうかという意味で、カルツァ＝クライン理論への致命的な一撃となったのは、実際に新たな予測が可能で、実験で検証できる、もっとずっと魅力的な理論が爆発的に進歩したことだった。それが、当時は青春の真っ只中にあった量子論である。

しかし一九六〇年代になると、量子力学の勢いは衰えてきた。初期に見せた進歩に代わって、手強い難問や説明できない現象が台頭してきたのだ。量子論の成功は揺るがず、やがて素粒子の〝標準モデル〟が生まれた。しかし、新たな問題の中で答えられそうなものを探すのは、どんどん難しくなっていった。真に新しい考えは検証が極めて難しく、検証可能な考えは単に従来の拡張にすぎなかったのである。

そんな研究の流れから、とても美しい原理が一つ浮かび上がってきた。微小スケールでの物質の構造を解く鍵は対称性である、というものだ。だが、素粒子において重要となる対称性は、ユークリッド空間の剛体運動でもなければ、相対論的時空におけるローレンツ変換でもない。〝ゲージ対称性〟や〝超対称性〟といったものだ。

さらにその他に、ガロアが研究した、個別の物体を交換する際の対称性のようなものも、そこには関わっている。

こうしたさまざまな種類の対称性は、どのようにしたら共存させられるのだろうか？ 対称変換は必ず群を作るが、その群が振る舞う方法はいくつもある。回転のような剛体運動として振る舞ったり、要素を交換したり、あるいは時間の流れを逆転させたりもできるということだ。素粒子物理学からはさらに、ゲージ対称性という、対称変換の新たな振る舞い方が発見された。この用語は歴史的な偶然から付けられたもので、本当は〝局所対称性〟と呼ぶのがふさわしい。

いま、あなたは別の国――デュープリカティアと呼ぶことにする――に旅行していて、お金が必要だとしよう。デュープリカティアの通貨はプニヒといい、交換レートは1ドル＝2プニヒだ。最初は混乱するかもしれないが、ドルでの支払いをプニヒへ置き換える単純で分かりやすいルールに気づけば問題はない。どんな品物を買うときも、ドルで払う場合の2倍のプニヒがかかるということだ。

これも一種の対称変換だ。額面がすべて2倍になっても、支払いの〝法則〟は変わらないからだ。だが額面の違いを相殺するには、ドルではなくプニヒで支払わなければならない。この〝通貨単位の変化に対する不変性〟は、支払いの法則が持つ大局的な対称性だ。通貨レートを変えない限り、この法則は不変なのである。

しかしここで、国境を越えて隣の国トリプリカティアへ入国したとしよう。この国の通貨はブードゥルで、1ドル＝3ブードゥルだ。トリプリカティアへ日帰り旅行をしている間は、それに対応する対称変換ゆえ、すべての額面に3を掛けなければならない。しかしここでも、支払いの法則は不変のままだ。

こうして、場所により異なる〝対称変換〟が現れた。デュープリカティアでは2を掛けるという操作で、トリプリカティアでは3を掛けるという操作だ。当然、クウィントゥプリカティアという国に行けば5を掛けることになる。これら対称変換はすべて同時に施せるが、それぞれの対称変換はそれに対応する国でしか通用しない。支払いの法則は不変だが、それには額面をその国の通貨に応じて換算しなければならないのだ。

この局所的な通貨レートの換算こそが、支払いの法則におけるゲージ対称変換だ。原理的には通貨レートは空

間や時間のすべての点で違っていてもいいが、すべてのレートを〝通貨場〟の局所的な値に応じて換算すれば、支払いの法則は不変のままなのである。

量子電磁力学とは、特殊相対論と電磁気学を組み合わせたものだ。マクスウェル以来初めての物理的統合であって、電磁場のゲージ対称性に基づいた理論である。

すでに見たように、電磁気学は特殊相対論のローレンツ群のもとで対称的である。ローレンツ群は、時空の大局的な対称変換から作られている。つまり、マクスウェルの方程式をそのままの形で保つには、その変換を宇宙全体にわたって施さなければならないということだ。しかしマクスウェルの電磁気学はゲージ対称変換も備えていて、それが量子電磁力学にとって極めて重要である。その対称変換とは、光の位相変化である。

どんな波も、規則的な振動からできている。この振動の最大幅が、波動の振幅だ。波動がその最大値を取る時刻のことを、〝位相〟という。波の山がいつどこにやってくるかは、位相から分かる。本当に重要なのは、一つの波動が持つ位相の絶対値ではなく、二つの異なる波動における位相の差だ。例えば、二つの波の位相差が周期（山から山までの時間）の半分であれば、一方の波はもう一方の波と完全に歩調がずれていて、一方の山ともう一方の谷が重なることになる。

あなたが通りを歩いているとき、左足と右足とでは周期の半分だけ位相がずれている。ゾウが歩いているときは、周期の0、1／4、1／2、3／4の位相のときに、左後足、左前足、右後足、右前足の順序で地面につく。お分かりのように、違う足が地面についたときを0として数えはじめれば、それぞれの値は違ってくるものの、位相の差はやはり0、1／4、1／2、3／4だ。つまり、きちんと定義されて物理的に意味があるのは、相対的な位相なのである。

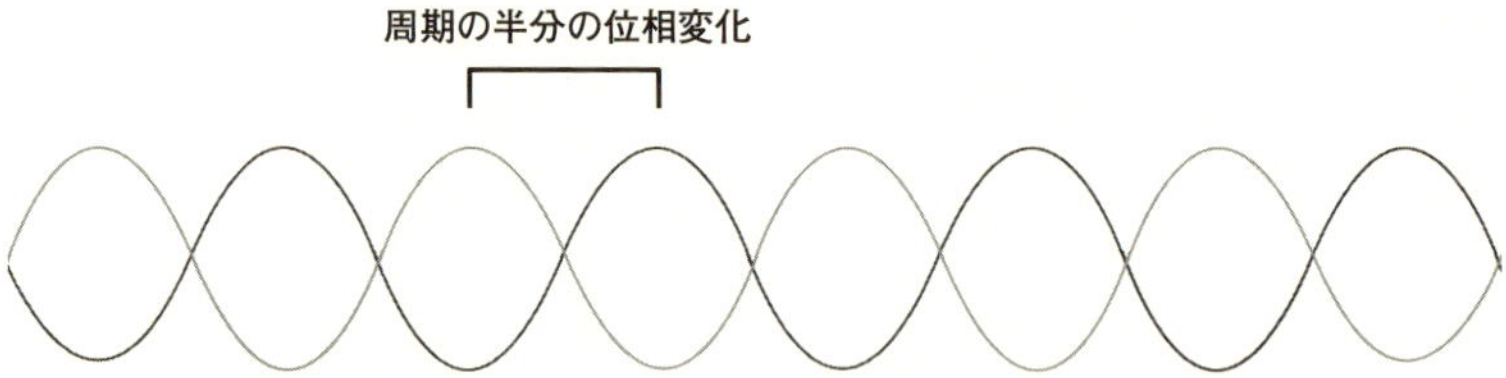

波動に対する位相変化の影響

いま、レンズと鏡からなる複雑な系を光線が通過するとしよう。実はその振る舞い方は、全体の位相には左右されない。位相が変化したところで、それは、測定がわずかに遅くなったり、測定者の時計を合わせなおしたりすることと変わらないのだ。それによって系の配置や光の経路に影響が及ぶことはない。たとえ二つの光を重ね合わせたとしても、両方の位相が同じ分だけずれるのであれば、何も変わらないのだ。

ここまでのところ、〝位相の変化〟は大局的な対称変換だ。しかしもし、アンドロメダ銀河のどこかに棲む宇宙人の実験者が実験の中で光の位相を変えたとしても、地球上の実験室では何の影響にも気づかないだろう。つまり、光の位相は空間と時間のどの場所でも好きなように変えることができて、それによって物理法則が変わってしまうことはない。時空の任意の点で位相を変化させることができて、その際に、どの場所でも同じように変化させなければならないという大局的な制約条件がないというのが、マクスウェルの方程式が持つゲージ対称性である。そしてそれは、量子的なマクスウェル方程式、すなわち量子電磁力学にも受け継がれるのだ。

周期の分だけ位相がずれてもまったくずれていないのと変わらないことから考えて、位相を変えるというのは、抽象的には回転であると言える。したがって、ここで関係してくる対称群――〝ゲージ群〟――は、2次元における回転群SO（2）だ。しかし物理学者は、量子的な座標変換を〝ユニタリー〟的に、つまり実数ではなく複素数によって定義しようとする。幸いにもSO（2）には、相棒として、複素平面上における回転であるU（1）というユニタリー群が存在する。

要するに、量子電磁力学はU（1）のゲージ対称性を持っているのである。

ゲージ対称性は、さらに続く二つの統合プロセス、電弱理論と量子色力学のきっかけともなった。これらを併せて〝標準モデル〟といい、現在のところすべての素粒子の理論として受け入れられている。それがどんなものかを見る前に、いったい何を統合するのかを説明しておかなければならない。それは、理論ではなく力である。

現代の物理学では、自然界には四つの力があると考える。重力、電磁気力、弱い核力、強い核力だ。それぞれかなり違った性質を持っている。作用する空間と時間のスケールもそれぞれ違う。粒子を引きつけ合うものもあれば、反発させるものもあり、粒子によってどちらにもなりうるものもあり、粒子がどれだけ離れているかによって変わってくるものもある。

一見したところ、それぞれの力は互いにほとんど似ていないように見える。しかしベールを一枚剥ぐと、そうした違いは見た目ほど重要でないという徴候が見えてくる。物理学者たちはより深遠な一体性の証拠を探り出し、四つの力はすべて共通の形で説明できると考えているのだ。

我々は常に重力の影響を感じている。皿が落ちてキッチンの床で割れたとき、重力が皿を地球の中心へ向かって引っ張り、その途中に床があったのだと思い知らされる。冷蔵庫のドアに貼ってあるプラスチック製のブタ(私の家ではそうだ)は磁力のおかげでその場所に留まっているわけだが、マクスウェルは、それは統一した電磁気力の一側面にすぎないことを示した。その電気的側面は、冷蔵庫を作動させている。もっと分かりにくいが、割れた皿もまた電磁気力の影響を教えてくれる。物体を一つにまとめる化学結合において作用しているおもな力だからだ。皿にかかる応力が大きくなりすぎて、電磁気力では分子を結びつけていられなくなったとき、皿は割れるのである。

残り二つの力は原子核のレベルで作用するもので、それほど容易には分からない。しかしこれらは原子を一つにまとめているカなので、もしそれらがなかったら物質は存在しなかっただろう。皿、ブタ、冷蔵庫、床、そしてキッチンを存在たらしめているのである。

もし力のタイプが違っていたら、原理的には違うタイプの宇宙が生まれていただろう。しかし我々は、そうした可能性にはほとんど気を払わない。もしこれらの力がなかったら生命は存在しえなかったはずで、このことは、我々の宇宙は生命が生まれるよう驚くほど正確に調節されていることの何よりの証拠だとよく言われる。しかしこれはインチキな議論で、生命というものに対する偏狭な見方に基づく、至極大げさな主張だ。確かに我々のような生命は不可能だろうが、だからといって、有機的な複雑系として存在しうるのが我々のような生命だけだと決めつけるのは、傲慢の極みである。生命の十分条件（我々のような生命が生きる我々の宇宙の性質）を必要条件と混同するのが、間違いなのだ。

四つの力のうち最初に科学的に定式化されたのは、重力だった。ニュートンが観察したように、これは引力で、宇宙に存在する粒子はすべて重力的に互いに引き寄せられる。重力は遠距離にまで及び、距離とともにかなりゆっくりと弱くなっていく。一方で重力は、他の三つの力よりはるかに弱い。プラスチックのブタは、地球全体が重力を使って落とそうとしてもなお、ちっぽけな磁石によって冷蔵庫にしっかりくっついているのだから。

続いて特定された基本的な力が電磁気力で、粒子はこの力のもとで引きつけあったり反発したりする。どちらになるかは、二つの粒子が同じ電荷を持つかどうか、あるいは同じ磁極性を持つかどうかによる。もしそうであれば反発力として働き、そうでなければ引力として働く。この力もまた遠距離にまで及ぶ。

原子核は、陽子と中性子というもっと小さな粒子の集合体だ。中性子は名前から分かるとおり電荷を持っておらず、陽子は正の電荷を持っている。陽子どうしの電磁気力の反発を考えれば、原子核は本来バラバラになるはずだ。原子核を一つにまとめているのは、いったい何なのだろうか？　重力では弱すぎる——プラスチックのブタを考えてほしい。何か別の力があるはずで、それを物理学者は強い核力と名付けた。

しかし、強い力が電気的反発に打ち勝てるとしたら、いったいなぜ、宇宙に存在するすべての陽子が寄り集まって一つの巨大な原子核ができるようなことはないのだろうか？　強い力の効果は、原子核サイズより大きな距離では急激に減少しなければならないのだ。強い力は短距離でしか働かないのである。

この強い力だけでは、放射性崩壊、すなわちある種の原子が粒子と放射を〝吐き出して〟別の元素へ変わる現象を説明できない。例えばウランは放射性で、最終的に鉛へと変わる。したがって、原子レベルで何か別の力が存在しているはずだ。それが弱い核力で、これは強い核力よりさらに短距離で働く。陽子の大きさの一〇〇〇分の一の距離でしか働かないのだ。

物質の構成部品が陽子と中性子と電子だけだったとき、物理学はとても簡単だった。これら〝素粒子〟は原子の部品であって、原子は名前こそ〝分割できないもの〟という意味だが、実際には分裂する。ニールス・ボーアによる初期の原子モデルは、陽子と中性子が密に集まっていて、その遠くをずっと軽い電子が回っているというものだった。陽子は決まった正の電荷を持っていて、電子はそれと同じ量の負の電荷を持っており、中性子は電気的に中性である。

のちに量子論が発展すると、この太陽系のようなモデルはもっと複雑なものに取って代わられた。電子は、位置がはっきり定まった粒子として原子核の周りを回っているのではなく、原子核の周りに奇妙な形の雲として広がっている。この雲は、確率の雲として解釈するのがもっとも適している。電子を探したとき、雲が濃い領域では見つかる確率が高く、薄い領域では見つかる確率が低いということだ。

物理学者は、原子に探りを入れ、バラバラにして、その破片の内部構造を調べる新たな方法を考え出した。今でも使われているおもな方法が、原子に別の原子や粒子をぶつけ、何が飛び出してくるかを観察するというものだ。詳しく述べるにはあまりに込み入っているが、時が経つにつれてさまざまな種類の粒子が見つかっていった。

その中にニュートリノというものがあったが、これは何百万キロメートルもの厚さの鉛を邪魔されずに通り抜けることができ、それゆえ検出するのがかなり難しい。陽電子というのもあって、これは、ディラックの物質／反物質の対称性から予測された、電子と反対の電荷を持つ粒子である。

素粒子の数が六〇を超えると、物理学者たちは、それらを整理するためのより深遠な原理を探しはじめた。基本的というにはあまりに構成部品の数が多いのだ。それぞれの粒子は、質量、電荷、そして〝スピン〟といった一連の性質によって特徴付けられる。スピンとは、粒子がまるで軸を中心に回転しているように振る舞うことを指す（これは時代遅れのイメージで、スピンが何ものであろうが、実際にはそんなものではない）。粒子は、地球やコマのように空間内をスピンしているのではない。もっと奇妙な次元を〝スピン〟しているのだ。

量子世界のあらゆるものと同じく、これら性質のほとんどは、極めて小さい基本量、すなわち量子の整数倍となっている。電荷はすべて、陽子一個の電荷の整数倍だ。スピンもすべて、電子一個のスピンの整数倍である。質量も同様に量子化されているかどうかは、明らかになっていない。素粒子の質量は無秩序な装いを見せるのである。

素粒子は、性質が似ているものごとにいくつかのグループに分けられる。重要な区分の一つが、その粒子が電子のスピンの奇数倍のスピンを持っているか、それとも偶数倍のスピンを持っているかだ。それは対称性の性質による分け方で、粒子を空間内で回転させると、（奇妙な次元内の）スピンがそれぞれ違った形で変化する。スピンの奇妙な次元とありふれた次元とは、何らかの形で関連しているのだ。

奇数倍のスピンを持つ粒子をフェルミオン、偶数倍のスピンを持つ粒子をボゾンという。素粒子物理学の巨人、エンリコ・フェルミとサチエンドラナート・ボーズにちなんで付けられた名前だ。かつては道理に適っていると思われていたある理由によって、電子のスピンは１／２の値を持つと定義されている。したがって、ボゾンは整数のスピン（１／２の偶数倍は整数）を、フェルミオンは、１／２、３／２、５／２、……、あるいは$-1/2$、$-3/2$、$-5/2$などのスピンを持つ。フェルミオンは、どのような量子系でも二つの異なる粒子が同時に同じ状態を取ることはできないという、パウリの排他原理に従う。しかしボゾンは従わない。

フェルミオンにはよく知られた素粒子がすべて含まれていて、陽子、中性子、電子はいずれもフェルミオンである。また、もっと馴染みの薄い、ミュオン、タウオン、ラムダ粒子、グザイ粒子、オメガ粒子といった、いずれもギリシャ語のアルファベットの名前が付けられた素粒子もフェルミオンだ。そして、電子、ミュオン、タウオンに対応した三種類のニュートリノも、やはりフェルミオンである。

もっと謎めいたボゾンには、パイオン、ケイオン、イータ粒子といった名前のものが含まれる。

素粒子物理学者なら、これらの粒子がすべて実在することを知っていて、それらの物理的性質を測定できる。問題は、この一見してごった煮の状態をどうにかして理解することだった。はたして宇宙は、たまたま手近にあったものから組み立てられたのか？　それともそこには何か隠された設計図があったのか？

こうした問題が深く考察された末、素粒子と思われていたものは実は複合体であるという結論に至った。陽子や中性子といった素粒子は、クオークからできている。クオーク（この呼び名はジェームズ・ジョイスの小説『フィネガンス・ウェイク』に由来する）には六つのフレイバー（種類）があり、便宜的に、アップ、ダウン、ストレンジ、チャーム、トップ、ボトムと名付けられている。すべてフェルミオンで、１／２のスピンを持つ。そしてそれぞれに対応して反クオークが存在する。

クオークを組み合わせる方法は二通りある。一つは通常のクオークを三つ使う方法で、その場合はフェルミオンができる。陽子は、二個のアップクオークと一個のダウンクオークからできている。中性子は二個のダウンクオークと一個のアップクオークだ。オメガ・マイナスと呼ばれる風変わりな素粒子は、三個のストレンジクオークからなる。クオークを組み合わせるもう一つの方法は、一個のクオークと一個の反クオークを使うというもので、この場合にはボゾンができる。二つのクオークは核力によって引き離されているので、互いに消滅することはない。

電荷を正しく合わせるには、クオークの電荷が整数であってはならない。１／３や２／３といった電荷を取るのだ。また、クォークは三種類の〝色〟を持っている。全部で、クォークは一八種類、反クォークも一八種類ある。これだけではない。他にも、弱い核力を〝運ぶ〟素粒子や、クォークどうしをくっつけている素粒子がいくつかなければならない。こうしてできた理論は量子色力学と呼ばれ、素粒子の種類が多くなる代わりに、数学的に極めて簡潔である。

量子論では、すべての物理的な力は粒子を交換することとして説明される。対戦中のテニスプレーヤーをコートの両側に留めているのがテニスボールであるように、電磁気力、強い力、弱い力はさまざまな粒子によって運ばれている。電磁気力は光子によって運ばれる。強い力はグルーオンによって、弱い力は中間ベクトルボゾン、またの名を〝ウイークオン〟によって運ばれる（これらの名前は私が考えたのではないので、私を責めないでほしい。ほとんどは歴史上の偶然によって付いた名前だ）。最後に、重力は〝グラヴィトン〟という仮説上の粒子によって運ばれていると広く考えられている。しかし、今のところグラヴィトンを観測した者はいない。

これら力を運ぶ粒子はすべて、大スケールに及ぼす影響として、宇宙を〝場〟によって埋め尽くしている。重力相互作用は重力場を、電磁気相互作用は電磁場を作っている。二つの核力は一緒になって、ヤン＝ミルズ場（物理学者の楊《ヤン》振寧《チェンニン》とロバート・ミルズにちなむ）を生み出している。

物理学者の買い物リストに書き込まれたこれら基本的な力の主な特徴は、次のようにまとめられる。

重力——強さ、6×10^{-39}。到達距離、無限大。グラヴィトン（観測されていない。質量0でスピン2と考えられている）によって運ばれる。重力場を形作る。

電磁気力——強さ、10^{-2}。到達距離、無限大。光子（質量0、スピン1）によって運ばれる。電磁場を形作る。

強い力——強さ、1。到達距離、10^{-15}m。グルーオン（質量0、スピン1）によって運ばれる。ヤン＝ミルズ場の一つの成分を形作る。

弱い力——強さ、10^{-6}。到達距離、10^{-18}m。ウイークオン（質量大、スピン1）によって運ばれる。ヤン＝ミルズ場のもう一つの成分を形作る。

基本粒子が三六種類と、加えて各種のグルーオンがあるという状態は、素粒子が六十数種類あった状態からそれほど進歩していないと感じるかもしれないが、実はクオークは、とてつもない数の対称性を持つ極めて系統立ったファミリーを形作っている。すべて同じ概念から派生したもので、クオーク発見以前に物理学者が扱わなければならなかった素粒子の動物園とは、まったく趣が違うのである。

基本粒子をクオークとグルーオンによって説明するというこの考え方は、標準モデルと呼ばれている。実験データにもとてもよく一致する。いくつかの粒子の質量は観測結果に合わせなければならないが、そうすれば他の粒子の質量はすべて見事に一致する。循環論法にはなっていないのだ。

クオークどうしはとても強固に結びついていて、孤立したクオークを見ることは決してできない。観測できるのは、二つや三つからなる複合体だけだ。それでも素粒子物理学者たちは、クオークの存在を間接的に確認している。動物園で数占いをしているだけではないのだ。宇宙は本当は美しいと信じる人にとって、クオークの持つ対称的な性質は心を掴んで離さないのである。

量子色力学によれば、陽子は三個のクオーク——二個のアップと一個のダウン——からできている。陽子からクオークを取り出してごちゃごちゃに入れ替え、再び元に戻しても、やはり陽子ができるはずだ。したがって陽子を支配する法則は、構成要素であるクォークの置換に対して対称的でなければならない。もっと興味深いことに、実はこの法則は、クォークの種類の変化に対しても対称的である。例えばアップクォークの一個をダウンに変えても、やはりこの法則は成り立つのだ。

それから考えると、この場合の実際の対称群は、単に三個のクォークに関する六通りの置換の群ではなく、それと密接に関連した、キリングのリストにある単純群の一つ、すなわちSU（3）という連続群である。SU（3）のもとでの変換によって自然法則の方程式は変化しないが、その方程式の解は変化しうる。SU（3）を使えば、例えば陽子を中性子に〝回転〟させられる。必要なのは、含まれるすべてのクォークをひっくり返し、アップ二個でダウン一個だったのをダウン二個でアップ一個にするだけだ。フェルミオンの世界はSU（3）の対称性を持っていて、その対称変換によってフェルミオンが別のフェルミオンに変わるのである。

標準モデルには、さらに二つの対称群が関係している。弱い力のゲージ対称性であるSU（2）は、電子をニュートリノへ変化させられる。SU（2）もキリングのリストに載っている群だ。そして、昔からお馴染みの電磁場はU（1）の対称性を持つ――マクスウェルの方程式におけるローレンツ対称性ではなく、位相の変化におけるゲージ対称性（すなわち局所対称性）だ。この群は、キリングのリストには惜しいところで載っていない。載っているのはSU（1）だが、二つは非常に近い関係にあるので、事実上U（1）はリストの一員と言っても差し支えない。

電弱理論は、電磁気力と弱い力を、二つのゲージ群を組み合わせることによって統一している。標準モデルはさらに強い力も取り込んでいて、すべての素粒子を記述する単一の理論となっている。その方法はとても直接的で、三つのゲージ群をSU（3）×SU（2）×U（1）としてくっつけるというものだ。このやり方は単純で単刀直入だが、あまり美しいとは言えず、標準モデルはまるで、チューインガムとひもで組み立てたような趣を呈している。

いま、手元にゴルフボールとボタンと爪楊枝があったとしよう。ゴルフボールは球の対称性SO（3）を、ボタンは円の対称性SO（2）を、そして爪楊枝は（いわば）単一の鏡映対称性O（1）を持っている。さて、これら三種類の対称性をすべて持ち合わせた物体を見つけることはできるだろうか？　見つけられる。三つを紙袋へ入れてしまうのだ。そうすれば、袋の中身にSO（3）を適用させるにはゴルフボールを回転させ、SO（2）を適用させるにはボタンを回転させ、O（1）を適用させるには爪楊枝をひっくり返せばいい。この袋の中身の対称群は、SO（3）×SO（2）×O（1）となる。標準モデルによって対称性を統一するのもこれと同じやり方だが、その場合は回転の代わりに量子力学の〝ユニタリー変換〟を用いる。そしてやはり、同じ欠点を抱えている。三つの系をひとまとめにして、それらの対称性を、あからさまで取って付けたような方法で組み合わせているのだ。

これら三つの対称群を結びつけるもっとずっと興味深い方法としては、紙袋よりずっと美しい容れ物にこれら三種類の物体を入れるというやり方があるだろう。あるいは、ゴルフボールの上に爪楊枝を立て、その先にボタンを刺すという方法もあるかもしれない。または、爪楊枝を車輪のスポークのように組み合わせて中心にボタンを取り付け、できた車輪をゴルフボールの上で回転させられるかもしれない。本当に賢いやり方で物体を組み合わせられれば、それは相当な数の対称性を示すはずで、例えばK（9）の群を持つことになる（そんな群は実在しない。説明のためにでっち上げただけだ）。対称群SO（3）、SO（2）、O（1）はそれぞれ、幸運にもK（9）の部分群になっているだろう。もしそのようなことができれば、ゴルフボールとボタンと爪楊枝を統一するためのはるかに見事な方法になるはずだ。

物理学者たちも標準モデルについて同じことを感じ、キリングの群が対称性の基本構成部品であることを手がかりに、K（9）かそれに極めて近いものをキリングのリストの中に探した。そうして彼らは、SU（5）、O（10）、あるいは謎めいた例外群E_6といったものを基にして、さまざまな大統一理論、GUTを考え出した。

そうしたGUTも当初は、カルツァ＝クライン理論と同じく、検証可能な予測ができないという欠点を抱えているように思われた。しかしやがて、真に興味深い予測が導かれた。完全に目新しい予測で、真実とは思えないほどだったが、確かに検証可能だった。すべてのＧＵＴが、陽子を〝回転〟させて電子やニュートリノに変えられると予測するのである。陽子は不安定であって、長年のあいだに宇宙の物質はすべて放射へと崩壊することになるのだ。計算によれば、陽子の寿命はおよそ10^{29}年と、宇宙の年齢よりはるかに長い。しかし陽子の中にはもっとずっと早く崩壊するものもあるはずで、もし陽子が十分な数あれば、崩壊現象を見つけられるかもしれない。大きなタンクに水を満たせば、陽子は十分な数になり、一年に数回の崩壊が見られるはずだ。一九八〇年代末には、陽子の崩壊を見つけようとする六つの実験が進められていた。中でも最大のタンクには、三〇〇〇トン以上の超純水が入れられた。しかし陽子の崩壊は見つからなかった。一回たりともである。これは、陽子の平均寿命が少なくとも10^{32}年であることを意味する。陽子は、各種ＧＵＴの予測より一〇〇〇倍以上長生きなのだ。結局ＧＵＴは検証に耐えられなかった。後から考えるに、もし陽子の崩壊が検出されたらそれこそ厄介なことになっていただろう。ＧＵＴにはとても重要なものが欠けていたからだ。重力である。

万物理論がどんなものだとしても、なぜ四つの基本的な力が存在するのか、なぜこのような奇妙な形を取っているのかを、その理論は説明できなければならない。ちょうど、ゾウとウォンバットと白鳥と羽虫の親類関係を見つけるようなものだ。

四つの力がたった一つの力のそれぞれ異なる側面であることを示せれば、それらを体系づけるのはずっと容易になるだろう。生物学ではそれが実現していて、ゾウもウォンバットも白鳥も羽虫も、ＤＮＡによって結びつけられ、それぞれその歴史上の膨大な変化によって区別される生命樹の一員である。四つの種《しゅ》はすべて、一〇億年か二〇億年前に生きていた共通の祖先から、徐々に進化してきたのである。

ゾウとウォンバットの共通の祖先は、例えばゾウと白鳥の共通の祖先より最近だ。したがってゾウとウォンバ

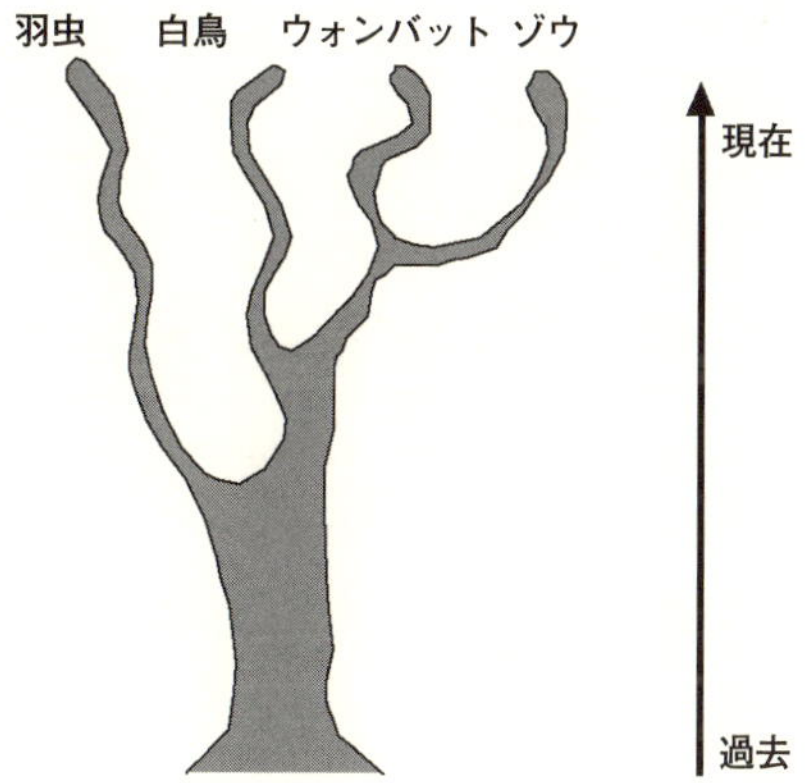

時間経過に伴って4つの種がどのように分かれていったか

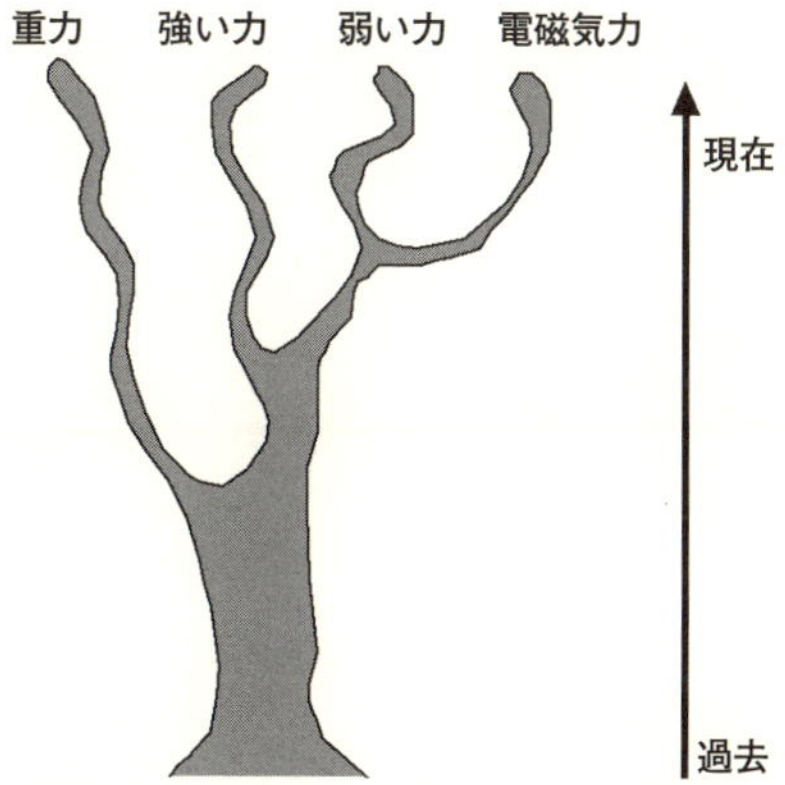

時間経過に伴って4つの基本的な力がどのように分かれていったか

ットは、これら四つの種が形作る系統樹の中で一番最近に枝分かれしたことになる。ゾウとウォンバットの共通の祖先は、それ以前に白鳥の祖先と袂を分かった。これら三つの種の祖先が羽虫の祖先と分岐したのは、さらに昔のことだ。

種の分化は、一種の対称性の破れと考えることができる。一つの種は、その個体どうしの交換のもとで（おおまかに）対称的である。ウォンバットはすべて互いに似ているからだ。ウォンバットとゾウのように二つの異なる種があると、ウォンバットどうし、あるいはゾウどうしは交換できるが、ゾウをウォンバットと取り替えれば誰かに気づかれてしまう。

物理学者たちも、四つの力の隠れた一体性について同じような形で説明している。しかしDNAの役割をするのは、宇宙の温度、すなわちエネルギーレベルである。おおもとの自然法則はいつでも同じだが、エネルギーが異なると違った振る舞いをもたらす。ちょうど、一つの法則によって、水が低温では固体に、室温では液体に、高温では気体になるようなものだ。非常に高温では水分子は分解し、個々の素粒子からなるプラズマができる。さらに高温では素粒子自体も分解して、クオーク=グルーオン・プラズマが形成される。

一三〇億年前、ビッグバンによって宇宙が誕生したとき、とてつもない高温状態にあった。はじめ、四つの力はすべてまったく同じ振る舞いをしていた。だが宇宙が冷えるにつれてその対称性が破れ、それぞれの力は分化して別々の特徴を持つようになった。四つの力が存在する現在の宇宙は、美しい初期宇宙の不完全な影であり、三つの対称性が破れた末の産物なのである。

第14章

政治記者

一九七二年六月、アメリカ大統領選のさなか、ウォーターゲート・ビルで働く一人の警備員が、あるドアがテープによって開けられていることに気づいた。警備員は、作業員がたまたま剥がし忘れたのだろうと思ってテープを剥がしたが、再びその場へ戻ってくると、何者かによってテープが貼り直されていた。不審に思った警備員が警察へ通報し、警察は五人の男を、民主党全国委員会の事務所へ侵入したかどで逮捕した。そして、彼らはニクソン大統領の再選委員会と関係があることが判明した。

この出来事は選挙戦にほとんど影響を与えず、ニクソンは地滑り的勝利を収めた。だが事件が闇に消えることはなく、ウォーターゲート問題の影響はニクソン政権の上層部へと及んでいった。《ワシントン・ポスト》の二人の記者、ボブ・ウッドワードとカール・バーンシュタインはこの事件を執拗に追いかけ、〝ディープ・スロート〟から秘密裏に情報提供を受けた。それが何者かは誰にも分からなかったが、かなりの高官であることははっきりしていた。二〇〇五年、ディープ・スロートの正体はＦＢＩ副長官マーク・フェルトであったことが明らかとなる。

ディープ・スロートがマスコミに漏らした情報は、世間を揺るがした。一九七四年四月には、ニクソンが二人の側近に辞任を勧告せざるをえなくなった。やがて、大統領の執務室が盗聴されていて、機密の会話が録音されたテープが存在することが明らかとなった。法廷闘争の末にテープが公開されることになったが、録音の一部に、意図的に消去されたらしい無音部分が見つかった。

世間は、不法侵入そのものより、その事件とホワイトハウスとの関係を覆い隠そうとしたことの方が罪が重いと受け止めた。そして下院が、大統領の弾劾に繋がりうる形式上の手続きを開始した。上院より前に〝重大な犯罪と軽罪〟の審理を行い、有罪の判断が下されれば罷免されるという流れだ。そして弾劾と有罪が避けられなくなると、ニクソンは辞任した。

大統領選でニクソンと戦ったのは、上院議員ジョージ・マクガヴァンだった。サウスダコタ州スーフォールズで民主党指名選挙への出馬を発表したマクガヴァンは、予言めいた言葉を発していた。

今日、我々市民はもはや、仲間の市民と協力して自らの生活を作り上げることはできないと感じています。それだけでなく、指導者の誠実さと常識に対する信頼も失っています。アメリカの政治を表す語彙の中で最も苦々しい新語が、〝信頼性の溝〟、すなわち美辞麗句と現実との溝です。あからさまに言うと、人々はもはや指導者の言葉を信じていないということです。

マクガヴァンの選挙運動に参加する無名の人々の中に、政治記者を目指していて、もしマクガヴァンが当選していたらおそらくその夢を叶えていた一人の人物がいた。もし歴史がその方向へ転がっていたら、政治はもっと豊かになっていたかもしれないが、基礎物理学や高等数学はそれ以上に貧しいものになっていたことだろう。現実に起こった歴史の二〇〇四年、その記者は、《タイム》誌が選ぶ、その年に最も影響を及ぼした一〇〇人のうちの一人となった——しかし記者活動のためではなかった。

その人物が選ばれたのは、数理物理学に対して画期的な貢献を果たしたからだった。いくつか極めて独創的な数学を生み出し、それにより、ノーベル賞に匹敵する数学界最高の栄誉、フィールズ賞を受賞したが、彼は数学者ではない。世界を代表する理論物理学者の一人であり、アメリカ科学栄誉賞を授かっているが、最初に取得した学位は歴史学である。そして、物理学全体を統一しようという最先端の動きを、初めに生み出したのではないものの、中心となって牽引している。かつてアインシュタインがいたプリンストン高等研究所のチャールズ・シモニー記念数理物理学教授である彼の名は、エドワード・ウィッテンである。

ドイツの偉大な量子論学者たちと同じく、そして貧しかったディラックとは違い、ウィッテンは知的環境の中で育った。父ルイス・ウィッテンも物理学者で、一般相対論と重力について研究している。エドワードはメリーランド州ボルティモアで生まれ、ブランダイス大学で一つめの学位を取るべく勉強した。ニクソンが再選されると彼は学問の世界へ戻り、プリンストン大学でＰｈＤを取得して、アメリカのいくつもの大学で研究と教職に携わるようになった。そして一九八七年、全員が研究のみに専念する高等研究所に採用され、現在もそこで研究をおこなっている。

エドワード・ウィッテン

ウィッテンが最初に研究したのは、量子論と相対論の折り合いを付けようという試みから生まれた最初の成果である、場の量子論だった。これには運動の相対論的効果が考慮されているが、それは平坦な時空においてでしかなかった（湾曲した時空を必要とする重力は、そこには考慮されていない）。一九九八年におこなわれたギブス記念講演の場でウィッテンは、次のように言っている。「場の量子論は、物理法則について我々が知っている事柄のほとんどを含んでいるが、重力は例外だ。場の量子論が歩んできた七〇年のあいだに、〝反物質〟の理論から、……原子のより正確な記述、……そして〝素粒子物理学の標準モデル〟まで、いくつもの画期的段階があった」。そして彼は、この理論はもっぱら物理学者の手で発展してきたもので、かなりの部分で数学的な厳密さを欠いているので、数学そのものにはほとんど影響を及ぼしていないと指摘した。

この欠点を改める時がやってきた、とウィッテンは言った。純粋数学の大きな分野のいくつかは、実質上、場の量子論が仮面をかぶったものだった。ウィッテン自らが発見して分析した〝位相的場の量子論〟は、さまざまな純粋数学者がまったく異なる背景に応じて考案した概念に即して、直接的な形で解釈できる。その一つが、イギリスの数学者サイモン・ドナルドソンが発見した、4次元空間はいくつもの異なる〝可微分構造〟——微分を実行できる座標系——を持ちうる点で独特であるという、驚くべき事実だ。その他の側面としては、ジョーンズ多項式として知られる、結び目理論における最近の画期的進歩や、多次元複素表面における〝ミラー対称性〟と呼ばれる現象、そして現代リー理論のいくつかの分野がある。

ウィッテンは大胆な予測をおこなった。二一世紀の数学の大きなテーマは、場の量子論の考え方を数学の本流へ合流させることだとして、彼は次のように述べている。

ここに巨大な山脈が聳《そび》えていて、そのほとんどは霧で覆われている。雲から突き出した一番高い山頂だけが今日の数学理論では見えていて、その壮麗たる山頂は孤立したものとして研究されている。……山脈の本体は、場の量子論という基岩と、膨大な数学的財宝とともに、いまだ霧の中に覆い隠されている。

ウィッテンの受賞したフィールズ賞は、そうした隠された財宝を彼がいくつか発見したことを讃えるものだった。その一つが、正の局所質量密度を持つ重力系は総質量も正でなければならないという、いわゆる〝正質量予想〟に対する、改良された新たな証明である。これは当たり前のことに思われるかもしれないが、量子の世界では質量は厄介な概念である。長年にわたって探し求められてきたこの結論の証明は、一九七九年にリチャード・ショーンとシン＝トゥン・ヤウ〔丘成桐〕によって発表され、それによってヤウは一九八二年にフィールズ賞を受賞した。ウィッテンによる改良された新たな証明は〝超対称性〟を利用したもので、この概念を数学の重大な問題へ応用した初の例となっている。

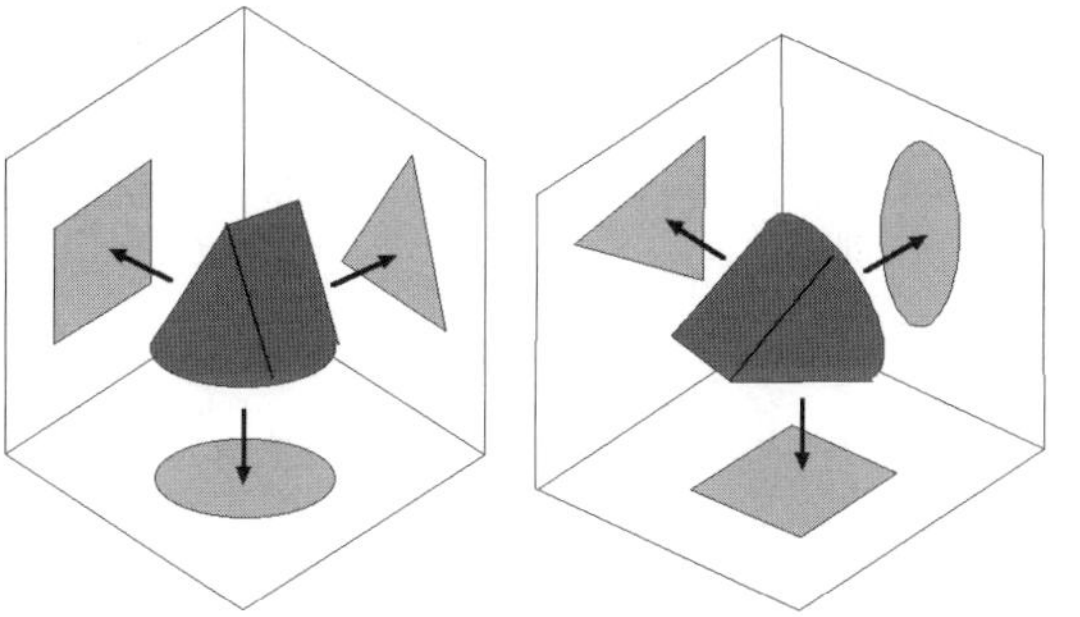

超対称性の仕組み。3通りの形の穴に合うコルク栓（左）とコルク栓を回転させた結果（右）

超対称性について理解するには、口が円や正方形や三角形である瓶にぴったりはまるコルクを探せという、古くからのなぞなぞを考えればいい。驚くことにそのような形は実在し、標準的な答は、底面が円で楔形に細くなっていくコルクだ。下から見ると円に、正面から見ると正方形に、横から見ると三角形に見える。たった一つの形が三つの役割をすべて果たすわけだが、それは3次元物体が、異なる方向から見るとさまざまな〝影〟、すなわち投影像を持ちうるからである。

ここで、この図の〝床〟にフラットランド人が住んでいると想像してみよう。彼は床に落ちたコルクの投影像を見ることはできるが、他の投影像には気づかない。ある日、彼は、その円が正方形へ形を変えていくという、驚くべき現象を目にした。どうしたらそんなことがありえるのか？　もちろん対称変換ではない。

フラットランドの中では、確かに対称変換ではない。しかし、フラットランド人が背を向けているあいだに、3次元に住む何者かがコルクを回転させ、床に落ちる投影像を正方形に変化させた。この回転は、3次元では間違いなく対称変換である。つまり、低い次元における不可解な変換は、高次元での対称変換によって説明できる場合があるのだ。

超対称性においてもかなり似たようなことが起こるが、その場合、円が正方形に変わるのではなく、フェルミオンがボゾンへ変わる。驚くべきことだ。要するに、フェルミオンに関する計算をしておいて、それに超対称変換を施せば、余計な労力を使わずにボゾンに関する結果をはじき出せる。そしてその逆も可能だということだ。

このようなことは、正真正銘の対称変換によって起こるはずのものだ。あなたが鏡の前に立ってジャグリングをすれば、鏡のこちら側で起こっていることが、鏡の向こう側で起こることを決める。鏡の向こう側では、あなたの像がボールの像をジャグリングする。鏡の現実側でジャグリングの一サイクルに三・七九秒かかるとしたら、時間を計らなくても、鏡の向こう側で同じジャグリングに三・七九秒かかることは分かる。両者は鏡映対称性によって結びついていて、一方で起こることは、もう一方でも左右対称な形で起こるのだ。

超対称変換も、これほどあからさまではないが同じような効果を及ぼす。それを使えば、ある種の粒子の特徴をまったく違う種類の粒子の特徴から導けるのだ。まるで、宇宙にある高次元の領域に手を突き出し、フェルミオンをひねってボゾンに変えるようなものだ。素粒子は、超対称性で結びついたペアとして存在する。通常の粒子《パーティクル》と、それをひねってできたスパーティクルと呼ばれる粒子だ。電子《エレクトロン》はセレクトロンと、クオークはスクオークとペアである。歴史的な理由で、光子《フォトン》のパートナーは、スフォトンでなくフォティーノという。通常の世界とは弱くしか相互作用しない、スパーティクルでできた〝影の世界〟が存在するのである。

これは数学的な美しさゆえに考え出されたアイデアだが、予測されるこれら影の粒子は質量があまりに大きく、実験で観測することはできない。超対称性は確かに美しいが、真ではないかもしれない。しかし、直接的な検証が望むべくもないとしても、間接的な検証は可能だ。科学はもっぱら、理論の数々をその影響によって検証してきたのだから。

ウィッテンは超対称性の研究を精力的に進め、一九八四年に『超対称性とモース理論』というタイトルの論文を発表した。モース理論とは、発案者であるマーストン・モースにちなんで名付けられた位相幾何学の一分野のことで、空間の全体的な形をその山や谷と関連づける理論だ。おそらくイギリスで最も傑出した存命の数学者であるマイケル・アティヤ卿は、ウィッテンの論文を次のように評している。「現代の場の量子論を理解しようとする幾何学者は、必ず読むべきものだ。有名なモースの不等式に対する見事な証明も記されている。……この論文の真の目的は、無限次元多様体を用いて、超対称的な場の量子論の基礎を整えることである」。そしてウィッテンは、これらの手法を、位相幾何学や代数幾何学の最前線に位置するいくつかの問題へ当てはめた。

お分かりになったはずだが、ウィッテンは数学者でないという私の言葉は、彼に数学の才能が欠けているという意味ではなく、その真逆である。おそらく地球上の誰一人として、彼以上の数学的才能を持ってはいないだろう。しかしウィッテンの場合、それが驚くべき物理的直観と相まってさらに引き立っているのだ。

数学者と違って物理学者は、数学的な論理の穴を取り繕うため物理的直観を持ち出すことに、ほとんど躊躇しない。それに対して数学者は、傍証がどんなに強力であっても、盲信というものには用心するよう訓練されている。彼らにとっては、証明がすべてなのだ。ウィッテンはその点で人と違っていて、自分の直観を数学と結びつけ、数学者が理解できるような形へ持っていくことができる。アティヤはこのように言っている。「物理的アイデアを数学の形で説明できるその才能は、まったく彼独特のものだ。彼は幾たびとなく、物理的直観を見事な形で応用することで数学の深遠な定理を導き、数学界を驚かせてきた」。

しかし、この直観的才能には裏の面もある。ウィッテンが物理的原理やそれに相当するものから編み出した重要なアイデアの多くは、証明することなしに導かれ、今なお証明されていないものもある。彼は証明ができないというわけではなく――フィールズ賞を受賞しているくらいなのだから――、論理を飛躍させることができて、必要な証明なしに深遠で正しい数学へたどり着くことができるのだ。

大きな問題は、ウィッテンの編み出した驚くほど美しい数学がはたして基礎物理学に関係したものなのか、それとも、この美の探求は数学的な袋小路に陥り、物理的真理との繋がりを失ってしまうのか、ということだ。一九八〇年までに物理学者たちは、自然界に存在する四つの力のうち三つ、電磁気力、弱い力、強い力を統一させた。しかし大統一理論は、重力について何も語ってはいなかった。我々が日常生活で最も直接感じている力、我々の足を文字通り地に付けさせている力は、困ったことに統一理論から抜け落ちていたのだ。

重力と量子論との統合理論として、理にかなったように見えるものを書き下すのは、至極簡単だった。だがそうしてできた方程式を解こうとすると、必ず無意味な結果が出てきてしまう。たいていの場合、道理にかなった物理量を表さなければならない数値が無限大になってしまったのだ。物理理論で無限大が出てくれば、それは何かが間違っているというしるしである。放射の法則に姿を現した無限大に促されて、プランクは光を量子化したのだった。

物理学者の中に、この無限大のおもな原因は、素粒子を点として取り扱うという根深い習慣であると信じるようになった人々がいた。点は大きさを持たない存在で、数学的な虚構だ。量子論的粒子は確率的にぼやけた点だが、それではこの病は癒えなかった。何かもっと過激な措置が必要だったのだ。一九七〇年代にはすでに何人かが、素粒子は振動する微小なループ——〝ひも〟に喩えたほうが理にかなっているのではないかと考えはじめていた。そして一九八〇年代になって超対称性が舞台に登場すると、このひもが〝超ひも〟へと変異したのである。

超ひもについては丸々一冊本を書くこともできるし、そうしている人も何人もいるが、逆におおざっぱな空事《そらごと》でごまかすこともできる。ここでは以下の四つの特徴に絞りたいと思う。相対論的描像と量子論的描像を組み合わせる方法、余分な次元の必要性、量子状態をそうした余分な次元での振動として解釈する方法、そして、その余分な次元の対称性——正確に言うと余分な次元に棲みつくさまざまな場の対称性——、の四つだ。

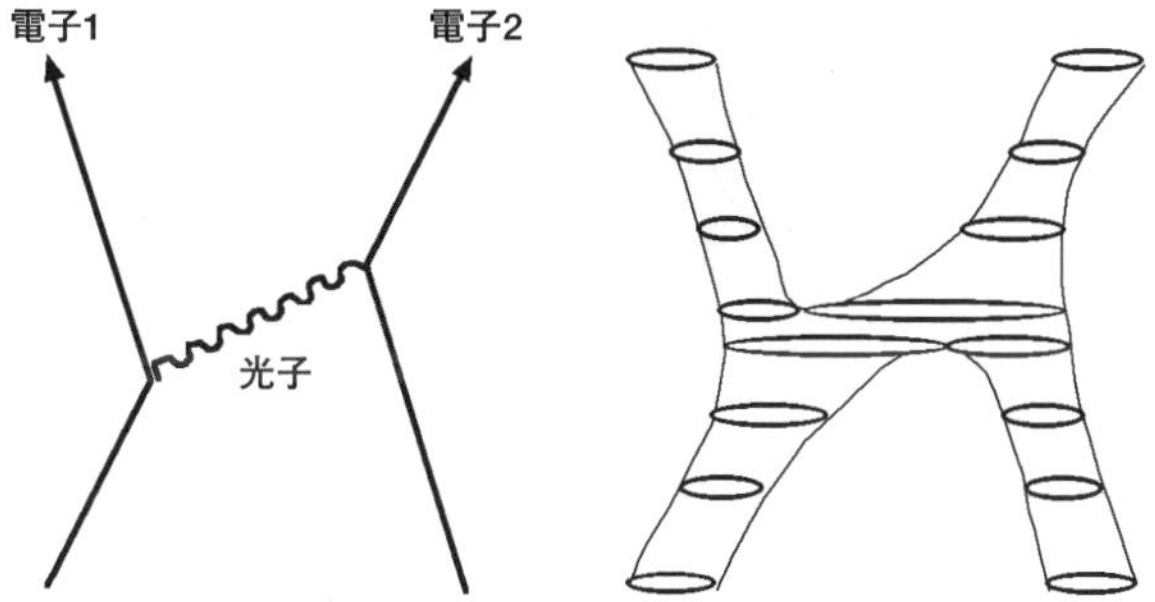

相互作用する粒子のファインマン・ダイヤグラム（左）と対応する世界面（右）。その断面がひもになる。

出発点となるのは、時空の中で粒子がたどる道筋を〝世界線〟と呼ばれる曲線で表すという、アインシュタインのアイデアだ。簡単に言うと、この曲線は時空の中で粒子が動いた跡である。相対論では、アインシュタインの場の方程式が取る形ゆえ、世界線は滑らかな曲線となる。そして分岐することもない。相対論では、どんな系の未来も過去と現在によって完全に決定されるからだ。

場の量子論にもこれと似た概念として、ファインマン・ダイヤグラムと呼ばれるものがある。これは、素粒子どうしの相互作用を、かなり図式化した時空の中で描いたものだ。例えば上の図の左側は、一個の電子が一個の光子を放射して、それが別の電子に捕捉される様を表したファインマン・ダイヤグラムである。光子を表すには習慣的に波線を使う。

このファインマン・ダイヤグラムは、相対論における世界線と少し似ているが、尖った角があるし分岐もしている。一九七〇年に南部陽一郎が、素粒子は点であるという前提を、素粒子は微小なループであるという前提に置き換えると、ファインマン・ダイヤグラムは右側の図のように滑らかな曲面――〝世界面〟――に姿を変えることに思い至った。世界面は、ループが棲むための余分な次元を備えた、改良された時空の中に描かれた世界線と解釈できる。

ループの素晴らしいところは、点でないことの他に、振動できることである。各振動パターンは、それぞれ別の量子状態に対応すると考えられる。それによって、例えばスピンが常に１／２の整数倍であるなど、量子状態

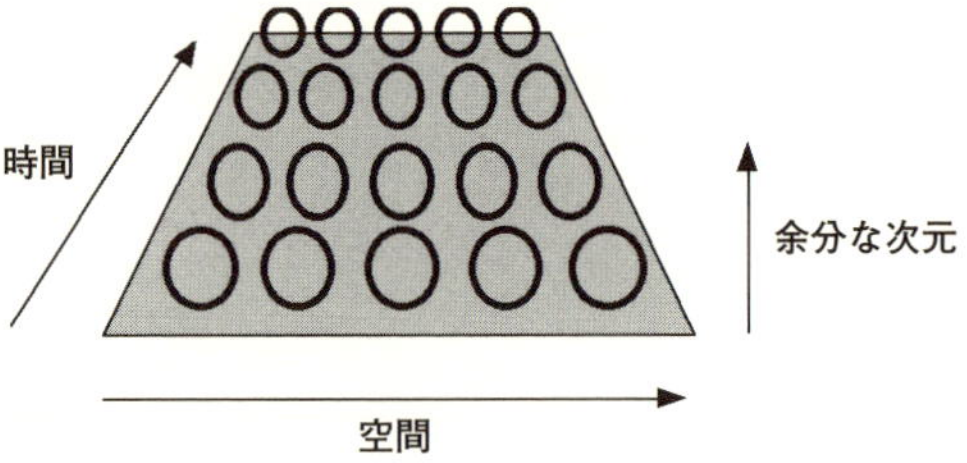

ひもは通常の時空から新たな次元へ突き出している

が何か基本量の整数倍として現れる理由を説明できるだろう。ループにフィットするような波の数は、整数でなければならない。バイオリンの弦では、それぞれの波動パターンが基音とその倍音になる。こうして量子論はある種の音楽となり、バイオリンの弦ではなく超ひもが音を奏でるのだ。

南部のアイデアは、どこからともなく湧いてきたものではない。そのもととなったのは、ガブリエーレ・ヴェネツィアーノが一九六八年に導いた驚くべき式だ。この式は、一見したところ互いにまったく異なるファインマン・ダイヤグラムが同じ物理過程を表していて、それを考慮に入れないと場の量子論の計算において間違った答えが出てきてしまうということを示していた。南部は、ファインマン・ダイヤグラムをチューブで覆うようにすれば、それぞれ異なるダイヤグラムが同じトポロジーを持つチューブのネットワークを生成することに気づいた。つまり、これらネットワークは互いに変形できるということだ。そのためヴェネツィアーノの式は、このチューブのトポロジー的性質と関係しているように思われた。

さらにこのことから、電荷のようにとびとびの量子数を持つ量子論的粒子は、滑らかな時空の持つトポロジー的特性なのかもしれないと考えられるようになった。すでに数学者たちは、曲面上の穴の数のような基本的なトポロジー的性質がとびとびになる傾向を持つことを知っていた。すべてがうまく噛み合うように思われた。しかしいつものごとく、悪魔は細部に潜んでいて、そして細部は邪悪だった。ひも理論は、その細部を現実世界と一致させようとする最初の試みだったのだ。

ひも理論はそもそも、万物理論へ繋がりうる道としてではなく、ハドロンと呼ばれる素粒子群をまとめて説明するためのアイデアとして始まった。この理論は、原子核に見られる陽子や中性子のようなありふれた素粒子に加えて、もっと風変わりな数多くの素粒子をも対象としていた。しかしこの理論には欠点があった。それまで発見されていなかった（今でも発見されていない）、質量0でスピン2の素粒子の存在を予言していたのだ。それに加えて、この理論ではスピン1／2の素粒子を予測できなかったが、実は陽子や中性子を含めかなりの数のハドロンが1／2のスピンを持っている。まるで、真夏の天気予報で直径三〇センチメートルの雹《ひょう》が降ってくると言っているものの、どれくらい暑いのかは何も教えてくれないようなものだった。物理学者たちは相手にしなかった。一九七四年に量子色力学が登場し、知られていたすべてのハドロンが説明され、さらにオメガ・マイナス粒子という新粒子を見事予言できたことで、ひも理論の運命は潰えたかに思われた。

しかしそのとき、ジョン・シュワルツとジョエル・シェルクが、ひも理論の予言する質量0でスピン2の厄介な素粒子は、重力を運ぶと考えられて長年探されていた仮想上の粒子、グラヴィトンかもしれないと気づいた。ひも理論はハドロンの理論ではなく、重力の量子論なのだろうか？　もしそうだとしたら、万物理論の有力馬になるかもしれない。いや、多物理論と言っておこう。ハドロンでない素粒子も数多くあるからだ。

ここで、フェルミオンをボゾンへ変換できる超対称性が登場する。ハドロンにはフェルミオンもボゾンも含まれているが、電子のような素粒子はハドロンに含まれない。もしひも理論に超対称性を組み込めれば、すでに理論に含まれていた粒子の超対称的パートナーとして、数多くの新たな粒子がひも理論の手中に自動的に転がり込んでくるはずだ。

ピエール・ラモン、アンドレ・ヌボー、そしてシュワルツの編み出したこの統合理論が、超ひも理論である。この理論では、スピン1／2の粒子が含まれるとともに、もともとのひも理論が抱えていた、光より速く運動する粒子の存在という厄介な特徴が取り払われていた。そのような粒子が存在するのは理論が不安定である証拠と見なされ、そうした理論は排除される。

一九八〇年以降、イギリスの理論物理学者マイケル・グリーンが、リー群の理論と位相幾何学の手法を使って超ひもの数学を次々に編み出し、超ひも理論は、物理的な裏付けはどうあれ数学的に並はずれた美しさを持つことが急速に明らかとなっていった。だが物理は頑固だった。一九八三年、ルイス・アルヴァレズ＝ゴームとウィッテンが、ひも理論や超ひも理論、さらには古き良き場の量子論までもが抱える、新たな問題点を発見した。これらの理論は通常、〝異常性《アノマリー》〟を持っているというのだ。古典系を量子系へ変換する過程で、ある重要な対称性が変化する際にアノマリーが発生するのである。

グリーンとシュワルツは、このアノマリーはほとんどの状況で魔法のように消すことができるが、それは時空が26次元（ボゾンひも理論と呼ばれる最初の理論において）か、あるいは10次元（のちの修正理論において）の場合に限られることを発見した。なぜそうなるのか？　ボゾンひも理論における彼らの計算では、アノマリーを生み出す数式項に、dを時空の次元として$d-26$という係数がかかっている。したがって、dがぴったり26である場合、この項は消えてしまう。同様に修正理論では、この係数が$d-10$となっている。時間は常に1次元だが、空間はなぜか6か22の余分な次元を持つのだ。シュワルツはこのことを次のように説明している。

> 一九八四年にマイケル・グリーンと私は、これら超ひも理論の一つについて計算をおこない、実際このアノマリーが生じるかどうかを調べてみた。そこで発見したことに、私たちは心底驚いた。一般的には、理論を満足できないものにするアノマリーが確かに存在していた。初めに理論を定義する際に使う対称構造は、自由に選ぶ余地があった。むしろ、ありうる対称構造は無限通りあった。だがそのうちたった一つを選ぶと、数式からアノマリーが魔法のように消え、一方、他のどの場合にもそんなことは起こらなかった。そこで、この無限の選択肢のうちたった一つを、辻褄が合いそうなものとして採り上げた。

10や26といった変な数を無視する心づもりがあれば、この発見はかなり心躍らせるものだった。そして、時空が特別な次元数を取る数学的理由が何かあるらしいことをほのめかしていた。その数が4でないのは残念だったが、まだまだ第一歩だ。物理学者たちはずっと、なぜ時空が4次元なのか頭をひねってきた。「いくつでもいいのだが、我々の宇宙では4なのだ」という答がせいぜいだったが、この理論はそれよりはましな答であるように思われたのだ。

もしかしたら、4次元の時空をもたらしてくれる理論が別にあるのかもしれない。そうであれば理想だったが、そういった方向の試みは一つとしてうまくいきそうになく、不思議な次元は頑として姿を消そうとしなかった。だからきっと、そんな次元は本当に存在するのだろう。カルツァもかつて、時空には我々に観測できない余分な次元があるのかもしれないと考えた。もしそうだとしたら、ひもは1次元状のループではあるが、見えない高次元空間で振動していることになる。そして、電荷やチャーム数といった、素粒子の持つ量子数は、その振動の形によって決まるのだろう。

根本的な疑問の一つが、この隠れた次元はどのような姿をしているのか、時空の形はどんなものか、というものだった。

物理学者たちは初めのうち、この余分な次元は6次元版のトーラスのような単純な形をしているだろうと期待していた。しかし一九八五年に、フィリップ・カンデラス、ゲイリー・ホロウィッツ、アンドリュー・ストロミンガー、そしてウィッテンが、最もふさわしい形はいわゆるカラビ＝ヤウ多様体の一つであろうという結論を導いた。カラビ＝ヤウ多様体は何万種類もあり、そのうちのある典型的なものは次ページの図のような形をしている。

カラビ＝ヤウ多様体の大きな長所は、10次元時空の超対称性が、その土台にある通常の4次元時空へ受け継がれることである。

ここで歴史上初めて、例外型リー群が物理学の最前線で大きな役割を持つようになり、その後もその流れは加

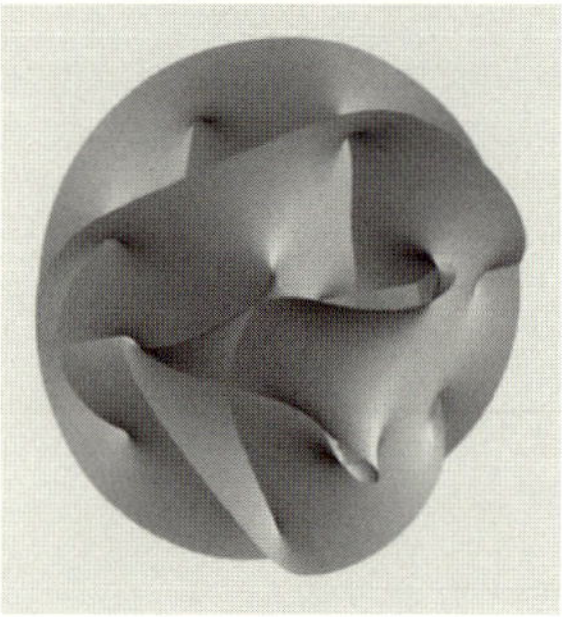

カラビ＝ヤウ多様体（模式図）
提供：インディアナ大学教授・学科長アンドリュー・J・ハンソン

速していく。一九九〇年頃には、いずれも時空が10次元である、五種類の超ひも理論が存在するように思われていた。それらは、タイプⅠ、タイプⅡAとⅡB、〝ヘテロ〟タイプHOとHEと呼ばれた。そして、興味深いゲージ対称群が舞台に現れた。例えば、タイプⅠとタイプHOでは32次元空間における回転群SO（32）が見いだされ、タイプHEでは、例外型リー群であるE_8が、それぞれ異なる役割を果たす別々のコピーとして$E_8 \times E_8$という形で現れる。

　例外型リー群G_2もまた、この物語における一番最近の進展、すなわちウィッテンがM理論と呼んでいるものに姿を現す。〝M〟とは、彼曰く、マジック、ミステリー、そしてマトリックスを意味しているという。M理論は11次元の時空を仮定していて、五種類の10次元ひも理論をすべて統合してくれる。つまり、M理論における定数のいくつかを特定の値に固定すると、それぞれの理論が得られるということだ。M理論では、カラビ＝ヤウ多様体の代わりに、キリングの例外型リー群G_2と密接に関係した対称性を持っているためG_2多様体と呼ばれる7次元空間が登場する。

　今のところ、ひも理論に対しては世間の反発がいくぶん見られるが、それは、間違っていると分かったからではなく、まだ正しいと分かっていないからである。何人もの著名な物理学者、とりわけ実験家たちは超ひもと何の関わり合いも持とうとしていないが、それは、この理論が彼らにとって何の役にも立たないからに他ならない。観測される新たな現象もなければ、測定される新たな量もなかったのである。

私自身、宇宙の鍵を握るものとして超ひもに固執してはいないものの、こうした批判は不公平だと思っている。超ひも理論学者たちは自分たちの無実を証明しろと迫られているが、ふつう、批判する側に有罪を証明する責任はある。物理世界に関するまったく新たな考え方を発展させるには長い時間と多大な努力が必要なものであって、ひも理論は技術的に極めて難解だ。原理的には、ひも理論から我々の世界に関する新たな予測を導くことは可能だ。しかし大きな問題は、そのために必要なものがとてつもなく厄介なことである。同じ不満が四〇年前の場の量子論についてもあったのだろうが、コンピュータと数学の発展が相まって結局は解決され、科学の他の分野では見られない精度で実験と一致することが明らかとなったのである。

さらに、同じような批判はほぼどんな有望な万物理論に対しても向けられているし、皮肉なことに、理論が優れていればいるほど、その正しさを証明するのは難しい。その理由は、万物理論というものに特有のものだ。ある万物理論が成功を収めるには、量子論と一致するようなどんな実験に適用させても、必ず量子論と一致しなければならない。また、相対論と一致するようなどんな実験に適用させても、必ず相対論と一致しなければならない。つまり万物理論は、今までおこなわれてきたすべての実験的検証にパスしなければならない。万物理論と従来の物理学との違いが分かるような新たな予測を欲しがるというのは、既知のあらゆる物理現象を記述する理論から予測されるのと同じ結果を導きながら、それとは違うものを欲しがることに他ならないのだ。

もちろん、ひも理論もいずれは新たな予測を導き、観測によって検証され、仮説から現実の物理学へ変わっていかなければならない。現在知られているあらゆる事柄と一致しなければならないからといって、そうした予測が不可能だということにはならない。そうした予測が容易には手に入らないだけである。雌雄を決する実験の案は、すでにいくつかある。例として、最近おこなわれた遠い銀河の観測から、宇宙は単に膨張しているだけでなく、膨張速度を増しているらしいことが分かった。超ひも理論は、この現象に対して単純な説明を与えてくれる。

重力が余分な次元に漏れ出しているというのだ。しかしこの現象を説明する方法は他にもある。明らかなのは、理論家たちが超ひもの物理を調べることをやめてしまえば、それが正しいかどうかを知るチャンスは失われてしまうことだ。雌雄を決する実験が存在しうるとしても、それを考え出すには時間と努力が必要である。

読者には、量子論と相対論を統一するには超ひも以外に選択肢がない、という印象を与えたくない。競合する理論は数多くあるのだ——いずれも同じように実験的裏付けを欠いてはいるが。

そのうちの一つ、〝非可換幾何学〟と呼ばれるアイデアは、フランス人数学者アラン・コンヌの考えだしたものだ。この理論は、時空の幾何学に関する新たな概念に基づいている。ほとんどの統一理論は、アインシュタインの相対論的モデルを拡張したものが時空であるという考え方から出発し、そこに素粒子物理学の基本粒子を何とかして組み込もうとしている。コンヌのアイデアはその逆だ。標準モデルに現れるすべての対称群を含む、非可換空間という数学的構造からスタートし、そこから相対論に似た性質を導くのだ。そのような空間の数学はハミルトンの非可換4元数にまで遡れるが、それよりはかなり一般化され修正されている。それでもこの代替理論もやはり、リー群の理論にしっかりと根ざしているのである。

もう一つ魅力的なアイデアが、〝ループ重力理論〟である。一九八〇年代に物理学者のアベイ・アシュテカーは、空間が〝粒状〟であるような量子的枠組みの中でアインシュタインの方程式がどのような形になるかを解き明かした。このアイデアをリー・スモーリンとカルロ・ラベッリが発展させ、さしわたし10^{-35}mほどの微小な塊が輪で繋がった、中世の鎖帷子《くさりかたびら》のような空間のモデルを導いた。そして、この輪が結び合わさったり編まれたりすると、鎖帷子の細部の構造が非常に複雑になりうることに気づいた。しかし、こうしたことが何を意味するのかは明らかでなかった。

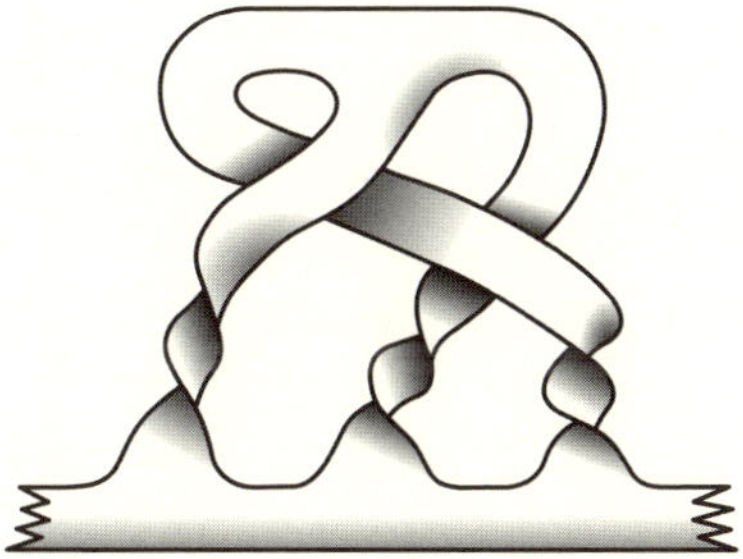

組みひもで表した電子

二〇〇四年にサンダンス・ビルソン＝トンプソンが、こうした組みひものいくつかがクオークを組み合わせる際の規則を正確に再現することを発見した。クオークの電荷を、それに伴う組みひものトポロジーによって解釈しなおすことができ、クオークを組み合わせる規則は、組みひもに対する単純な幾何学的操作から導くことができるのだ。まだ生まれたてのこのアイデアは、標準モデルで観測される素粒子のほとんどを導いてくれる。この説は、空間の〝特異点〟、すなわち結び目や局在波など、空間が滑らかでなく正則でないような構造から物質が生まれるという一連の仮説のうち、一番最近のものである。もしビルソン＝トンプソンが正しければ、物質はねじれた時空に他ならないことになる。

数学者たちは長年にわたって組みひものトポロジーを研究していて、組みひも自体が〝組みひも群〟と呼ばれる群を形作ることは以前から知られていた。二本の組みひもの両端を繋ぎ合わせると、〝掛け算〟がおこなわれる。ルッフィーニによる5次方程式への挑戦についての説明のときに、二つの置換を繋ぎ合わせたのと似ている。ここでもやはり、面白そうだからということで〝それそのもののために〟作られた、すでに存在している数学の上に、物理が組み立てられている。そしてまた、鍵となるのはやはり対称性である。

最新の超ひも理論が抱える最大の問題は、いわば贅沢な悩みである。予測ができないのではなく、あまりに多すぎるのだ。空っぽの空間が持つエネルギー量、いわゆる〝真空エネルギー〟は、余分な次元の内部でひもがどのように巻き付くかに応じてほぼどのような値でも取ることができる。巻き付き方の種類は膨大で、およそ10^{500}通りだ。その中のどれを選ぶかによって、真空エネルギーの値が違ってくるのである。

観測されている値は極めて小さく、およそ10^{-120}だが、決して0ではない。

従来考えられてきた〝ファインチューニング〟という筋書きによれば、この値は生命が存在するのにぴったりとされる。10^{-118}より大きいと局所的な時空が爆発するし、10^{-120}より小さいと宇宙全体で時空が収縮して消えてしまう。したがって、生命の〝幸運の窓〟はとても小さいことになる。我々の宇宙は、奇跡的にこの範囲内に位置しているというのだ。

〝弱い人間原理〟は、もし我々の宇宙が今のような形で作られていなかったら、それに気づく我々はここに存在しなかったはずだ、と説いている。しかし、我々が占めている〝ここ〟がなぜ存在するのか、という問題にこの原理は答えてくれない。〝強い人間原理〟は、生命が存在するよう宇宙が特別にデザインされたからこそ、我々がここにいるのだ、と言っているが、これは無意味な神秘主義だ。真空エネルギーが今と大きく違っていたらどんなことが起こっていたか、実際のところ誰も知らない。どんなことが起こらないかは少し分かっているが、代わりにどんなことが起こるかはまったく分かっていないのだ。ファインチューニング説の大半は、インチキなのである。

二〇〇〇年にラファエル・ブッソとジョセフ・ポルチンスキーが、真空エネルギーが10^{500}通りの値を取りうることを利用して、以上の説とは違う、ひも理論に基づいた説明を提唱した。10^{-120}はとても小さな値だが、取りうる真空エネルギーレベルの間隔は10^{-500}単位であって、それよりさらに小さい。したがって数多くのひも理論が、〝正しい〟範囲の真空エネルギーを与える。それでもランダムに選んだひも理論がそうである確率は無視できるほど小さいだろうが、それは大したことではないと、ブッソとポルチンスキーは指摘した。最終的には〝正しい〟

真空エネルギーが必ず現れてくるというのだ。考え方としては、宇宙は可能性のあるひも理論をすべて探索していく。どれか一つのひも理論に従うと、やがて宇宙はバラバラになり、別のひも理論へと量子力学的に〝トンネル〟する。十分な時間待てば、どこかの時点で宇宙は、たまたま生命に適した範囲の真空エネルギーを獲得するというのである。

二〇〇六年にはポール・スタインハートとニール・トゥロックが、この〝トンネル〟理論を手直しした説を提唱した。およそ一兆年のサイクルでビッグバンとビッグクランチを繰り返す循環宇宙だ。このモデルでは、サイクルごとに真空エネルギーが減少していき、宇宙は最終的に極めて小さいがゼロではない真空エネルギーを持つようになる。

いずれのモデルでも、真空エネルギーが十分に小さい宇宙は、極めて長時間にわたって存在することになる。生命誕生に適した状況が生まれ、生命は十分な時間を獲得して知性を進化させ、そして、なぜ自分たちが存在するのかと頭をひねるようになるのだ。

第15章

数学者たちの混乱

ガチョウの集団《ギャグル》、ライオンの一団《プライド》、フィンチの群れ《チャーム》、ヒバリの一群《イグゾルテイション》……、数学者を表す集合名詞は何だろうか？　数学者の〝崇高〟か？　うぬぼれすぎだ。数学者の〝当惑〟か？　当たらずとも遠からずだ。数学者という種族が大群になったときどういう振る舞いをするか、観察するチャンスをたくさん手にした私は、最もふさわしい単語は〝混乱〟だと思っている。

そんな混乱する数学者集団の一つが、数学の中でも最も奇怪なある構造を考え出し、その不可解な外面に隠された一貫性を発見した。ぶらつきながら傍観していることで得られた彼らの発見は、今まさに理論物理学へ浸透しようとしている。そしてそれは、超ひもの持ついくつか興味深い性質の鍵を握っているかもしれないのだ。

超ひもの数学はかなり新しく、まだ完成していないところが大半である。しかし皮肉なことに、現代物理学の最前線にある超ひもは実は、あまりに時代遅れで大学の数学の授業ではめったに採り上げられないようなヴィクトリア時代の代数学と興味深い関係にあることに、数学者や物理学者たちは気づいてしまった。この代数学の発明品は、実数、複素数、4元数の次に並ぶもので、8元数と呼ばれている。

一八四三年に発見された8元数は、発見者とは別の人物によって一八四五年に発表され、その後も発見者とは違う人物の手柄とされていた——しかし誰も気に留めなかったので、何の問題もなかった。そして一九〇〇年までには、数学界の中でさえ忘れ去られていた。一九二五年、ウィグナーとフォン・ノイマンが8元数を量子力学の基礎に据えようと試み、いっとき復活を見せたが、試みが失敗すると再び忘却のかなたへ追いやられた。しかし一九八〇年代になると、ひも理論において役に立つかもしれない道具として再び甦ってきた。そして一九九九年、8元数は、10次元や11次元の超ひも理論に欠かせない要素として舞台へ姿を現したのである。8元数は、8という数に関するとても奇妙な事実や、空間、時間、物質に関するさらに奇妙な事実を教えてくれる。ヴィクトリア時代のきわものが、数学と物理学の共通の最前線に立ちはだかる深遠な謎を解く鍵として甦った。そしてそれによって、時空は従来考えられてきた4よりも多くの次元を持ち、それによって重力と量子論がぴったり噛み合うことを確信できるようになったのである。

8元数の話は頭を悩ませる抽象代数の世界に属していて、二〇〇一年にアメリカ人数学者のジョン・バエズが、それに関する見事な数学的概説を発表している。ここでの説明は、もっぱらバエズの慧眼に頼っている。この数学と物理学の境界に巣くう、奇妙だが美しい神秘を読者に伝えられるよう、私は最善を尽くしたい。ハムレットの父親の亡霊が舞台の下から響かせる実体のない声のように、数学的働きの多くは観客に見えないところで起こるものだ。私を信じて、ここでは説明しない風変わりな専門用語のことはあまり気に掛けないでほしい。主役を追いかけるには、日常の言葉だけで間に合うこともあるのだから。

舞台背景を整える上で、これまでの内容をいくつか思い出すと役に立つかもしれない。数体系が段階的に拡張してきたプロセスは、対称性の探究という本書の物語と幾たびとなく交差してきた。最初の段階は、一六世紀半ばになされた、−1が平方根を持つという複素数の発見（もしくは発明）だった。それまで数学者たちは、数は神の創造物であってただ一つしか存在せず、それはすでに発見されてしまっていると考えていた。誰も新たな数を作り出そうなどとは考えられなかったのだ。ところが一五五〇年頃にカルダーノとボンベリが、負の数の平方根を書き下すことで、まさに新しい数を作り出した。それが何を意味するのか明らかになるまでおよそ四〇〇年かかったが、それが無視できないほど役に立つと数学者が納得するまでには、わずか三〇〇年しかかからなかった。一八〇〇年代までに、カルダーノとボンベリの作り出した奇妙な代物は、新たな種類の数として実体を持つようになり、iという新たな記号を手にしていた。複素数は不可思議な存在に見えたかもしれないが、実は数理物理学を理解するための素晴らしい道具であることが明らかとなった。熱、光、音、振動、弾性、重力、磁気、電気、そして流体の流れは、いずれも複素数という兵器を前にして降伏した——ただそれは、2次元の物理学においてだけのことだった。

しかし我々の宇宙では、空間は3次元である——そう最近まで考えられてきた。複素数の2次元体系は2次元の物理学にとって極めて役に立つのだから、本物の物理学に使える、同じような3次元の数体系はないのだろうか？　ハミルトンは何年もかけてそれを探そうとしたが、完全に失敗した。そして一八四三年一〇月一六日、彼は閃いた。3次元ではなく4次元に目を向けろ、と。そしてその4元数の公式を、ブルーム橋の石組みに彫り込んだのだった。

ハミルトンには、ジョン・グレーヴスという、代数学に熱を上げる大学時代からの旧友がいた。そもそもハミルトンを数体系の拡張へと駆り立てたのは、グレーヴスだったのだろう。橋に彫り込んだ翌日、ハミルトンは相棒に、4元数に関する長い手紙を書いた。グレーヴスははじめ戸惑い、思いつきで掛け算の規則をこしらえたことをどう正当化すればいいのか悩んだ。そしてこう返事した。「想像上のものを作り出してそれに超自然的性質を与えるのがどこまで自由に許されるのか、まだはっきりとは分からない」。しかし彼もまた、この新たなアイデアに可能性を見いだし、それをどこまで推し進められるか考えた。「君の錬金術を使えば、三ポンドもの黄金を作れる。ここで立ち止まることがあるだろうか？」

当を得た問いかけで、グレーヴスは答を探しはじめた。そして二カ月もしないうちに、8次元の数体系を見つけたという手紙を返した。彼はそれを〝オクターヴ〟と名付けた。それとともに、八つの平方数の和に関する驚くべき公式も見つけた――この後すぐに説明する。さらにグレーヴスは、16次元の数体系を定義しようと挑戦したが、彼が言うところの〝思いがけない障害〟に引っかかってしまった。ハミルトンも、友人の発見に世間の関心を向けさせる手助けをしようと申し出はしたものの、4元数の宣伝でそんな余裕はなかった。そうこうしているうちに、厄介なことに気づいた。オクターヴの掛け算は結合則に従わないのだ。つまり、三つのオクターヴを掛け合わせる二つの方法、$(ab)c$と$a(bc)$が、通常は食い違うのである。厳格な自己分析を重ねた末にハミルトンは、交換則を放棄するのは厭わないが、結合則を捨て去るのは行き過ぎかもしれないと考えた。

ここでグレーヴスは、致命的な不運に見舞われた。彼が発表するより前にアーサー・ケイリーが独自に同じことを発見し、一八四五年、楕円関数に関する、本来は散々な出来の論文――間違いだらけで全集から外されているくらいだ――の補遺としてそれを発表したのだ。ケイリーはその数体系を〝8元数《オクトニオン》〟と名付けた。

不運なグレーヴスは先を越されたわけだが、実は彼の論文は、ケイリーがその発見を発表したのと同じ雑誌に掲載される直前のところだった。そこでグレーヴスは論文に、自分は二年前に同じアイデアを思いついていたという注釈をつけ、ハミルトンも、友人のほうに発見者の権利があるはずだという短いコメントを発表して援護射撃した。そうして記録は修正されたが、8元数は〝ケイリー数〟という名前を獲得し、この呼び方は今でも広く用いられている。今や多くの数学者が、ケイリーの用いた用語を使ってその数体系を〝8元数《オクトニオン》〟と呼んでいながら、手柄がグレーヴスにあることは認めている。それは別としても、〝オクターヴ〟より〝オクトニオン〟のほうが〝クオータニオン（4元数）〟に似ていて、よりふさわしい名前だと言えよう。

8元数の代数は、ファノ平面と呼ばれる見事な図を使って表すことができる。この図は、七つの点を三つずつ七本の直線によって繋げた有限な形状で、次ページの図のような形をしている。

平面上に表すために一本の直線は円形に曲げなければならないが、それは問題ではない。この図形では、どの

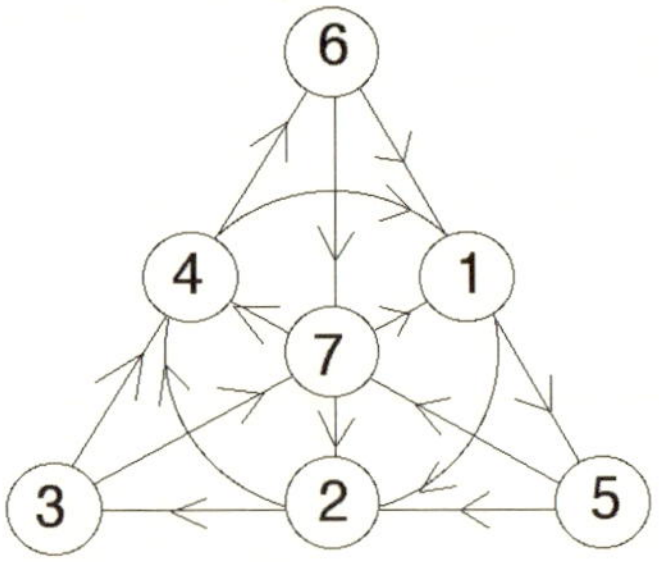

ファノ平面。7つの点と7本の線からなる幾何

二点も必ず直線によって結ばれていて、どの二本の直線も一つの点で出会う。また、平行な直線は存在しない。このファノ平面はそもそもまったく違う目的で考案されたものだが、実は8元数の掛け算の規則をまとめたものであることが明らかとなったのだ。

8元数には八つの単位元がある。通常の数1と、e_1、e_2、e_3、e_4、e_5、e_6、e_7と表される七つの単位元だ。これらの2乗はすべて−1である。ファノ平面を使うと、これら単位元の掛け算の規則が定められる。例えばe_3とe_7を掛け合わせたいとしよう。図の中から3と7の点を探し、それらをつなぐ直線に注目する。その直線上にはもう一つ点があり、この場合にはそれは1だ。矢印を追っていくと、3から7を通って1へ向かっている。したがって、$e_3e_7=e_1$となる。順序が逆であれば、マイナスの符号を付け、$e_7e_3=-e_1$とする。同じことを単位元のすべてのペアについてやっていけば、8元数の演算のやり方がすべて分かるのだ（足し算と引き算は簡単で、割り算は掛け算から定義できる）。

グレーヴスやケイリーは、このように8元数が有限幾何と関係していることを知らなかったため、8元数の掛け算の表をいちいち書き出すしかなかった。ファノ平面のパターンは、のちになって発見されたのである。

長い間、8元数は単なるちょっとした興味の対象にすぎなかった。4元数と違って、幾何学的解釈もなければ、科学への応用法もなかった。純粋数学の中でさえ、そこから新たな広がりがあるようには思えず、自然と忘れ去られていった。そんな状況が様変わりしたのは、8元数が数学の中でも最も風変わりな代数構造の源であることが明らかとなったときだった。キリングの導いた五つの例外型リー群、G_2、F_4、E_6、E_7、E_8がどこからやって来たものかを、8元数は説明してくれるのだ。そしてさらに、多くの物理学者が今でも万物理論の第一候補と考えている、飛び抜けて満足できる性質を備えた10次元ひも理論の基礎を構成する対称群の中に、例外型リー群のうち最も大きいE_8が二度姿を現すのである。

宇宙は数学に根ざしているというディラックの言葉を受け入れるなら、適切な万物理論が存在するのはE_8が存在するからで、E_8が存在するのは8元数が存在するからだ、と言える。ここから、哲学的に興味深い可能性が出てくる。極めて特殊な我々の宇宙の基礎構造は、8元数という独特の数学的対象と関係があるからこそ選び出された、という可能性だ。

美は真であり、真は美である。ピタゴラス学派やプラトン学派の人々なら、この世界の構造において数学的パターンが中心的な役割を果たしているというこの証拠を、大層気に入ったに違いない。8元数は数学的に現実を超越した忘れられない美しさを備えていて、ディラックならそれこそを、10次元ひも理論が正しい理由と考えたことだろう。もし残念なことに間違いだと証明されれば、真であると分かった場合よりかえってますます興味がそそられるはずだ。しかし、美しい理論が必ずしも正しくはないことは経験上分かっているのだから、超ひもに対する評決が下されるまでは純粋な推測に留めておかなければならない。

物理学においてどれほど重要だったとしても、8元数をめぐるアイデアの数々は、数学にとっての至宝なのである。

8元数と例外型リー群との繋がりは、4元数を一般化したさまざまな概念と現代物理学の最前線との奇妙な関係の一つでしかない。ここから、そうした繋がりのいくつかを深く掘り下げていき、それがどれほど驚くべきものかを読者に味わってもらうことにしよう。まずは、数学において昔から知られている例外的な構造である、平方数の和に関する数々の公式を採り上げる。

そんな公式の一つは、複素数から自然と導かれる。どの複素数も、原点からの距離に等しい〝ノルム〟を持つ。ピタゴラスの定理より、$x+iy$のノルムの2乗はx^2+y^2だ。ヴェッセル、アルガン、ガウス、ハミルトンが導いたように、複素数の掛け算の規則から、ノルムはとても面白い性質を持つことが分かる。二つの複素数を掛け合わせると、そのノルムの2乗も掛け合わされるのだ。記号で表せば、$(x^2+y^2)(u^2+v^2)=(xv+yu)^2+(xu-yv)^2$となる。二つの平方数の和と二つの平方数の和との積は、必ず二つの平方数の和になるのだ。この事実は、六五〇年頃のインドの数学者ブラーマグプタや、一二〇〇年のフィボナッチも知っていた。

初期の数論学者たちは、素数を二種類に区別していたこともあって、二つの平方数の和に興味を持っていた。容易に証明できるが、二つの平方数の和が奇数であれば、整数をkとして、それは$4k+1$の形をしていなければならない。それ以外の奇数、すなわち$4k+3$という形の奇数は、二つの平方数の和として表すことはできない。しかし、$4k+1$の形をした数がすべて二つの平方数の和であるというのは、たとえ平方数の一方に0を入れることを認めたとしても真ではない。そんな例外の最初の数が、21である。

フェルマーは、これら例外の数は決して素数ではないという、とても美しい事実を発見した。それどころか、$4k+1$の形をした素数はすべて二つの平方数の和であるということも証明した。二つの平方数の和の掛け算に関する先ほどの公式を使えば、奇数が二つの平方数の和であるのは、その素因数分解に$4k+3$の形をした素因数が偶数個含まれるときに限ることが分かる。例えば、$45=3^2+6^2$は二つの平方数の和だ。この素因数分解は$3\times3\times5$となり、$k=0$として$4k+3$の形をした素因数3は、2乗、すなわち偶数乗の形で現れている。もう一つの素因数である5は奇数乗の形で現れているが、これは$4k+1$の形（$k=1$）の素数であって何も問題はない。

それに対して、先ほどの例外の数21は3×7に等しく、どちらの素数も$4k+3$の形だが、いずれも1乗、すなわち奇数乗の形で現れている。だから21は、二つの平方数の和で表せないのだ。他にも無限個の数が、同じ理由ゆえ二つの平方数の和では表せない。

その後、ラグランジュが同様の方法を使って、すべての正の整数は四つの平方数（0も認める）の和であることを証明した。その証明には、オイラーが一七五〇年に発見した巧妙な公式が使われている。先ほどの公式に似ているが、四つの平方数の和に関する公式で、四つの平方数の和と四つの平方数の和の積は四つの平方数の和となる、というものだ。三つの平方数の和に関してはそのような公式は存在しないが、それは、どちらも三つの平方数の和ではあるが、それらの積はそうでないような数のペアが存在するからだ。ところが一八一八年にフェルディナン・デーエンが、八つの平方数の和に対する積の公式を発見した。それは、のちにグレーヴスが8元数を利用して発見したのと同じ公式だった。哀れなグレーヴスよ。8元数の発見は、オリジナルだったのに別の人の手柄とされ、もう一つの発見である八つの平方数の公式は、実はオリジナルではなかったのだ。

つまらない代物だが、1個の平方数の和——要するに平方数——に関する積の公式も存在する。$x^2y^2=(xy)^2$だ。この公式と実数との関係は、二つの平方数の公式と複素数との関係に相当する。そしてこの公式は、ノルムの2乗が〝乗法的〟である、すなわち、積のノルムの2乗はノルムの2乗の積だということを証明している。この場合も、ノルムは原点からの距離だ。どんな負の数も、それに対応する正の数と等しいノルムを持つ。

四つの平方数の公式についてはどうだろうか？　4元数に関しても同じことが言える。4次元に拡張したピタゴラスの定理（そう、そんなものもある）から、一般的な四元数 $x+iy+jz+kw$ のノルムの2乗は $x^2+y^2+z^2+w^2$ という四つの平方数の和である。4元数のノルムの2乗もやはり乗法的であって、そのためにラグランジュの四つの平方数の公式は成り立つのだ。

読者はもう先が読めていることだろう。デーエンの八つの平方数の公式も、8元数に関して同様の解釈ができるのだ。8元数のノルムの2乗もまた乗法的である。

何かとても興味深い形で話が進んでいる。実数、複素数、4元数、8元数と、次々に複雑になっていく四種類の数体系がある。これらは、1、2、4、8の次元を持つ。そして、平方数の和と平方数の和の積が平方数の和になるという公式が、一つ、二つ、四つ、八つの平方数について当てはまる。これらの公式は、それぞれの数体系と密接に関係している。さらに面白いのが、これら数の示すパターンである。

1、2、4、8——次に来るのは何だろうか?

もしこのパターンが続いていくなら、興味深い16次元の数体系が見つかるはずだと自信を持って予想できるだろう。実際そうした数体系は、ケイリー＝ディクソンの構成法という自然な手法によって構築できる。この手法を実数に適用すると、複素数が得られる。複素数に適用すると、4元数が得られる。4元数に適用すると、8元数が得られる。さらに進んで8元数に適用すると、16次元の数体系である16元数が得られ、その先も、32次元の代数、64次元の代数と、次元が二倍ずつ増えていくのだ。

だとしたら、16個の平方数に関する公式も存在するのか?

存在しない。16元数のノルムの2乗は、乗法的でないのだ。平方数の和に対する積の公式は、平方数の個数が1、2、4、8の場合しか存在しないのである。少数の法則がここでも噛みついてきた。2の累乗というパターンは、途中で行き詰まってしまうのだ。

なぜか? 簡単に言うと、ケイリー＝ディクソンの構成法は、代数の法則を徐々に破壊していくからだ。この構成法を適用するたびに、数体系は一つ前のものより行儀が悪くなる。実数という美しい数体系が、一歩一歩、一法則一法則、無秩序へと落ちぶれていくのだ。もっと詳しく説明しよう。

最初の四つの数体系は、ノルムの他にもいくつか共通した性質を持っている。実数を一般化したものの証拠である最も際立った性質が、〝多元体〟であるというものだ。足し算、引き算、掛け算という概念が有効な代数体系は数多くある。しかしこれら四つの数体系では、それに加えて割り算も可能だ。さらに乗法的なノルムも存在するので、これら数体系は〝ノルム多元体〟である。グレーヴスはしばらくのあいだ、4から8を導く自らの手法を繰り返していけば、16次元、32次元、64次元と、あらゆる2の累乗を次元数とするノルム多元体を導けると考えていた。しかし16元数で思わぬ障害に突き当たり、16次元のノルム多元体が存在しうるかどうか疑いはじめた。そしてその疑念は正しかった。ノルム多元体は1次元、2次元、4次元、8次元の四つしか存在しないことが、今では分かっている。そして、グレーヴスの八つの平方数の公式や、オイラーの四つの平方数の公式に相当する、16個の平方数の公式も存在しないのだ。

どうしてだろうか？ 2の累乗からなる数列を一段進むたびに、新たな数体系はある程度の構造を失っていくからだ。複素数は、直線上に順序づけられない。4元数は、代数法則$ab=ba$、すなわち〝交換則〟に従わない。8元数は、結合則$(ab)c=a(bc)$には従わないが、$(ab)a=a(ba)$といういわば〝交互則〟には従う。そして16元数は、多元体を作らず、乗法的なノルムも持たない。

この傾向は、単にケイリー＝ディクソンの構成法が立ち行かなくなることよりはるかに本質的だ。一八九八年にフルヴィッツが、ノルム多元体はこれら四つしかないことを証明した。そして一九三〇年にはマックス・ツォルンが、交互則に従う多元体も同じくこれら四つしかないことを証明した。まさに例外的なのだ。

プラトン的本能を持つ純粋数学者が気に入るたぐいの話である。しかし、他の人々にとって本当に重要な数体系は、実用的に計り知れない重要性を持つ実数と複素数だけであるように思われた。4元数は、難解ではあるが役に立つ応用法の中に姿を現してきたものの、8元数は応用科学のスポットライトをひたすら避けていた。純粋数学における袋小路で、空想にふける人がつぶやきそうな、もったいぶった無意味な代物のように思われていたのである。

単に分かりやすい使い道がないからといって、巧妙な、あるいは美しいアイデアを放棄するのは危険だということを、数学の歴史は繰り返し教えてくれている。しかし不幸なことに、それでも人々はそうしたアイデアを、美しい、あるいは巧妙だからこそ放棄することがしばしばである。自分は〝現実的〟だと考える人ほど、何か実世界の問題に関してではなく〝それ自体のために〟考え出され、抽象的な疑問から生まれてきた数学的概念に対して、嘲笑の言葉を吐くものだ。その概念が美しければ美しいほど、まるで美しいこと自体が恥ずべき理由だと言わんばかりに、嘲笑はひどくなっていくのだ。

このように、ある概念を無用だと決めつけると、将来になって厄介なことになりかねない。たった一つの新たな応用法、たった一つの科学の進歩によって、その嘲笑を浴びた概念が突如舞台の中心に降りてきて、無用どころか欠かせないものになることもありうるのだから。

実際の例は尽きない。ケイリー自身、自分の考えだした行列はまったく役に立たないと言ったが、今日、それなしに成立する科学の分野は一つもない。カルダーノは、複素数は〝無用であるとともに捉えがたい〟と断言したが、複素数を使わずに仕事のできる技術者や物理学者は世界中で一人もいない。一九三〇年代のイギリスを代表する数学者ゴッドフリー・ハロルド・ハーディーは、数論に実用的な応用法がないこと、とりわけ軍事的に使い途がないことを、とても幸いだと考えていた。しかし今では数論は、安全なインターネット取引や、さらには軍事に必要不可欠な、メッセージの暗号化に活用されている。

そして8元数も、同じ運命をたどりつつある。いまだ数学の授業で教えるべきテーマにはなっていないし、物理学の授業ではなおさらだ。しかし今やリー群の理論にとって、とりわけ、物理学において興味のある14、52、78、133、248という不思議な次元数を持つ五つの例外型リー群、G_2、F_4、E_6、E_7、E_8にとって、8元数は最も重要な概念となりつつある。これら五つの群が存在していることこそが謎である。ある数学者は苛立つあまり、それらは神の無慈悲な行いであると言い放ったという。

自然を愛する人たちは、よく知られた景勝地を再び訪れては、滝の途中まで降りてみたり、誰もが通る道の脇に伸びる岩棚を進んでみたり、大海原を望む断崖に立ってみたりと、自分の足で景色の良い場所を探して楽しむものだ。同じように数学者たちも、昔から知られたテーマを再び採り上げ、それを新たな視点から眺めることが好きである。数学の眺望を変えることで、古い概念を、洞察に満ちた新たな形で解釈しなおせることがよくあるのだ。数学の世界の観光旅行に出かけ、言葉に表せないものを違った角度から、口をぽかんと開けながら見つめられるというだけではない。そうすることで、新旧の問題に取り組む新たな強力な方法が手に入るのだ。そうした傾向が最も顕著で、そして最もいろいろなことを教えてくれるのが、リー群の理論なのである。

前に述べたように、キリングは、ほとんどの単純リー群を四つの無限族に分類した。そのうちの二つが、それぞれ偶数次元と奇数次元を持つ特殊直交群ＳＯ（n）という一つの大きな族で、他の二つの族が特殊ユニタリー群ＳＵ（n）と斜交群Ｓｐ（２n）である。

今では、これらの族はすべて同じものの変種であることが分かっている。いずれも、〝歪エルミート行列〟という、ある特別な代数学的条件を満たす$n\times n$行列から構成されるのだ。それぞれの違いは、実数行列からは直交リー環が、複素数行列からはユニタリー・リー環が、４元数の行列からは斜交リー環が得られるという点だけである。行列の大きさは無限にありうるので、これらのリー環は無限族を作る。驚くことに、ハミルトンにとって初めての大発見だった、解析力学における自然な変換に対応するリー環は、彼の最後の大発見だった４元数によって自然な形で記述できるのである。

ここで読者は、行列の要素に８元数を使えばどうなるのだろうかと思われたはずだ。しかし不幸なことに、８元数では結合則が成り立たないため、単純リー環の新たな無限族は得られない。というより、そのような族は存在しないのだから、逆に〝幸運〟だと言うべきだ。ところが、８元数にふさわしい扱い方をして、少数の法則を味方に付ければ、まさしく別のリー環を手に入れることができるのである。

その最初の手がかりが得られたのは、一九一四年にエリ・カルタンが、ある素朴な問題に対して驚くべき答えを出したときだった。数学や物理学における指導原理として、何か興味深い対象があったら、まずはその対称群がどのような形をしているか調べるべきだ、というものがある。実数体系の対称群は、〝何もしない〟という恒等変換のみからなる自明なものだ。複素数体系の対称群は、恒等変換と、iを$-i$へ変換する鏡映対称変換を含む。4元数の対称群は、実3次元空間における回転群SO（3）に極めて似たSU（2）だ。

そこでカルタンは、8元数の対称群は何だろうか、という問題を考えた。

あなたがカルタンの立場だったとしても、この問題には答えられたはずだ。8元数の対称群は、最も小さい例外型単純リー群、G_2だ。8次元の8元数体系は、14次元の対称群を持つことになる。例外的な存在であるこのノルム多元体は、一つめの例外型リー群と直接関係を持っているのである。

さらに先へ進めるには、もう一つのある考え方を理解しなければならない。それはルネッサンスに遡るが、芸術家ではなく数学者によるものだ。

当時、数学と芸術はかなり近しい関係にあった。建築だけでなく絵画においてもだ。ルネッサンスの画家たちは、遠近法に幾何学を応用する方法を発見した。紙の上に絵を、まさに3次元の物体や景色のごとく見えるように描くための、幾何学的規則を見つけたのだ。そのために彼らは、極めて美しい新たなたぐいの幾何学を考案した。

以前の画家の作品は、我々の目にはあまり写実的には見えない。ジオット（アンブロジオ・ボンドーネ）のような、写真に見紛うばかりの作品を描いた画家でさえ、詳しく調べると完全に系統立った遠近法を用いてはいない。一四二五年にフィリッポ・ブルネレスキが、正確な遠近法のための系統立った数学的方法を定式化し、その後、それを他の画家たちに伝授した。一四三五年にはこのテーマに関する初の書物として、レオーネ・アルベルティの筆による『絵画論』が出版されている。

この方法は、ひとかどの数学者でもあったピエロ・デラ・フランチェスカの絵画において完成を見た。ピエロは遠近法の数学に関して三冊の本を書いている。ここでさらに、レオナルド・ダ・ヴィンチに触れないわけにはいかない。彼の著した『絵画論』の冒頭には「数学者でない者には私の著作を読ませるな」と記されているが、これは、古代ギリシャ、プラトンのアカデメイアの扉の上に掲げられていたとされる「幾何学を知らぬ者は入れさせるな」という標語を真似たものだ。

遠近法で欠かせないのが、〝射影〟という概念である。3次元の光景を紙という平面上に描く際に、光景の中の各点と観察者の目を（概念的に）線で結び、その線がどこで紙とぶつかるかを見極める。重要なのは、射影によって、ユークリッドが認めないような風に形が歪むことだ。特に、射影によって平行線が交差する線へと変わってしまう。

こうした効果は日々目にしている。陸橋の上に立って、遠くまでまっすぐ伸びる線路や高速道路を見れば、直線が近づいていって地平線で交わるように見える。実際の直線は同じ距離だけ離れたままだが、遠近法のせいで、直線が我々から遠ざかるほど、直線どうしの見た目の距離は縮まっていく。数学的に理想化して考えると、平面上に描かれた無限に長い平行線も、適切に投影すれば交差する。しかし平行線が交わる場所は、平面上のどこにもない。平面上で交差することはありえないのだ。交差するのは、直線と平面が伸びていった先の、見かけの〝地平線〟においてだ。平面上では地平線は無限のかなたにあるが、その投影像は、絵の中央を横切る、完全に実体を持った直線となる。

この直線は、〝無限遠直線〟と呼ばれる。−1の平方根のようにこれも、虚構ではあるが極めて役に立つ。こうして生まれた幾何学は射影幾何学と呼ばれ、クラインのエルランゲン・プログラムに即して言えば、光景の中で

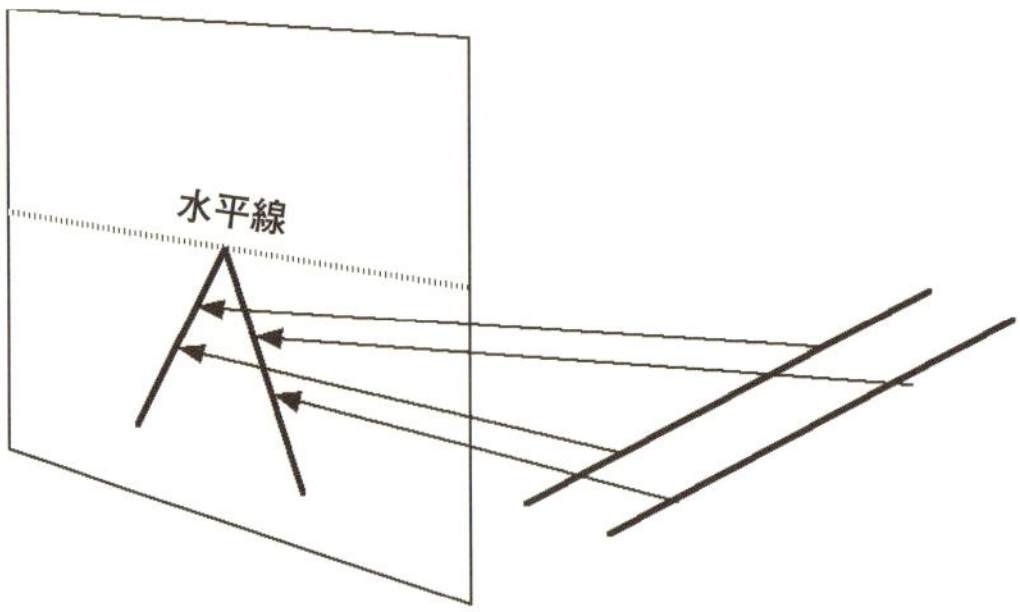

射影によって平行線は水平線で交差する

射影によって変化しない特徴に関する幾何学、ということになる。水平線と〝消失点〟を使って、実際の物体のように画面を構築した遠近法絵画を描く画家は、誰しも射影幾何学を使っていることになるのだ。

射影平面上の幾何学はとても簡潔だ。ユークリッド幾何学と同じく、どの二点もただ一本の直線で結ぶことができる。しかしどんな二本の直線も、正確に同じ点で出会う。ユークリッドが頭をひねった平行線は存在しないのだ。

ファノ平面を思い出された読者は正しい。ファノ平面は、有限射影幾何学なのである。

ここまで来れば、ルネッサンスの遠近法から例外型リー群までの道のりはあと一歩だ。アルベルティの手法に暗に含まれていた射影平面は、新たなたぐいの幾何学として日の目を見る。一六三六年、軍の将校でのちに建築家兼技術者となるジラール・デザルグが、『円錐を平面で切った切り口を論ずる一試案の概要』という本を発表した。タイトルから見ると円錐に関する本のように思え、実際にそうなのだが、デザルグはこの本の中で、伝統的なギリシャの幾何学ではなく射影的手法を用いている。実数のペアであるデカルト座標（x, y）を使うとユークリッド幾何学を代数学へ変換できるように、射影幾何学も、xかyのどちらかを無限大にすることで

（三つの座標の比を取って1÷0＝無限大と置くという巧妙な手法を使うことで）代数学へ変換できるのだ。

実数に対してできることは複素数に対してもできるので、複素射影平面というものも手に入れることができる。そしてそれがうまくいくのなら、4元数や8元数でやってみるのは当然だろう。

しかしそこには問題がある。結合則が成り立たないので、あからさまな方法はうまくいかないのだ。だが、一九四九年に数理物理学者のパスクアル・ヨルダンが、16実次元の8元数射影平面を構築するための、意味のある方法を発見した。一九五〇年には群論学者のアルマン・ボレルが、二つめの例外型リー群F_4は8元数射影平面の対称群であることを証明した。8元数射影平面は、複素平面に似ているが、実数でなく8元数の目盛がついた二本の8次元〝定規〟から作られる。

こうして、五つある例外型リー群のうち二つが8元数に即して説明された。では残りの三つ、E_6、E_7、E_8はどうなのだろうか？

かなり多くの人が例外型リー群は邪悪な神の無慈悲な行いであると考えていたが、そんな状況も、一九五九年、ハンス・フロイデンタールとジャック・ティッツがそれぞれ独立に、〝魔法陣〟を作ることでE_6、E_7、E_8に説明を与えるまでのことだった。

この魔法陣の各行各列は、それぞれ四つのノルム多元体に対応している。何か二つのノルム多元体が与えられたとして、それらに対応する行と列を見ると、この魔法陣からは一つのリー群が導かれる――ある高度な数学的手順に従えばだが。そうした群の中には至極単純なものもある。例えば実数の行と実数の列に対応するリー群は、3次元空間における回転が作る群SO（3）だ。行も列も4元数であれば、やはり数学者にはお馴染みの、12次元空間における回転が作る群SO（12）が得られる。しかし8元数に対応する行や列を見ると、そこに含まれるのは例外型リー群F_4、E_6、E_7、E_8なのだ。残った例外型リー群G_2もまた、8元数と密接に結びついている。すでに見たように、これは8元数の対称群である。

こうして、例外型リー群が存在するのは8元数の存在を認めた神の知恵によるものだというのが、おしなべた意見となった。以前からそう認識しておくべきだった。アインシュタインが言ったように、神は狡猾だが邪悪ではない。五つの例外型リー群はすべて、8元数が関係したさまざまな幾何の対称性だったのである。

一九五六年頃、ロシアの幾何学者ボリス・ローゼンフェルトが、おそらく魔法陣について考えていたときに、例外型リー群E_6、E_7、E_8もまた射影平面の対称群であるという推測を立てた。ただし、8元数の代わりに以下のような構造を使わなければならない。

E_6：複素数と8元数から作られる〝複・8元数〟
E_7：4元数と8元数から作られる〝4・8元数〟
E_8：8元数と8元数から作られる〝8・8元数〟

唯一些細な問題は、こうした数体系の組み合わせをもとに意味のある射影平面を定義する方法を誰も知らないことだった。だが、このアイデアに意味があるという証拠はいくつかあった。現状では、ローゼンフェルトの予想を証明はできるものの、そのためにはこれらの群を使って射影平面を構築しなければならない。逆に射影平面から群を導くというのがもともとのアイデアだったので、これはあまり満足できる状態ではない。しかしまだ出発点だ。実はE_6とE_7に関しては、射影平面を構築するそれぞれ別々の方法が存在する。いまだ頑ななのはE_8だけだ。

もし8元数が存在しなかったら、リー群の話は、キリングが当初期待していたようにもっと単純ではあっただろうが、興味深いものからは程遠かったはずだ。我々人間が選ぶことはできない。8元数とそれに伴う道具はすべて、もとから存在している。そして宇宙の存在も、何か解しがたい形で8元数に依存しているのだ。

8元数と生命、宇宙、万物との繋がりは、ひも理論によって明らかとなる。その鍵となる性質は、ひもを収めるのに余分な次元が必要だということだ。この余分な次元は原理的にいくつもの形を取ることができて、その正しい形を探すことが大きな問題だ。昔ながらの量子論で鍵を握る原理は対称性であり、ひも理論でもそれは変わらない。だから当然、その舞台にはリー群が登場してくる。すべてはそれらリー対称群にかかっていて、やはりその中でも例外群が際立っている。厄介物としてではなく、物理学を成り立たせている並々ならぬ偶然の一致をもたらしてくれるものとして。

そうして我々は8元数へと立ち返る。

8元数の及ぼす影響を物語る例を、一つ紹介しよう。一九八〇年代に物理学者たちは、3次元、4次元、6次元、10次元の時空ではかなり都合の良い関係が存在することに気づいた。ベクトル（方向付きの長さ）とスピノル（もともとポール・ディラックが電子スピンの理論の中で作り出した代数学的道具）は、これらの次元においてだけ極めて密接に関連するのだ。なぜか？　実はベクトルとスピノルの関係は、時空の次元がノルム多元体の次元より2大きいときにだけ成り立つのである。3、4、6、10からそれぞれ2を引けば、1、2、4、8だ。

数学的に重要なのは、3、4、6、10次元のひも理論では、スピノルはすべて、それに対応したノルム多元体に含まれる二つの数を使って表現できることである。他の数の次元ではそうはならず、この事実は物理学的に都合の良い数々の帰結をもたらす。こうして、四つのひも理論の候補が並ぶことになる。実数、複素数、4元数、8元数だ。そしてこれらひも理論候補の中で、現実に対応する可能性が最も大きいものとして現在考えられているのが、8元数によって特徴付けられる10次元のひも理論なのだ。もしこの10次元ひも理論が本当に現実と対応しているとしたら、我々の宇宙は8元数からできているということになる。

代数学の規則をぎりぎり満たすことで何とか数という呼び名にしがみついている、これら奇妙な〝数〟が影響を及ぼしているのは、それだけではない。いま流行の新たなひも理論候補、M理論は、11次元の時空を必要とする。11次元のうち我々に知覚可能な部分を馴染みの4次元まで減らすには、7つの次元をきつく巻き上げて検出できないようにしなければならない。このとき、11次元の超重力はどう処理すればいいのか？　8元数の対称群である、例外型リー群G_2を活用するのだ。

またもや登場してきた。もはやヴィクトリア風の奇妙な調度品ではなく、万物理論へ向けた強力な手がかりである。この世界は8元数の世界なのだ。

第16章

真と美を追い求める者たち

冒頭に引用したキーツの言葉は正しかったのか？　美は真で、真は美なのか？

両者は密接に繋がっている。きっと、我々の心がどちらに対しても同じように反応するからだろう。しかし、数学で通用することが物理学で通用するとは限らないし、物理学で通用することが数学で通用するとも限らない。数学と物理学の関係は、深く、捉えがたく、そして理解に窮する。ここに第一級の哲学的難問がある──科学はどのようにして自然の中から理解可能な〝法則〟を明らかにしてきたのか、そして、なぜ自然は数学の言葉で語っているように見えるのか？

宇宙は本当に数学的なのか？　見た目の数学的特徴は、単に人間が作り出したものなのか？　あるいは、宇宙が数学的に見えるのは、宇宙の持つ果てしなく複雑な性質のうち、我々の理解できる最も深遠な側面が数学だからなのだろうか？

多くの人が、数学は究極の真理から魂を抜き去ったようなものだと考えているが、そんなことはない。ここまでの話から浮かび上がってくるものがあるとすれば、それは、数学は人間が作り出したものだということだ。数学者たちの成功の喜びや試練の苦しさを、我々はたやすく共有できる。二六歳と二一歳で若くして亡くなったアーベルとガロアのむごい死に、心動かされない人がいるだろうか？　一方は、深く愛されてはいたが結婚できる金を稼げず、もう一方は、優秀で情緒不安定、恋に落ちたが振られ、おそらくその恋のために死んだ。もし今日のように医学が進歩していたら、きっとアーベルの命を救うことができただろうし、もしかしたらハミルトンも正気に保たせられていたかもしれない。

数学者も人間で、ふつうの人間的生活をしているのだから、新たな数学の創造は社会的プロセスの一部である。社会相対主義者たちは、数学も科学も完全に社会的プロセスの産物であるなどとよく言うが、そんなことはない。どちらも社会とは無関係な制約——数学の場合には論理、科学の場合には実験——を尊重しなければならない。ユークリッドの方法で角を三等分しようと、数学者がどれほど必死になって挑戦しても、それが不可能だというのは紛れもない事実だ。ニュートンの重力の法則が宇宙の究極の説明であってほしいと、物理学者がどれほど強く望んでも、水星の近日点の移動はそうでないことを証明している。

だからこそ数学者は、強情なまでに論理的で、たいていの人なら気にしない事柄にこだわるのだ。５次方程式が累乗根によって解けるかどうかなんて、本当に重要なのだろうか？

この疑問に対して歴史は、はっきりとした評決を下している。重要だ。日常生活に直接重要ではないかもしれないが、人類全体にとっては間違いなく重要である。５次方程式が解けるかどうかで何か重大な事柄が左右されるからではなく、なぜ新たな数学的世界への秘密の扉を開くことができないのかを、それによって理解できるからだ。もしガロアやその先人たちが、累乗根を使って方程式が解ける条件を解き明かすことに取り憑かれていなかったら、人類による群論の発見は大きく遅れ、もしかしたらいまだに発見されていなかったかもしれない。

キッチンの中や出勤中の車の中で群と出会うことはないかもしれないが、もし群がなかったら今日の科学はひどく貧しいものになっていて、我々の生活はかなり違っていたことだろう。ジャンボジェットやＧＰＳ、あるいは携帯電話といった機械についてだけでなく——これらも確かにその一部だが——、自然を解き明かす洞察力についてもそうだ。方程式に関する空論的な疑問が物理世界の深遠な構造を解き明かそうとは、誰も予想だにしていなかったが、現実はまさにそうなったのである。

歴史は、一つの単純なメッセージをはっきりと伝えている。数学の深遠な問題に関する研究を、直接応用できなさそうだという理由だけで拒絶したり軽視したりしてはならない。優れた数学は黄金よりも価値があり、それがどこからやってきたかはほとんど重要でない。重要なのは、どこへ導いていってくれるかなのだ。

驚くことに、優れた数学はたいてい予期しない場所へ連れて行ってくれて、その多くが本来まったく違う目的で考え出されたというのに、実は科学や技術に欠かせないものとなる。ギリシャ人たちが円錐の切断面として研究した楕円が手がかりとなって、ティコ・ブラーエによる火星の運動の観測データから、ケプラーの手を経て、ニュートンの重力理論が導かれた。考案者のケイリーが役に立たないと弁解した行列は、統計学、経済学、そして科学のほぼすべての分野において欠かせない道具となった。そして8元数は、万物理論をもたらしてくれるかもしれない。もちろん、超ひも理論は物理学に関係のない数学の一分野でしかなかったと判明するかもしれない。もしそうだとしても、やはり量子論に対称性が用いられていることからいって、純粋数学の問題に答えるために発展した群論が自然の深い理解をもたらしてくれることは明らかだ。

なぜ数学は、考案者が決して意図しなかったような目的にこれほど役立つのだろうか?

ギリシャの哲学者プラトンは、「神は常に幾何学をやっている」と言った。ガリレオも、「自然の偉大な書物は数学の言語で書かれている」と、同じようなことを言っている。ヨハネス・ケプラーは、惑星の軌道に潜む数学的パターンを探しはじめた。そのいくつかをもとにニュートンが重力の法則を導き、残りは神秘的で無意味な代物だった。

現代の多くの物理学者が、数学的思考の持つ驚くべき力について言及している。ウィグナーは、自然を理解する方法として数学が〝不条理なまでの有効性〟を持っている、と語った。この言葉は、一九六〇年に彼が書いた論文のタイトルにもなっている。その論文の中でウィグナーは、以下に引用する二つの大きなポイントに取り組むことになろうと言っている。

第一のポイントは、自然科学における数学のとてつもない有用性は神秘的とも言えるもので、それに対する合理的な説明は存在しないということ。第二は、我々の物理理論が唯一のものかどうかという疑問を抱くのは、数学的概念がこの神秘的な有用性を持つからに他ならないということ。

さらに、

物理法則の定式化に数学の言語がこれほど適しているという奇跡は、我々には理解もできないし分不相応でもある素晴らしい賜物だ。我々はそれに感謝すべきだし、将来の研究においても通用しつづけ、おそらく戸惑いもあるだろうが、良くも悪くも幅広い学問分野において我々の喜びを広げてくれるよう望むべきである。

ポール・ディラックは、自然法則は数学的であるのに加えて美しくもなければならないと信じていた。彼の心の中で美と真は表裏一体で、数学的な美しさが物理的真理の強力な手がかりだった。さらにディラックは、正しい理論よりも美しい理論のほうが好きだし、単純さよりも美しさを重んじている、とまで言い放っている。「自然の基本法則を数学的形式で表現しようとする研究者は、もっぱら数学的な美しさを目指して努力すべきだ。単純さは美しさに付随するものとして考えるべきで、もし両者が衝突したら後者を優先しなければならない」。

興味深いことに、数学における美に対するディラックの考え方は、ほとんどの数学者の考えと大きく食い違っていた。そこに論理的な厳密さは含まれておらず、彼の研究における多くのステップには論理的欠陥があった。最もよく知られているのが、自己矛盾した性質を持つ〝デルタ関数〟だ。それでもディラックはこの〝関数〟をとても効果的に使い、最終的には数学者がその考え方を厳密に定式化しなおした。その時点でやっと本物の美となったのだ。

だが、ディラックの伝記作家ヘルゲ・クラフは次のように述べている。「［ディラックの］偉大な発見はすべて［一九三〇年代半ば］以前になされ、一九三五年以降、彼は不朽の価値を持つ物理を生み出すのにことごとく失敗した。数学的美しさの信念が彼の思考を支配したのはそれ以降だけだった、そう指摘しても的外れではない」。

的外れではないだろうか、おそらく正しくもないだろう。この信念を公言したのは確かにそれ以降だったかもしれないが、その前にもディラックはそれを利用していた。彼の優れた業績はすべて数学的に美しく、実を結ぶ方向へ自分が進んでいるかどうかを判断する試金石として、彼はその美しさを頼りにしていた。こうしたことから分かるのは、数学的美しさは物理的真理と同じではなく、物理的真理の必要条件だということだ。しかし十分条件ではない。これまで数多くの美しい理論が、ひとたび実験と突き合わされると完全に無意味であることが明らかとなった。トーマス・ハクスレーが言うように、「科学は体系づけられた常識であって、そこでは、数多くの美しい理論がたった一つの醜い事実によって息の根を止めさせられる」。

それでも、自然が基本的に美しいという証拠はいくらでもある。群論と物理学を結びつけた数学者のヘルマン・ワイルは、次のように言っている。「私の研究は常に真と美を一つにしようというもので、どちらか一方を選ばなければならないときはたいてい美のほうを選んできた」。量子力学の創始者ヴェルナー・ハイゼンベルクは、アインシュタインに宛てて次のような手紙を送っている。

> 私は単純さと美しさを語ることで、真理に対して美的基準を持ち込もうとしていると、あなたは反論されるかもしれません。しかし率直に言って私は、自然が我々に見せてくれている数学的体系の単純さと美しさに強く惹かれています。あなたもこのように感じたはずです。恐れを抱くほどの単純さと完全な関係性を、自然は我々の目前に突如として披露したと。

アインシュタインはというと、時間の性質や物質の秩序的振る舞いの源、あるいは宇宙の形など、あまりに多くの基本的な事柄が解き明かされておらず、自分たちは〝究極〟をすべて理解するまでにははるかに及んでいないことを忘れてはならないと感じていた。役に立つという点で言えば、数学的美しさは我々に、空間的時間的に限られた範囲における真理しか提供してはくれない。それでも、それが我々にとって、前へ進むための最良の道なのだ。

歴史を通じて数学は、二つの異なる源から豊かさをもらってきた。一つは自然界、もう一つは論理的思考の抽象的世界だ。この二つが組み合わさることで数学は力を得て、我々に宇宙のことを教えてくれる。ディラックはこの関係を完璧に理解していた。「数学者は本人が考え出したルールでゲームをしているが、物理学者は自然が与えてくれたルールでゲームをしている。しかし時とともに、数学者が興味を持つルールは自然が選ぶルールと同じであることが次第に明らかになっていく」。純粋数学と応用数学は、互いに相補っている。正反対のものではなく、思考の連続スペクトルにおける右端と左端なのだ。

対称性の物語は、優れた疑問（「5次方程式は解けるか?」）に対する否定的な答えまでもが、どのようにして深遠で基本的な数学へと繋がっていくのかを教えてくれる。重要なのは、なぜ答えが否定的なのか、である。そのことを解き明かす手法は、他に数多くの問題を解くのに利用できる。そしてその中には、物理学における深遠な疑問の数々も含まれるのだ。しかしここまでの物語は、数学の健康状態が、物理世界から新たな命を吹き込まれるかどうかにかかっていることもまた明らかにしている。

数学の真の力はまさにこの、人間のパターン感覚（〝美〟）と物理世界との驚くべき融合の中に潜んでいて、それが、現実かどうかの試金石（〝真〟）としても、また尽きることのない閃きの源としても働くのである。科学が問いかける疑問の数々は、新たな数学的アイデアがなければ解くことができない。だが、それそのものだけのための新たなアイデアを究極まで突き詰めていくと、無意味なゲームへと退化してしまう。科学からの要求は、数学に実りある道を走らせつづけ、ときには新たな道も提案するのだ。

もし数学が科学の奴隷として要求に従うだけの存在だったとしたら、ふくれっ面をして嫌々ながらという態度で遅々として手が進まない、奴隷に期待できるような働きしかしてはくれないだろう。逆に、もし内輪の関心事に促されるだけの学問だったとしたら、甘やかされて利己的、そして自分のことしか考えない、わがままで自分本位の悪ガキにしかなってはくれないだろう。最高の数学は、自身の要求と外部からの要求のバランスを取っているのだ。

そこからこそ、不条理なまでの有効性が現れてくる。バランスの取れた人間は、経験から学び、その学んだことを新たな環境へと伝える。現実の世界は偉大な数学を生み出すが、偉大な数学はその源を凌ぐことができるのだ。

2次方程式の解法を発見した名の知れぬバビロニア人は、自分の残した遺産が三〇〇〇年以上のちにどのようになっているか、どんな突飛な夢を見たところで決して分からなかったはずだ。方程式が解けるかどうかという疑問が、群という、数学の中核をなす概念の一つへ繋がっていくとは、そしてその群が対称性の言語であると証明されようとは、誰も予想できなかった。ましてや、対称性が物理世界の秘密を解き明かそうなどとは、誰一人として分からなかったのだ。

2次方程式が解けたところで、物理学の中では非常に限られた使い途しかない。5次方程式が解けてもさらに使い途は限られる。解は記号でなく数値としてしか得られず、そうでなければそのために特別に考えた記号を使うことになるが、それは問題を覆い隠す以上のものではないからだ。しかし、なぜ5次方程式が解けないのかを理解すること、対称性の重要な役割を認識すること、その裏にある考え方をできうる限り推し進めること——それがまったく新たな物理学の世界を開いたのである。

こうした流れは続いている。物理学、そして科学全体における対称性の意味は、まだそれほど解き明かされてはいない。いまだ理解できていないことは数多くある。しかし、荒野の中で我々の進むべき道が対称群であることは分かっている——少なくともさらに強力な概念（人目につかない論文の中ですでに出番を待っているかもしれない）が現れるまでは。

物理学においては、美は自動的に真を保証するわけではないが、その助けにはなる。

数学においては、美は真でなければならない。偽はすべて醜いのだから。

訳者あとがき

雪の結晶、花、土星の環、果ては銀河の渦巻きまで、この宇宙は美しい対称的な形で満ちあふれている。もちろん自然界には一見して不規則な形もたくさんあるが、深く調べてみるとやはり何らかの対称性を隠し持っていることが多い。人間が何も手を施さないのにおのずからそのような美が現れるというのは、この宇宙の仕組みにその対称性を生み出す何ものかが潜んでいることの証である。その何ものとは何か。自然法則は数学で記述されるのだろう。数学に深遠な対称性が備わっているからこそ、自然はその対称性を具体的な形として我々に見せてくれているのだろう。本書は、この自然界の美を支配する数学の対称性と、それを追求してきた数々の数学者や物理学者の物語を、古代バビロニア時代から現代まで歴史を追って紹介していく。類書ではあまり語られていない、リー、キリング、ウィグナー、ウィッテンなどの人生も採り上げられている。また、対称性の探究の歴史と密接に絡み合ってきた、数体系（実数、複素数、……）の発展の歴史も詳しく説明している。

数学における対称性というと、何よりも図形や立体の幾何的な対称性を思い浮かべるものだ。この意味で対称的という言葉を厳密に定義すると、ある図形を何らかの形で動かしても元とまったく同じに見える、となるだろう。円は何度回転させても同じに見えるとか、菱形は対角線で折り返しても同じに見えるといったことである。この回転とか折り返しといった操作のことを、対称操作という。一方、直観的にはもっと分かりにくいが、数式も同じような対称性を持っていて、それが実は方程式と密接な関係にある。例えばある3次方程式があって、解が三つあることは分かっているが、具体的にその値は分からないとする。そこで三つの解をとりあえずa、b、cと表すと、$ab+bc+ca$という式が、この3次方程式の（一次の）係数に等しくなる（〝解と係数の関係〟という言葉を覚えている読者もいるだろう)。しかしここでよく考えてみると、a、b、cという記号の付け方に、例えば値の小さい方から大きい方へといったような決まりは何もなかったので、a、b、cというのは単に三つの解を区別しているだけで、どの解にどの記号を割り振ってもこの〝解と係数の関係〟はまったく変わらないはずだ。つまりこの$ab+bc+ca$という式は、a、b、cをどう入れ替えても元とまったく同じで、対称的でなければならない(実際にそうなっている)。このような式を〝対称式〟という。実は、数学における対称性の発見の歴史、そして本書で最も重要なのが、この方程式と対称式の関係である。

かつて数学では、例えばある具体的な問題に相当する方程式を解く、というのが何より重要だった。そのために数学者たちは方程式のさまざまな解法を見つけてきたが、方程式の中には解けるものと解けないものがあった。どんな方程式が解けてどんな方程式が解けないか、それを体系的に解き明かそうと数学者たちが取り組み、そしてこの数式の対称性が極めて重要な役割を果たしていることが明らかとなってきた。そうした中で編み出されたのが、〝群〟という概念である。乱暴に言えば、群とは、ある図形や方程式における対称性の組のことをいう。この群が、その後の数学全体を根底から変えたとも言えるだろう。代数方程式(多項式で表される方程式)における対称性、すなわち群を発見したのが、夭折の天才ガロアだった。それによって、5次方程式に解の公式が存在しないのはなぜかという旧来からの問題に答えが出された。一方、時が下り、微分方程式(微分を含む方程式)における群を発見したのが、リーである。このリー群は無限種類存在するが、基本的なリー群のほとんどは四種類に分類できることが分かった。ところがその他に、数学の美しさには似つかわしくない、五つの〝例外型リー群〟というものが発見された。しばらくは美しい体系の汚点として厄介物扱いされていたが、実は、8元数という、これまたさしたる応用法のない異端的な数体系と密接な関係にあって、しかも最近になり、自然界の基本法則の土台をなしているらしいことが徐々に分かってきた。この宇宙は、見た目の対称性はさることながら、何よりもこのような深遠で謎めいた対称性に支配されているらしい。最も基本的な自然法則は、現在のところ複素数や一般的なリー群(回転や鏡映からなる群)で表されているが、実はもっと掘り下げると、8元数や例外型リー群といった、独特で神秘的ともいえる存在に拠っているというのだ。この宇宙の奥深さを感じさせる話である。

本書の対称性の物語における登場人物の多くは、あまりに人間的な波瀾万丈の人生を送った。決闘により弱冠二〇歳で命を落としたガロア、婚約者に看取られながら肺炎により二六歳で世を去ったアーベル、自ら編み出した新たな概念を評価されずアルコール中毒で孤独死したハミルトン、一夫多妻のような生活を送ったシュレーディンガー、はじめは政治記者を目指していたウィッテン。我々が学校で習う数学はすでに完成されていて、人間味を感じさせない無機質な印象を受けるが、そんな数学も、十人十色の人間臭い数学者たちの、ときには泥臭くもある努力により発展してきた。そんな彼らの人生に触れることで数学そのものに親しみが持て、さらには、この宇宙における対称性の役割もより身近に感じられるのではないだろうか。

本書では、見慣れない用語がいくつか登場する。〝群〟もその一つだろう。だが著者も本文の中で言っているように、特にこのような数学の本では、何か知らない言葉に出くわしても、とりあえずあまり深く考えずに読み進めていけば、徐々にその言葉のイメージがはっきりしてくる。例えばいきなり〝リー群〟などと言われても、何を指しているか最初は分からないが、とりあえず「リーという人が見つけたものだ」と気楽に考えて読んでいけば、そのうち何となくその意味合いが分かってくるはずだ。特に数学者たちの人間物語の記述はなかなか興味深いので、読者には肩の力を抜いて気軽に読み進めていただきたい。

著者のイアン・スチュアートは一九四五年生まれ、イギリス南部のコベントリー近郊にあるウォリック大学の数学の教授で、特にカタストロフィー理論に重要な貢献をした世界的に著名な数学者である。数多くの一般書も書いており、軽妙な筆致で定評がある。邦訳があるものとしては、『2次元より平らな世界』（早川書房）、『パズルでめぐる奇妙な数学ワールド』（早川書房）、『若き数学者への手紙』（日経ＢＰ社）などがある。

最後になったが、編集作業を丁寧に進めていただいた日経ＢＰ社の橋爪誠一氏に心から御礼申し上げる。

J.-P. Luminet, *Black Holes*, Cambridge University Press, Cambridge, 1992.

Oystein Ore, *Niels Henrik Abel: Mathematician Extraordinary*, University of Minnesota Press, Minneapolis, 1957.〔日本語訳は『アーベルの生涯』(東京図書)〕

Abraham Pais, *Subtle Is the Lord: The Science and the Life of Albert Einstein*, Oxford University Press, Oxford, 1982.〔日本語訳は『神は老獪にして』(産業図書)〕

Roger Penrose, *The Road to Reality*, BCA, London, 2004.

Lisa Randall, *Warped Passages*, Allen Lane, London, 2005.〔日本語訳は『ワープする宇宙』(NHK出版)〕

Michael I. Rosen, "Niels Hendrik Abel and equations of the fifth degree," *American Mathematical Monthly* volume 102 (1995) 495-505.

Tony Rothman, "The short life of Évariste Galois," *Scientific American* (April 1982) 112-120. Collected in Tony Rothman, *A Physicist on Madison Avenue*, Princeton University Press, 1991.〔日本語訳は『ガロアの神話』(現代数学社)〕

H. F. W. Saggs, *Everyday Life in Babylonia and Assyria*, Putnam, New York, 1965.

Lee Smolin, *Three Roads to Quantum Gravity*, Basic Books, New York, 2000.〔日本語訳は『量子宇宙への3つの道』(草思社)〕

Paul J. Steinhardt and Neil Turok, "Why the cosmological constant is small and positive," *Science* volume 312 (2006) 1180-1183.

Ian Stewart, *Galois Theory* (3rd edition), Chapman and Hall/CRC Press, Boca Raton 2004.〔日本語訳は『明解ガロア理論』(講談社)〕

Jean-Pierre Tignol, *Galois's Theory of Algebraic Equations*, Longman, London, 1980.〔日本語訳は『代数方程式のガロアの理論』(共立出版)〕

Edward Witten, "Magic, mystery, and matrix," *Notices of the American Mathematical Society* volume 45 (1998) 1124-1129.

Webサイト

A. Hulpke, Determining the Galois group of a rational polynomial: http://www.math.colosate.edu/hulpke/talks/galoistalk.pdf

The MacTutor History of Mathematics archive: http://www-history.mcs.st-andrews.ac.uk/index.html

A. Rothman, Genius and biographers: the fictionalization of Évariste Galois: http://godel.ph.utexas.edu/tonyr/galois.htm

さらに詳しく知るために

John C. Baez, "The octonions," *Bulletin of the American Mathematical Society* volume 39 (2002) 145-205.

E. T. Bell, *Men of Mathematics* (2 volumes), Pelican, Harmondsworth, 1953.〔日本語訳は『数学をつくった人びと』(早川書房、全3巻)〕

R. Bourgne and J.-P. Azra, *Écrits et Mémoires Mathématiques d'Évariste Galois*, Gauthier-Villars, Paris, 1962.

Carl B. Boyer, *A History of Mathematics*, Wiley, New York, 1968.〔日本語訳は『数学の歴史』(朝倉書店、全5巻)〕

W. K. Bühler, *Gauss: A Biographical Study*, Springer, Berlin, 1981.

Jerome Cardan, *The Book of My Life* (translated by Jean Stoner), Dent, London, 1931.

Girolamo Cardano, *The Great Art or the Rules of Algebra* (translated T. Richard Witmer), MIT Press, Cambridge, MA, 1968.

A. J. Coleman, "The greatest mathematical paper of all time," *The Mathematical Intelligencer*, volume 11 (1989) 29-38.

Julian Lowell Coolidge, *The Mathematics of Great Amateurs*, Dover, New York, 1963.

P. C. W. Davies and J. Brown, *Superstrings*, Cambridge University Press, Cambridge, 1988.〔日本語訳は『スーパーストリング』(紀伊國屋書店)〕

Underwood Dudley, *A Budget of Trisections*, Springer, New York, 1987.

Alexandre Dumas, *Mes Mémoires* (volume 4), Gallimard, Paris, 1967.

Euclid, *The Thirteen Books of Euclid's Elements* (translated by Sir Thomas L. Heath), Dover, New York, 1956 (3 volumes).

Carl Friedrich Gauss, *Disquisitiones Arithmeticae* (translated by Arthur A. Clarke), Yale University Press, New Haven, 1966.〔日本語訳は『ガウス整数論』(朝倉書店)〕

Jan Gullberg, *Mathematics: From the Birth of Numbers*, Norton, New York, 1997.

George Gheverghese Joseph, *The Crest of the Peacock*, Penguin, London, 2000.〔日本語訳は『非ヨーロッパ起源の数学』(講談社)〕

Brian Greene, *The Elegant Universe*, Norton, New York, 1999.〔日本語訳は『エレガントな宇宙』(草思社)〕

Michio Kaku, *Hyperspace*, Oxford University Press, Oxford, 1994.〔日本語訳は『超空間』(翔泳社)〕

Morris Kline, *Mathematical Thought from Ancient to Modern Times*, Oxford University Press, Oxford, 1972.

Helge S. Kragh, *Dirac——A Scientific Biography*, Cambridge University Press, Cambridge, 1990.

Mario Livio, *The Equation That Couldn't Be Solved*, Simon & Schuster, New York, 2005.〔日本語訳は『なぜこの方程式は解けないか?』(早川書房)〕

【わ行】

【ま行】

【や行】

【ら行】

【な行】

【は行】

【さ行】

【た行】

【わ行】

人　名

【あ行】

【か行】

【な行】

【は行】

【ま行】

【や行】

【ら行】

【さ行】

【た行】

索 引

【英数字】

【あ行】

【か行】

著者

Ian Stewart（イアン・スチュアート）

ウォリック大学の数学科教授であり、同大学のマセマティクス・アウェアネス・センターの所長。数学者としてダイナミクスにおける対称性、パターン形成、カオス、数理生物学などをテーマに、140を超える専門論文を著述し、また、一般向けの著書として『パズルでめぐる奇妙な数学ワールド』、『2次元より平らな世界』（以上、早川書房）、『自然の中に隠された数学』（草思社）、『若き数学者への手紙』（日経ＢＰ社）、“The Annotated Flatland”（Basic Books）、“The Mayor of Uglyville's Dilemma”（Atlantic Books）など、数多くの著作をまとめている。2001年にロイヤル・ソサエティーのフェローに選ばれた。イングランドのコベントリーに在住。

訳者

水谷　淳（みずたに・じゅん）

翻訳家。東京大学理学部卒業。主な訳書は、『ファーストマン』（共訳、ジェイムズ・Ｒ・ハンセン著、ソフトバンククリエイティブ）、『太陽系はここまでわかった』（リチャード・コーフィールド著、文藝春秋）、『量子コンピュータとは何か』（ジョージ・ジョンソン著、早川書房）、『論理ノート』（Ｄ・Ｑ・マキナニー著、ダイヤモンド社）、『歴史の方程式』（マーク・ブキャナン著、早川書房）など。

もっとも美しい対称性

2008年10月20日　1版1刷

著　者	Ian Stewart（イアン・スチュアート）
訳　者	水谷《みずたに》 淳《じゅん》
発行者	黒沢　正俊
発　行	日経BP社
発　売	日経BP出版センター 〒108-8646　東京都港区白金1-17-3 NBFプラチナタワー ☎(03) 6811-8650（日経BP出版局編集） e-mail：book@nikkeibp.co.jp ☎(03) 6811-8200（日経BP出版センター営業） http://ec.nikkeibp.co.jp/
表紙・カバー	アート・オブ・ノイズ
カバーフォト	© R.CREATION/orion/amanaimages
本文デザイン・DTP	クニメディア（株）
印刷・製本	図書印刷（株）

ISBN978-4-8222-8368-1

Printed in Japan

代数に惹かれた数学者たち
代数方程式や体論、群論、代数曲線、代数曲面に対して取り組んできた数学者の紹介を中心に、群論と代数幾何に至る代数学の魅力、数学者たちの取り組みの変遷などを、多くのエピソードを織り込みながら、直感的に理解できる数学史ドラマ
ジョン・ダービーシャー著　松浦俊輔訳
四六判・424ページ　ISBN978-4-8222-8354-4

素数に憑かれた人たち
整数論で著名なリーマン予想に対して取り組んできた数学者の紹介を中心に、素数を知る魅力、取り組みの変遷などを、多くのエピソードを織り込みながら、非数学的な観点をベースに著述した数学ドラマ
ジョン・ダービーシャー著　松浦俊輔訳
四六判・482ページ　ISBN978-4-8222-8204-2

ポアンカレ予想を解いた数学者
ポアンカレ予想の解決に至るまでの数学読み物。ポアンカレ予想の解決はグリゴリー・ペレルマンひとりの業績ではなく、連綿と続く数学研究のなせる業であるという観点から、位相幾何学を歴史的側面から追いながら、予想そのものと解決への旅程を解説。
ドナル・オシア著　糸川洋訳
四六判・408ページ　ISBN978-4-8222-8322-3

若き数学者への手紙
数学者の世界はどういうものか、数学者の発想はどこから出てくるか、などの数学／数学者の世界の読み物
イアン・スチュアート著　冨永星訳
四六判・256ページ　ISBN978-4-8222-8309-4

ブルバキとグロタンディーク
20世紀後半の数学界に大旋風を巻き起こした数学者グループ、ブルバキと、一時ブルバキに参加し代数幾何学で大きな業績を残したグロタンディークの功績と盛衰に迫る読み物
アミール・D・アクゼル著　水谷淳訳
四六判・272ページ　ISBN978-4-8222-8332-2

量子が変える情報の宇宙
情報の意味、コンピュータの電子情報としてのビット、量子物理の核となる量子ビットへの変遷を歴史の流れに沿って解き明かす。物理学の歴史と科学者たちのストーリーを、豊富な話題と巧みな文章で展開する科学エッセイ。
ハンス・クリスチャン・フォン＝バイヤー著　水谷淳訳
四六判・344ページ　ISBN978-4-8222-8265-3

インターネット上のWWWサーバ（http://ec.nikkeibp.co.jp/）で、新刊・既刊の本の情報を発信しておりますので、ご覧下さい。